华为高校人才培养指定教材

华为ICT认证系列丛书

HUAWEI ICT Academy

人工智能技术

华为技术有限公司 编著

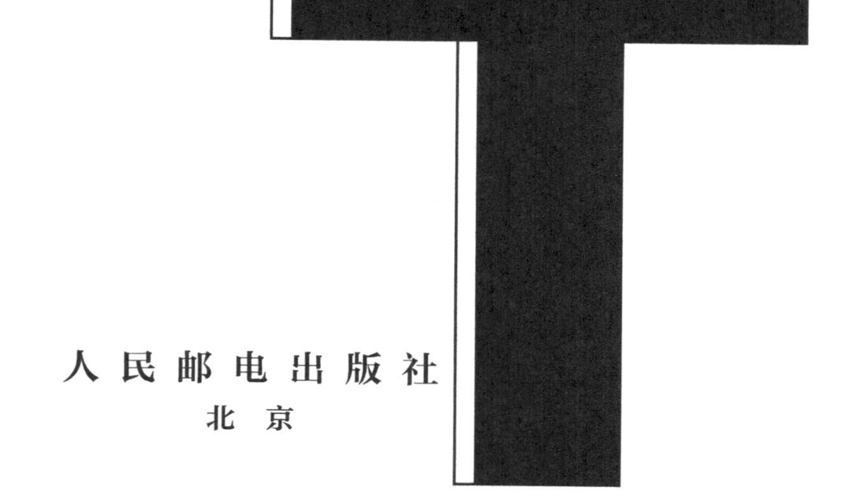

人民邮电出版社

北京

图书在版编目（CIP）数据

人工智能技术 / 华为技术有限公司编著. -- 北京 :
人民邮电出版社, 2021.6
（华为ICT认证系列丛书）
ISBN 978-7-115-55845-9

Ⅰ. ①人… Ⅱ. ①华… Ⅲ. ①人工智能 Ⅳ.
①TP18

中国版本图书馆CIP数据核字(2021)第070174号

内 容 提 要

本书的主要目的是让读者了解人工智能研究和发展的基本轮廓，对人工智能有一个基本的认识，知道目前人工智能研究中的一些热点，掌握人工智能研究和应用中的一些基本的、普遍的原理和方法。本书概念阐述清楚，内容丰富翔实，语言通俗易懂，在较为全面地介绍人工智能进展的前提下对一些传统内容进行了取舍。书中详细介绍了人工智能、机器学习、深度学习等概念，以及深度学习开发框架、华为 AI 开发框架 MindSpore、华为 Atlas 人工智能计算解决方案、华为智能终端 AI 能力开放平台和华为云企业智能应用平台等方面的内容。

本书既适合作为高等院校人工智能课程的教材和华为认证考试参考书，也适合计算机爱好者阅读。

◆ 编　　著　华为技术有限公司
责任编辑　刘　博
责任印制　王　郁　马振武
◆ 人民邮电出版社出版发行　　北京市丰台区成寿寺路 11 号
邮编　100164　　电子邮件　315@ptpress.com.cn
网址　https://www.ptpress.com.cn
固安县铭成印刷有限公司印刷
◆ 开本：787×1092　1/16
印张：13.5　　2021 年 6 月第 1 版
字数：337 千字　　2024 年 10 月河北第 5 次印刷

定价：59.80 元

读者服务热线：(010)81055256　印装质量热线：(010)81055316
反盗版热线：(010)81055315
广告经营许可证：京东市监广登字 20170147 号

丛书序一

以互联网、人工智能、大数据为代表的新一代信息技术的普及应用不仅改变了我们的生活，而且改变了众多行业的生产形态，改变了社会的治理模式，甚至改变了数学、物理、化学、生命科学等基础学科的知识产生方式和经济、法律、新闻传播等人文学科的科学研究范式。而作为这一切的基础——ICT 及相关产业，对社会经济的健康发展具有非常重要的影响。

当前，以华为公司为代表的中国企业，坚持核心技术自主创新，在以芯片和操作系统为代表的基础硬件与软件领域，掀起了新一轮研发浪潮；新一代 E 级超级计算机将成为促进科技创新的重大算力基础设施，全新计算机架构“蓄势待发”；天基信息网、未来互联网、5G 移动通信网的全面融合不断深化，加快形成覆盖全球的新一代“天地一体化信息”网络；人类社会、信息空间与物理世界实现全面连通并相互融合，形成全新的人、机、物和谐共生的计算模式；人工智能进入后深度学习时代，新一代人工智能理论与技术体系成为占据未来世界人工智能科技制高点的关键所在。

当今世界正处在新一轮科技革命中，我国的科技实力突飞猛进，无论是研发投入、研发人员规模，还是专利申请量和授权量，都实现了大幅增长，在众多领域取得了一批具有世界影响的重大成果。移动通信、超级计算机和北斗系统的表现都非常突出，我国非常有希望抓住机遇，通过自主创新，真正成为一个科技强国和现代化强国。在 ICT 领域，核心技术自主可控是非常关键的。在关键核心技术上，我们只能靠自己，也必须靠自己。

时势造英雄，处在新一轮的信息技术高速变革的时期，我们都应该感到兴奋和幸福；同时更希望每个人都能建立终身学习的习惯，胸怀担当，培养自身的工匠精神，努力学好 ICT，勇于攀登科技新高峰，不断突破自己，在各行各业的广阔天地“施展拳脚”，攻克技术难题，研发核心技术，更好地改造我们的世界。

由华为公司和人民邮电出版社联合推出的这套“华为 ICT 认证系列丛书”，应该会对读者掌握 ICT 有所帮助。这套丛书紧密结合了教育部高等教育“新工科”建设方针，将新时代人才培养的新要求融入内容之中。丛书的编写充分体现了“产教融合”的思想，来自华为公司的技术工程师和高校的一线教师共同组成了丛书的编写团队，将数据通信、大数据、人工智能、云计算、数据库等领域的最新技术成果融入书中，将 ICT 领域的基础理论与产业界的最新实践融为一体。

这套丛书的出版，对完善 ICT 人才培养体系，加强人才储备和梯队建设，推进贯通 ICT 相关理论、方法、技术、产品与应用等的复合型人才培养，推动 ICT 领域学科建设具有重要意义。这套丛书将产业前沿的技术与高校的教学、科研、实践相结合，是产教融合的一次成功尝试，其宝贵经验对其他学科领域的人才培养也具有重要的参考价值。

倪光南

倪光南 中国工程院院士

2021 年 5 月

丛书序二

从数百万年前第一次仰望星空开始，人类对科技的探索便从未停止。新技术引发历次工业革命，释放出巨大生产力，推动了人类文明的不断进步。如今，ICT 已经成为世界各国社会与经济发展的基础，推动社会和经济快速发展，其中，数字经济的增速达到了 GDP 增速的 2.5 倍。以 5G、云计算、人工智能等为代表的新一代 ICT 正在重塑世界，“万物感知、万物互联、万物智能”的智能世界正在到来。

当前，智能化、自动化、线上化等企业运行方式越来越引起人们的重视，数字化转型的浪潮从互联网企业转向了教育、医疗、金融、交通、能源、制造等千行百业。同时，企业数字化主场景也从办公延展到了研发、生产、营销、服务等各个经营环节，企业数字化转型进入智能升级新阶段，企业“上云”的速度也大幅提升。预计到 2025 年，97%的大企业将部署人工智能系统，政府和企业将通过核心系统的数字化与智能化，实现价值链数字化重构，不断创造新价值。

然而，ICT 在深入智能化发展的过程中，仍然存在一些瓶颈，如摩尔定律所述集成电路上可容纳晶体管数目的增速放缓，通信技术逼近香农定理的极限等，在各行业的智能化应用中也会遭遇技术上的难题或使用成本上的挑战，我们正处于交叉科学与新技术爆发的前夜，亟需基础理论的突破和应用技术的发明。与此同时，产业升级对劳动者的知识和技能的要求也在不断提高，ICT 从业人员缺口高达数千万，数字经济的发展需要充足的高端人才。从事基础理论突破的科学家和应用技术发明的科研人员，是当前急需的两类信息技术人才。

理论的突破和技术的发明，来源于数学、物理学、化学等学科的基础研究。高校有理论人才和教学资源，企业有应用平台和实践场景，培养高质量的人才需要产教融合。校企合作有助于院校面向产业需求，深入科技前沿，讲授最新技术，提升科研能力，转化科研成果。

华为构建了覆盖 ICT 领域的人才培养体系，包含 5G、数据通信、云计算、人工智能、移动应用开发等 20 多个技术方向。从 2013 年开始，华为与“以众多高校为主的组织”合作成立了 1600 多所华为 ICT 学院，并通过分享最新技术、课程体系和工程实践经验，培养师资力量，搭建线上学习和实验平台，开展创新训练营，举办华为 ICT 大赛、教师研讨会、人才双选会等多种活动，面向世界各地的院校传递全面、领先的 ICT 方案，致力于把学生培养成懂融合创新、能动态成长，既具敏捷性、又具适应性的新型 ICT 人才。

高校教育高质量的根本在于人才培养。对于人才培养而言，专业、课程、教材和技术是基础。通过校企合作，华为已经出版了多套大数据、物联网、人工智能及通用 ICT 方向的教材。华为将持续加强与全球高等院校和科研机构以及广大合作伙伴的合作，推进高等教育“质量变革”，打造高质量的华为 ICT 学院教育体系，培养更多高质量 ICT 人才。

华为创始人任正非先生说：“硬的基础设施一定要有软的‘土壤’，其灵魂在于文化，在于教育。”ICT 是智能时代的引擎，行业需求决定了其发展的广度，基础研究决定了其发展的深度，而教育则决定了其发展的可持续性。“路漫漫其修远兮，吾将上下而求索”，华为期望能与各教育部门、各高等院校合作，一起拥抱和引领信息技术革命，共同描绘科技星图，共同迈进智能世界。

最后，衷心感谢“华为 ICT 认证系列丛书”的作者、出版社编辑以及其他为丛书出版付出时间和精力的各位朋友！

马悦

华为企业 BG 常务副总裁

华为企业 BG 全球伙伴发展与销售部总裁

2021 年 4 月

前　言 FOREWORD

21 世纪以来，我国信息技术飞速发展，完全改变了人们的学习、工作和生活方式。人工智能作为信息科学的一个重要研究领域，从其提出到现在的半个多世纪里，经历了大起大落。近年来，在算力大幅提升和大数据快速发展的助力下，人工智能发展之快，应用之广，实在令人惊叹！当前，人工智能正处于一个蓬勃发展并持续深入的阶段。

尽管人工智能还存在一定的局限性，但其未来是非常值得期待的。我国已将人工智能上升为国家战略，在这一大背景下，各个行业学习人工智能的热情很高，相关从业人员具有了解人工智能发展现状和研究热点、掌握人工智能研究基本原理和方法的需求。

国内外已有不少关于人工智能的书籍。诚然，很多书籍对人工智能各个细分领域的诸多问题都有着非常精辟的论述，但对初学者来说显得有些深奥。人工智能涉及的范围甚广，是一个典型的交叉科学，因此很难以一两本书覆盖其所有问题。本书的主要目的是通过简洁清晰的架构和引人思索的案例带领读者入门。正所谓“师傅领进门，修行在个人”，入门之后就应该由读者自己选择研究方向并继续钻研了。

由于智能本身极其复杂，不同的人从不同角度以不同观点都可以获得对智能的不同认识和模拟，因此本书也从多个角度对人工智能进行剖析。全书共 8 章：第 1 章是人工智能概述，主要介绍一些关于人工智能起源、相关技术、应用领域、发展趋势，以及华为人工智能发展战略等内容；第 2 章是机器学习，主要介绍机器学习的分类、整体流程，以及常见算法，包括近年来比较流行的决策树、支持向量机和聚类算法等经典机器学习算法；第 3 章是深度学习概览，主要介绍深度学习的发展历程，并围绕神经网络这一深度学习通用模型介绍其训练法则、激活函数、正则化、优化器等内容；第 4 章是深度学习开发框架，在 3 种主流开发框架中，本章主要介绍 TensorFlow 2.0；第 5 章是华为 AI 开发框架 MindSpore，主要介绍 MindSpore 开发与应用；第 6 章是华为 Atlas 人工智能计算解决方案，主要介绍昇腾 AI 处理器的软硬件架构、Atlas 人工智能计算平台及其行业应用等；第 7 章是华为智能终端 AI 能力开放平台，主要介绍 HUAWEI HiAI 平台和基于 HUAWEI HiAI 平台开发 App 等；第 8 章是华为云企业智能应用平台，主要介绍华为云 EI、ModelArts 等。在叙述方式上，各章都对理论和方法进行了全面阐述，内容相对独立、完整；同时全书力图用递进的形式来联系各章内容，使整体不失系统性。读者可以从头到尾通读全书，也可以选择单个章节细读。各章内容深入浅出，对一些公式定理给出必要的推导证明，并提供简单的例子，便于初学者掌握基本知识，并领会其本质，灵活应用。对于深层理论，本书则仅予以简述，不做过多的延伸。

本书由华为技术有限公司组织编写，具体编写者为吕云翔、王渌汀、巩孝刚、陈妙然，曾洪立也参与了部分内容的编写，并进行了素材整理及配套资源制作等。

在本书的编写过程中，我们尽力做到仔细认真，但由于水平有限，书中难免出现一些不妥之处，在此非常欢迎广大读者批评指正。同时我们也希望广大读者将自己读书学习的心得体会反馈给我们（yunxianglu@hotmail.com）。

本书配套资源可在人邮教育社区（www.ryjiaoyu.com）下载。

读者可扫描下方二维码学习更多相关课程。

编　者

2021 年 3 月

目 录 CONTENTS

01 第1章 人工智能概述

在互联网发展的浪潮中，人工智能的出现及兴起无疑是极其重要的一环。人工智能在近 10 年得到了大规模应用，它与人类生活产生了越来越多的联系。本章将介绍人工智能的概念、相关技术以及目前存在的争议等。

1.1 人工智能的概念

1.1.1 什么是人工智能

目前，大家对于人工智能（Artificial Intelligence，AI）的了解渠道主要有新闻、电影和生活中的实际应用，如图 1-1 所示。

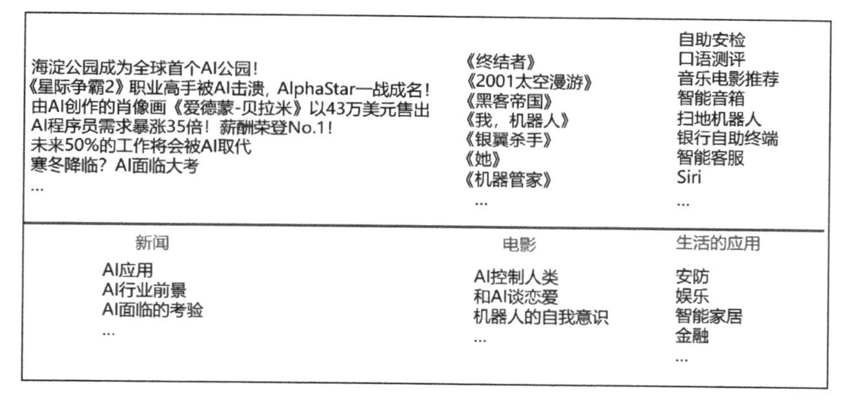

图 1-1 AI 的社会认知

AI 的一个比较流行的定义，也是该领域较早的定义，是由约翰·麦卡锡（John McCarthy）在 1956 年的达特茅斯会议（Dartmouth Conference）上提出的：人工智能就是要让机器的行为看起来就像人所表现出的智能行为一样。但是这个定义似乎忽略了强人工智能（强人工智能即机器真正具有推理的解决问题的智能）的可能性。

在了解什么是“人工智能”前，先来了解何为“智能”。

依据多元智能理论，人类的智能可以分成 8 个范畴：语言（Linguistic）、逻辑-数学（Logical-Mathematical）、空间（Spatial）、身体-动觉（Bodily-Kinesthetic）、音乐（Musical）、人际（Interpersonal）、内省（Intrapersonal）、自然探索（Naturalist）。

1. 语言智能

语言智能（Linguistic Intelligence）是指有效地运用语言或文字表达自己的思想，理解他人的语言或文字，灵活掌握语音、语义、语法，具备言语思维，能够使用言语思维表达和欣赏语言深层内涵的能力。具有较强语言智能的人群适合的职业是政治活动家、主持人、律师、演说家、编辑、作家、记者、教师等。

2. 逻辑–数学智能

逻辑-数学智能（Logical-Mathematical Intelligence）是指有效地计算、测量、推理、归纳、分类，并进行复杂数学运算的能力。这项智能包括对逻辑的方式和关系、陈述和主张、功能及其他相关的抽象概念的敏感性。具有较强逻辑-数学智能的人群适合的职业是科学家、会计师、统计学家、工程师、计算机软件研发人员等。

3. 空间智能

空间智能（Spatial Intelligence）是指准确感知视觉空间及周围一切事物，并且能把所感知到的形象以图画的形式表现出来的能力。具有较强空间智能的人群对色彩、线条、形状、形式等空间关系很敏感。他们适合的职业是室内设计师、建筑师、摄影师、画家、飞行员等。

4. 身体–动觉智能

身体-动觉智能（Bodily-Kinesthetic Intelligence）是指善于运用整个身体来表达思想和情感，灵巧地运用双手等制作或操作物体的能力。这项智能包括特殊的身体技巧，如平衡、协调、敏捷、力量、弹性和速度以及由触觉所引起的能力。具有较强身体-动觉智能的人群适合的职业是运动员、演员、舞蹈家、外科医生、宝石匠、机械师等。

5. 音乐智能

音乐智能（Musical Intelligence）是指能够敏锐地感知音调、旋律、节奏、音色的能力。拥有较强音乐智能的人群对音调、旋律、节奏或音色的敏感性强，具有较高的表演、创作及思考音乐的能力。他们适合的职业是歌唱家、作曲家、指挥家、音乐评论家、调琴师等。

6. 人际智能

人际智能（Interpersonal Intelligence）是指能很好地理解别人和与人交往的能力。拥有较强人际智能的人群善于察觉他人的情绪、情感，体会他人的感觉、感受，辨别不同人际关系的暗示，以及对这些暗示做出适当反应。他们适合的职业是政治家、外交家、领导者、心理咨询师、公关人员、推销员等。

7. 内省智能

内省智能（Intrapersonal Intelligence）是指自我认识，即具有自知之明并据此做出适当行为的能力。拥有较强自省智能的人群能够认识自己的长处和短处，意识到自己的内在爱好、情绪、意向、脾气和自尊，喜欢独立思考。他们适合的职业是哲学家、政治家、思想家、心理学家等。

8. 自然探索智能

自然探索智能（Naturalist Intelligence）是指观察自然的各种形态，对物体进行辨认和分类，能够洞察自然或人造系统的能力。

而 AI 是研究、开发用于模拟、延伸和扩展人的智能的理论、方法、技术及应用系统的一门新的技术科学。AI 的目的是让机器能够像人一样思考，让机器拥有智能。时至今日，AI 的内涵已经大大扩展，成为一门交叉学科，如图 1-2 所示。

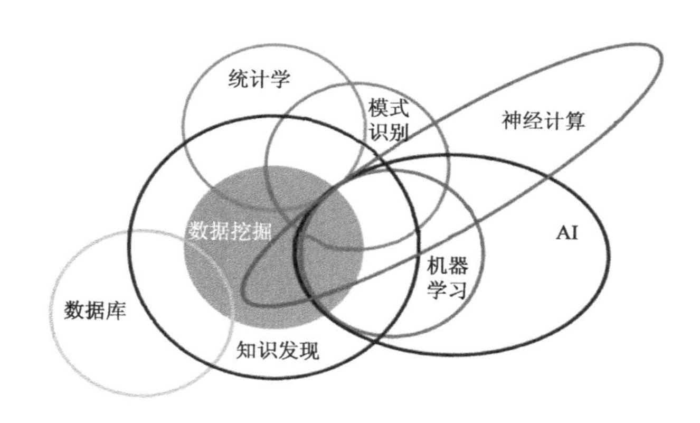

图 1-2　AI 学科范畴

在这门交叉学科中，机器学习（Machine Learning，ML）显然是重点之一。有着“全球机器学习教父”之称的汤姆·米切尔（Tom Mitchell）将机器学习定义为：对于某类任务 T 和性能度量 P，如果计算机程序在 T 上以 P 衡量的性能随着经验 E 而自我完善，就称这个计算机程序从经验 E 学习。这个定义比较简单抽象，随着对机器学习了解的深入，我们会发现机器学习的内涵和外延都在不断地变化。因为理论和应用涉及的领域很广，发展和变化也相当迅速，简单明了地给出“机器学习”这一概念的定义并不是那么容易。

一般认为，机器学习的处理系统和算法主要是通过找出数据里隐藏的模式进而做出预测，它是 AI 的一个重要子领域，而 AI 又与更广泛的数据挖掘（Data Mining，DM）和知识发现（Knowledge Discovery in Database，KDD）领域相交叉。

1.1.2　AI、机器学习、深度学习的关系

机器学习专门研究利用计算机模拟或实现人类的学习行为，以获取新的知识或技能。深度学习（Deep Learning，DL）源于人工神经网络的研究。深度学习是机器学习研究中的一个新的领域，它模仿人脑的机制来解释数据，如图像、声音和文本。

AI、机器学习、深度学习三者之间的关系如图 1-3 所示。

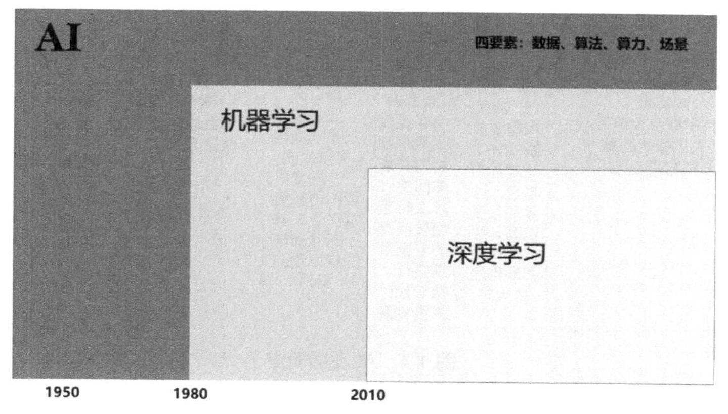

图 1-3　AI、机器学习、深度学习的关系

在这三者中，机器学习是 AI 的一种途径或子集，深度学习是一种特殊的机器学习。如果将 AI 比喻为大脑，机器学习是去掌握认知能力的过程，而深度学习是这个过程中很有效率的一种教学体系。人工智能是目的，是结果；深度学习、机器学习是方法，是工具。

1.1.3 AI 的分类

AI 主要可以分为强人工智能和弱人工智能两类。

强人工智能是指有可能制造出真正能推理（Reasoning）和解决问题（Problem_solving）的智能机器，并且，这样的机器将被认为是有知觉的，有自我意识的；可以独立思考问题并制定解决问题的最优方案，有自己的价值观和世界观体系；有和生物一样的各种本能，比如生存和安全需求。在某种意义上强人工智能可以看作一种新的文明。

弱人工智能是指不能制造出真正能推理和解决问题的智能机器，这些机器只不过看起来像是智能的，但是并不真正拥有智能，也不会有自主意识。

目前我们正处于弱人工智能阶段。弱人工智能的产生减轻了人类智力劳动的负担，它的产生原理类似于高级仿生学。无论是 AlphaGo，还是能够撰写新闻稿和小说的机器人，目前仍然属于弱人工智能范围，它们的能力仅在某些方面超过了人类。数据和算力的重要性在弱人工智能时代不言而喻，它们推动了 AI 的商业化发展，在强人工智能时代以上两个因素仍将是最重要的因素。与此同时，谷歌和 IBM 等公司在量子计算上的研究也为人类进入强人工智能时代奠定了基础。

1.1.4 AI 的发展史

AI 发展简史如图 1-4 所示。

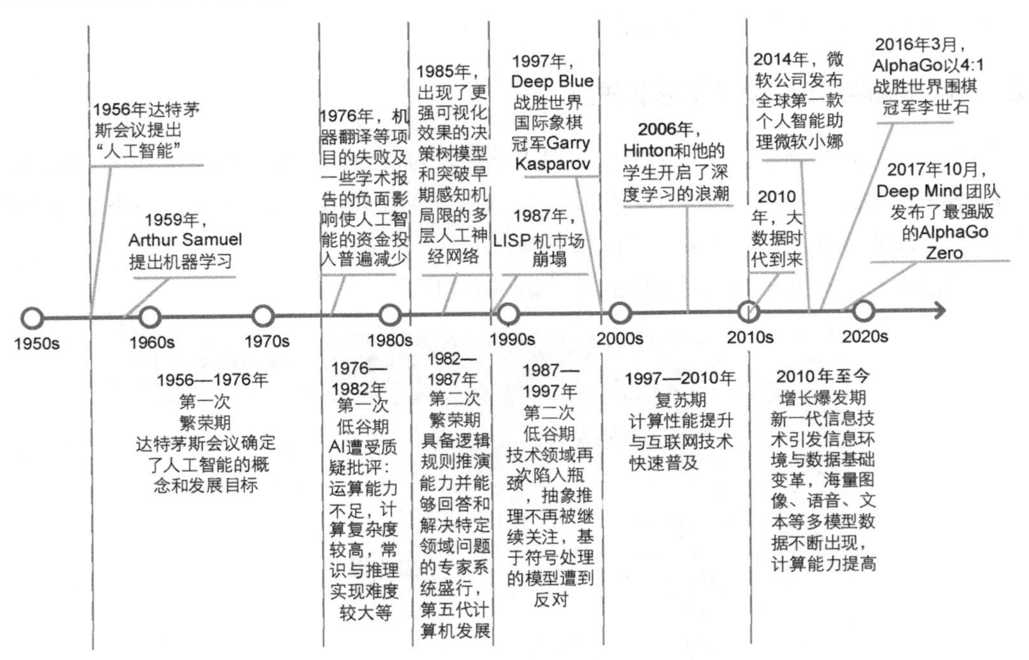

图 1-4　AI 发展简史

AI 正式的起源可追溯至 1950 年“人工智能之父”艾伦·(Alan M. Turing)提出的图灵测试（The

Turing test）。按照他的设想，如果一台计算机能够与人类开展对话而能不被辨别出其计算机身份，那么就认为这台计算机具有智能。同年，图灵大胆预言了真正具备智能机器的可行性。但目前为止，还没有任何一台计算机能完全通过图灵测试。

AI 的概念虽然只有短短几十年的历史，但其理论基础与支撑技术的发展经历了漫长的岁月，现在 AI 领域的繁荣是各学科共同发展、数代科学家研究积累的结果。

1. 萌芽期（1956 年以前）

AI 最早的理论基础可追溯至公元前 4 世纪，著名的古希腊哲学家、科学家亚里士多德（Aristotle）提出了形式逻辑，其中三段论至今仍是演绎推理不可或缺的重要基础。17 世纪，德国数学家莱布尼茨（Leibniz）提出了万能符号和推理计算的思想，这为数理逻辑的产生与发展奠定了基础。19 世纪，英国数学家乔治·布尔（George Boole）提出了布尔代数，布尔代数是当今计算机的基本运算方式，它为计算机的发明提供了可能。英国发明家查尔斯·巴贝奇（Charles Babbage）在同一时期设计了差分机，这是第一台能计算二次多项式的计算机，虽然功能有限，但是这个计算机第一次在真正意义上减少了人类大脑的计算负担。机器从此开始具有计算智能。

1945 年，“莫尔小组”的约翰·莫克利（John Mauchly）和艾克特（J. Eckert）制造了电子数字积分计算机（Electronic Numerical Integrator and Calculator，ENIAC），这是世界上第一台通用电子计算机。虽然 ENIAC 是里程碑式的成就，但它仍然有许多致命的缺点：体积庞大、耗电过快、需要人工参与命令的输入和调整。1947 年，计算机之父冯·诺依曼（Von Neumann）在此设备的基础上进行改造和升级，设计制造了真正意义上的现代电子计算机设备数字分析器数值积分器和计算机（Mathematical Analyzer Numerical Integrator&Computer，MANIAC）。

1946 年，美国生理学家麦克洛奇（W. Mclloch）建立了第一个神经网络模型。他对微观人工智能的研究工作，为神经网络的发展奠定了重要基础。1949 年，赫布（Hebb）提出了一个神经心理学学习范式——赫布理论（Hebbian theory），它描述了突触可塑性的基本原理，即突触前神经元向突触后神经元的持续重复的刺激可以导致突触传递效能的增加。这一理论为神经网络模型的建立提供了理论基础。

1948 年，信息论之父香农（C. E. Shannon）提出了“信息熵”的概念，他借鉴了热力学的概念，将信息中排除了冗余后的平均信息量定义为信息熵。这一概念产生了非常深远的影响，在非确定性推理、机器学习等领域起到了极为重要的作用。

2. 第一次繁荣期（1956—1976 年）

终于，在 1956 年，于历时两个月的达特茅斯会议上，AI 作为一门新兴的学科由约翰·麦卡锡正式提出，这是 AI 正式诞生的标志。此次会议后，美国形成了多个 AI 研究组织，如艾伦·纽厄尔（Allen Newell）和赫伯特·亚历山大·西蒙（Herbert Alexander Simon）的 Carnegie RAND 协作组，马文·明斯基（Marvin Lee Minsky）和约翰·麦卡锡的麻省理工学院（Massachusetts Institute of Technology，MIT）研究组，亚瑟·塞缪尔（Arthur Samuel）的 IBM 工程研究组等。

在之后的近 20 年间，AI 在各方向快速发展，研究者们以极大的热情将 AI 的技术领域和应用领域不断扩张。

（1）机器学习

1956 年，IBM 公司的亚瑟·塞缪尔写出了著名的西洋跳棋程序，该程序可以通过棋盘状态学习一个隐式的模型来指导下一步走棋。亚瑟·塞缪尔和程序对战多局后，认为该程序经过一定时间的学习后可以达到很高的水平。通过这个程序，塞缪尔驳倒了计算机不能像人类那样可以学习显式代码之上的模式的观点。自此，他定义并解释了一个新词——机器学习。

（2）模式识别

1957 年，周绍康提出了使用统计决策理论求解模式识别问题，促进了从 20 世纪 50 年代末开始的模式识别研究工作的迅速发展。同年，罗森布拉特（Rosenblatt）提出了一种简化的模拟人脑进行识别的数学模型——感知器，初步实现了通过给定类别的各个样本对识别系统进行训练，使系统在学习完毕后具有对其他未知类别的模式进行正确分类的能力。

（3）模式匹配

1966 年，第一个聊天程序伊丽沙（Eliza）诞生，它由麻省理工学院的人工智能学院编写。它能够根据设定的规则和用户的提问进行模式匹配，从预先编写好的答案库中选择合适的回答。这也是第一个尝试通过图灵测试的软件程序。Eliza 曾模拟心理治疗医生和患者交谈，在首次使用的时候就骗过了很多人。“对话就是模式匹配”，这是计算机自然语言对话技术的开端。

此外，在 AI 第一次发展期间，约翰·麦卡锡开发了 LISP 语言，成为以后几十年来 AI 领域最主要的编程语言。马文·明斯基对神经网络有了更深入的研究，发现了简单神经网络的不足。为了解决简单神经网络的局限性，多层神经网络、反向传播（Back Propagation，BP）算法开始出现。在这一时期，专家系统也开始起步，第一台工业机器人走上了通用汽车的生产线，也出现了第一个能够自主动作的移动机器人。

相关学科的发展也极大地促进了 AI 的进步，20 世纪 50 年代创立的仿生学激发了学者们的研究热情，模拟退火算法因此产生，它是一种启发式算法，是近来大热的蚁群算法等搜索算法的研究基础。

3. 第一次低谷期（1976—1982 年）

然而，人们对 AI 的热情并没有维持太长时间，太过乐观的承诺无法按时兑现，引发了全世界对 AI 技术的怀疑。

曾引起学术界轰动的感知机，在 1969 年遭遇到了重大打击。当时，马文·明斯基和其他科学家提出了著名的异或（XOR）问题，论证了感知器在类似 XOR 问题的线性不可分数据下的限制。对学术界来说，XOR 问题成为了几乎不可逾越的鸿沟。

1973 年，AI 遭遇到科学界的拷问，很多科学家认为 AI 那些看上去宏伟的目标根本无法实现，研究已经完全失败。越来越多的怀疑使 AI 遭受到严厉的批评和对其实际价值的质疑。随后，各国政府和机构也停止或减少了资金投入，AI 在 20 世纪 70 年代陷入了第一次寒冬。

AI 此次遇到的挫折并非偶然。受当时计算能力的限制，许多难题虽然理论上可以解决，但根本无法投入实际使用。同时，专家系统等在当时存在知识获取难等问题，很多项目的失败告终。对于机器视觉的研究在 20 世纪 60 年代就已经开始，美国科学家罗伯茨（L.R.Roberts）提出的边缘检测、轮廓线构成等方法十分经典，一直到现在还在被广泛使用。然而，有理论基础不代表有实际产出。当时有科学家计算得出，要用计算机模拟人类视网膜视觉至少需要执行 10 亿次指令，而 1976 年世界最快的超级计算机 Cray-1 造价数百万美元，但计算速度还不到 1 亿次每秒，普通计算机的计算速度不到一百万次每秒。硬件条件限制了 AI 的发展。此外，AI 发展的另一大基础是庞大的数据基础，而当时计算机和互联网尚未普及，根本无法取得大规模数据。

在此阶段内，人工智能的发展速度放缓，尽管 BP 的思想在 20 世纪 70 年代就被林纳因马（Linnainmaa）以“自动微分的翻转模式”提出来，但直到 1981 年才被韦伯斯（Werbos）应用到多层感知器中。多层感知器和 BP 算法的出现，促成了第二次神经网络大发展。1986 年，鲁梅尔哈特（D.E.Rumelhart）等人成功地实现了用于训练多层感知器的有效 BP 算法，产生了深远影响。

4. 第二次繁荣期（1982—1987 年）

1980 年，卡内基梅隆大学（Carnegie Mello University，CMU）研发的 XCON 正式投入使用。XCON 是个完善的专家系统，包含了设定好的超过 2500 条规则，在后续几年处理了超过 80000 条订单，准确度超过 95%。这成为一个新时期的里程碑，专家系统开始在特定领域发挥威力，也带动整个 AI 技术进入了一个繁荣阶段。

专家系统往往聚焦于单个专业领域，模拟人类专家回答问题或提供知识，帮助工作人员做出决策。它把自己限定在一个小的范围内，从而避免了通用人工智能的各种难题，同时充分利用现有专家的知识经验，解决特定专业领域的任务。

因为 XCON 取得的巨大商业成功，在 20 世纪 80 年代，60%的世界 500 强公司开始开发和部署各自领域的专家系统。据统计，从 1980 年到 1985 年，有超过 10 亿美元投入到 AI 领域，大部分用于企业内的 AI 部门，涌现出很多 AI 软硬件公司。

1986 年，慕尼黑的联邦国防军大学在一辆奔驰面包车上安装了计算机和各种传感器，实现了自动控制方向盘、油门和刹车。它被称为 VaMoRs，是真正意义上的第一辆自动驾驶汽车。

在 AI 领域，当时主要使用 LISP 语言。为了提高 LISP 程序的运行效率，很多机构开始研发专门用来运行 LISP 程序的计算机芯片和存储设备。虽然 LISP 机器取得了一些进展，但同时个人计算机（Personal Computer，PC）也开始崛起，IBM PC 和苹果电脑快速占领整个计算机市场，它们的 CPU 频率和速度稳步提升，甚至变得比昂贵的 LISP 机器更强大。

5. 第二次低谷期（1987—1997 年）

1987 年，LISP 机器硬件销售市场严重崩溃，AI 领域再一次进入寒冬。硬件市场的崩溃加上各国政府和机构纷纷停止向 AI 研究投入资金，导致了该领域数年的低谷，但这一时期，AI 研究也取得了一些重要的成就。1988 年，美国科学家朱迪亚·珀尔（Judea Pearl）将概率统计方法引入 AI 的推理过程中，这对后来 AI 的发展起到了重大作用。

在第二次寒冬到来后的近 20 年，AI 技术逐渐与计算机和软件技术深入融合，但同时人工智能算法理论的研究进展缓慢。很多研究者只是基于以前的理论，依赖更强大、更快速的计算机硬件取得一些研究成果。

6. 复苏期（1997—2010 年）

1995 年，受到 Eliza 的启发，理查德·华莱士（Richard S. Wallace）开发了新的聊天机器人程序 LICE（The Artificial Linguistic Internet Computer Entity），它能够利用互联网不断增加自身的数据集，优化内容。

1996 年，IBM 公司的计算机深蓝（Deep Blue）与人类国际象棋世界冠军加里·卡斯帕罗夫对战，但并没有取胜。加里·卡斯帕罗夫认为计算机下棋永远不会战胜人类。之后，IBM 公司对深蓝进行了升级。升级后的深蓝拥有 480 块专用的 CPU，运算速度翻倍，达到 2 亿次每秒，可以预测未来 8 步或更多步的棋局，顺利战胜了加里·卡斯帕罗夫。但此次具有里程碑意义的对战，其实只是计算机依靠运算速度和枚举，在规则明确的游戏中取得的胜利，并不是真正意义上的 AI。

2006 年，杰弗里·辛顿（Geoffrey Hinton）在《科学》杂志发表论文，开启了深度学习时代。

7. 增长爆发期（2010 年至今）

2011 年，同样是来自于 IBM 公司的沃森（Watson）系统参与了竞答类综艺节目《危险边缘》，与真人一起抢答竞猜。沃森系统凭借其出众的自然语言处理能力和强大的知识库战胜了两位人类冠军。计算机此时已经可以理解人类语言，这是 AI 领域的重大进步。

进入 21 世纪，随着 PC 的广泛使用以及移动互联网技术、云计算技术的爆发，各机构得以积累超乎想象的大量数据，为 AI 的后续发展提供了足够的素材和动力。深度学习开始占据 AI 技术的主流，著名的 Google Brain 项目，将 ImageNet 数据集的识别率大幅提升达到 84%。

2011 年，语义网（Semantic Network）被提出。语义网的概念来源于万维网，它本质上是一个以 Web 数据为核心，以机器理解和处理的方式连接 Web 数据形成的海量分布式数据库。语义网的出现极大地推进了知识表示领域技术的发展，2012 年，谷歌公司首次提出了知识图谱的概念，并推出了基于知识图谱的搜索服务。

2016 年和 2017 年，谷歌公司发起了两场轰动世界的围棋人机之战，其 AI 程序阿尔法围棋（AlphaGo）连续战胜两位围棋世界冠军：韩国的李世石和中国的柯洁。

时至今日，AI 已渗透入了人类生活的方方面面。以苹果公司的 Siri 为代表的语音助手使用了自然语言处理（Natural Language Processing，NLP）技术。在 NLP 技术的支撑下，计算机可以处理人类语言，并以越来越自然的方式将其与期望的指令和响应进行匹配。在浏览购物网站时，用户常会收到推荐算法（Recommendation Algorithm）产生的商品推荐。推荐算法通过分析用户此前的购物历史数据，以及用户的各种偏好表达，就可以预测用户可能会购买的商品。

1.1.5 AI 的 3 大学派

AI 的 3 大学派是符号主义、连接主义、行为主义，具体介绍如下。

1. 符号主义

符号主义的基本思想是人类的认知过程是各种符号进行推理运算的过程。人是一个物理符号系统，计算机也是一个物理符号系统，因此，能用计算机来模拟人的智能行为。知识表示、知识推理、知识运用是人工智能的核心。符号主义认为知识和概念可以用符号表示，认知就是符号处理过程，推理就是采用启发式知识对问题求解的过程。符号主义的落脚点在推理：符号推理与机器推理。

2. 连接主义

连接主义的基本思想是思维的基本是神经元，而不是符号处理过程。连接主义认为人脑不同于计算机，并提出了连接主义的大脑工作模式，用于取代符号操作的计算机工作模式。连接主义源于仿生学，特别是人脑模型的研究。连接主义中，一个概念用一组数字、向量、矩阵或张量表示，即由整个网络的特定激活模式表示。网络中每个节点（即神经元）没有特定的意义，但是每个节点都参与整体的概念表示。例如，在符号主义中，猫的概念可以由一个“猫节点”或表示猫的属性的一组节点表示（如，“两只眼睛”“四条腿”和“蓬松的”）。但是，在连接主义中，各个节点并不表示特定的概念，要找到“猫节点”或“眼睛神经元”是不可能的。连接主义的落脚点在神经元网络与深度学习。

3. 行为主义

行为主义的基本思想是智能取决于感知和行为。行为主义提出了智能行为的“感知-动作”模式。

行为主义认为智能不需要知识、不需要表示、不需要推理；AI 可以像人类智能一样逐步进化；智能行为只能在现实世界中，通过与周围环境的不断交互表现出来。行为主义偏向于应用实践，从环境中不断学习以不断修正动作。行为主义的落脚点在行为控制、自适应与进化计算。

1.2 AI 相关技术概览

AI 技术是多层面的，贯穿了应用、算法、芯片、器件、工艺等技术层级，如图 1-5 所示。

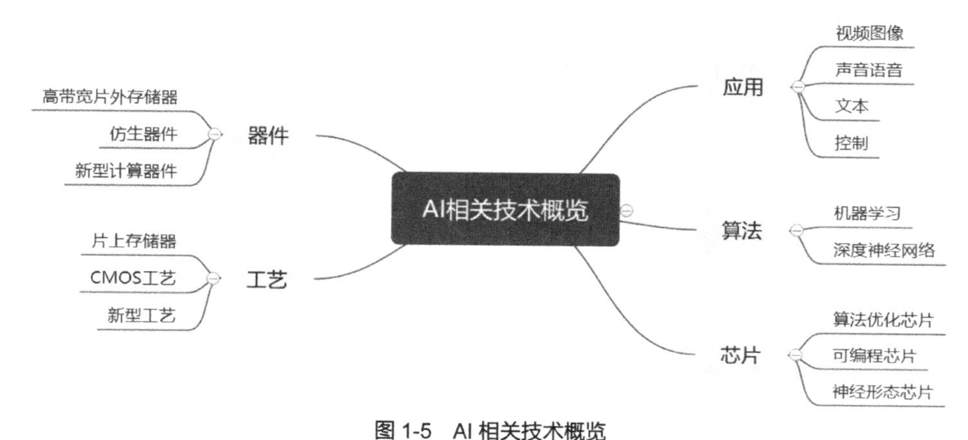

图 1-5　AI 相关技术概览

在各技术层级上，AI 技术分别取得了以下等发展。

1. 应用层

视频图像类：人脸识别、目标检测、图像生成、图像美化、以图搜图、视频分析、视频审核、增强现实（Augmented Reality，AR）。

声音语音类：语音识别、语音合成、语音唤醒、声纹识别、乐曲生成。

文本类：文本分析、机器翻译、人机对话、阅读理解、推荐系统。

控制类：自动驾驶、无人机、机器人、工业自动化。

2. 算法层

机器学习算法：神经网络（Neural Network）、支持向量机（Support Vector Machine，SVM）、K 近邻（K-Nearest Neighbor，KNN）算法、贝叶斯算法（Bayesian Algorithm）、决策树（Decision Tree）、隐马尔可夫模型（Hidden Markov Model，HMM）、集成学习（Ensemble Learning）等。

机器学习的常用优化算法：梯度下降（Gradient Descent）、牛顿法（Newton Method）、拟牛顿法（Quasi-Newton Methods）、共轭梯度（Conjugate Gradient）、脉冲时间依赖可塑性（Spiking Timing Dependent Plasticity，STDP）等。

深度学习是实现机器学习最重要的技术之一，其中深度神经网络（Deep Neural Network，DNN）是近年相关研究的热点，它包括多层感知器（Multilayer Perceptron，MLP）、卷积神经网络（Convolutional Neural Network, CNN）、循环神经网络（Recurrent Neural Network, RNN）、脉冲神经网络（Spiking Neuron Network，SNN）等多种类型。其中，热门的 CNN 包括 AlexNet、ResNet、VGGNet 等；热门的 RNN 包括长短期记忆神经网络（Long Short-Term Memory，LSTM）、神经图灵机（Neural Turing Machine，NTM）等。谷歌公司的 BERT（Bidirectional Encoder Representation from Transformers）

就是一种基于神经网络的自然语言处理预训练技术。

除了深度学习外，迁移学习、强化学习、单样本学习、对抗学习等都是实现机器学习，尤其是解决目前深度学习面临的一些困境的重要技术。

3. 芯片层

算法优化芯片：效能优化、低功耗优化、高速优化、灵活度优化，如深度学习加速器、人脸识别芯片。

神经形态芯片：仿生类脑、生物脑启发、脑机制模拟。

可编程芯片：考量灵活度、可编程性、算法兼容性、通用软件兼容性，如数字信号处理技术（Digital Signal Processing，DSP）芯片、图形处理器（Graphics Processing Unit，GPU）、场可编程门阵列（Field-Programmable Gate Array，FPGA）。

芯片系统级结构：多核、众核、单指令多数据流（Single Instruction Multiple Data，SIMD）、运算阵列结构、存储器结构、片上网络结构、多片互联结构、内存接口、通信结构、多级缓存。

开发工具链：深度学习框架（TensorFlow、Caffe、MindSpore）衔接、编译器、仿真器、优化器（量化、裁剪）、原子操作（网络）库。

4. 器件层

高带宽片外存储器：高带宽存储器（High Bandwidth Memory，HBM）、动态随机存取存储器（Dynamic Random Access Memory，DRAM）、高速图形用双倍数据传输率存储器（Graphics Double Data Rate，GDDR）、低功耗双倍数据传输率内存（Low Power Double Data Rate SDRAN LPDDR）、自旋转移力矩磁阻随机存取存储器（Spin Transfer Torque-Magnetoresistive Random Access Memory，STT-MRAM）。

高速互联器件：串行器和解串器（Serializer-Deserializer，SerDes）、光互联通信。

仿生器件（人工突触、人工神经元）：忆阻器。

新型计算器件：模拟计算、内存计算（In-Memory Computing）。

5. 工艺层

片上存储器（突触阵列）：分布式静态随机存取存储器（Static Random-Access Memory，SRAM）、电阻式随机存取存储器（ReRAM）、相变随机存取存储器（PCRAM）等。

CMOS 工艺：工艺节点（16 nm、7 nm）。

CMOS 多层集成：2.5D IC/SiP、3D-Stack 技术、Monolithic 3D 等。

新型工艺：3D NAND、Flash Tunneling FETs、FeFET、FinFET。

1.2.1 深度学习框架介绍

深度学习框架的出现降低了深度学习入门的门槛。我们不需要从复杂的神经网络和反向传播算法开始编代码，可以依据需要，配置模型的超参数，而模型的参数可通过自动训练得到。我们也可以在已有模型的基础上增加自定义网络层，或者是在顶端选择自己需要的分类器和优化算法。

一个深度学习框架可以理解为一套积木。积木中的每个组件就是一个模型或者算法，我们可以使用积木中的组件去组装符合要求的积木模型。

目前主流的深度学习框架包括：TensorFlow、Caffe、PyTorch 等。

1.2.2 AI 处理器简介

AI 有 4 大要素：数据、算法、算力、场景，其中算力依靠的就是 AI 处理器。AI 处理器也被称为 AI 加速器，是专门用于处理 AI 应用中的大量计算任务的功能模块。

1. AI 处理器分类

AI 处理器有多种分类方式，这里从技术架构和功能维度来进行分类。

从技术架构来看，AI 处理器大致分为以下 4 个类型。

（1）CPU

中央处理器（Central Processing Unit，CPU）是一块超大规模的集成电路，是一台计算机的运算核心和控制核心。它的功能主要是解释计算机指令以及处理计算机软件中的数据。

（2）GPU

图形处理器（Graphics Processing Unit，GPU）又称显示核心、视觉处理器、显示芯片，是一种专门在个人计算机、工作站、游戏机和一些移动设备（如平板电脑、智能手机等）上进行图像运算工作的微处理器。

（3）ASIC

专用集成电路（Application Specific Integrated Circuit，ASIC）适合于某单一用途的集成电路产品。

（4）FPGA

现场可编程门阵列（Field Programmable Gate Array，FPGA）的设计初衷是为了实现半定制芯片的功能，即硬件结构可根据需要实时配置灵活改变。

从功能来看，AI 处理器可以分为训练处理器和推理处理器 2 个类型。

① 训练通常需要输入大量的数据，采取强化学习等学习方法，从而训练出一个复杂的深度神经网络模型。训练过程涉及海量的训练数据和复杂的深度神经网络结构，运算量巨大，对于处理器的运算速度、精度、可扩展性等性能要求很高。常用的训练处理器有 NVIDIA 的 GPU、谷歌的张量处理器（Tensor Processing Unit，TPU）、华为的神经网络处理器（Neural-Network Processing Unit，NPU）等。

② 推理指利用训练好的模型，使用新的数据去“推理”出各种结论，如视频监控设备通过后台的深度神经网络模型，判断一张抓拍到的人脸是否是特定的目标。虽然推理的计算量相比训练少很多，但仍然涉及大量的矩阵运算。GPU、FPGA 和 NPU 都是常用的推理处理器。

2. AI 处理器现状

（1）CPU

早期 CPU 的性能提升主要依靠底层硬件技术的发展，服从摩尔定律。近年来摩尔定律逐渐失效，集成电路发展放缓，硬件技术的发展遇到物理瓶颈，散热和功耗等限制了传统架构下 CPU 性能和串行程序效率的提升。

行业的现状促使人们不断寻找更加适合后摩尔定律时代的 CPU 架构以及相应软件框架。多核处理器应运而生，它是通过增加内核数来提升 CPU 性能的。多核处理器更好地满足了软件对硬件的需求。例如，英特尔（Intel）公司的酷睿 i7 系列处理器，基于 x86 指令集采用了多个独立内核构建的指令并行处理器核心，在一定程度上提升了处理器性能，但也使功耗和成本增加。由于内核的数量不能无限增加，并且传统的程序多数是以串行编程的思路编写的，因此这种方式对 CPU 性能和程序效率的提升有限。

此外，还可以通过增加指令集的方式来提升 AI 性能，例如为 x86 复杂指令集计算机（Complex Instruction Set Computer，CISC 架构）指令集加入 AVX512 等指令集，在算术逻辑单元（Artithmetic and Logic Unit，ALU）计算模块加入积和熔加运算（Fused-Multiply-Add，FMA）指令集；为 ARM（精简指令集计算机（Reduced Instruction Set Computer，RISC）架构加入指令集。

通过提高频率也可以提升 CPU 性能，但频率提高空间有限，并且高主频会引发功耗过大和处理器过热的问题。

（2）GPU

GPU 在矩阵计算和并行计算上具有突出的性能，是异构计算的主力，最早作为深度学习的加速器被引入 AI 领域，目前已形成成熟的生态。

NVIDIA 针对 GPU 在深度学习领域主要向以下 3 个方向发力。

① 丰富生态：推出了专门针对深度学习的 GPU 加速库 CUDNN（The NVIDIA CUDA Deep Neural Network Horary），优化了 GPU 底层架构，提升了 GPU 应用于深度学习的易用性。

② 提升定制性：增加多数据类型支持（不再坚持 float32，增加 int8 等）。

③ 添加深度学习专用模块（如 NVIDIA V100 Tensor Core GPU 采用了引入并配备张量核的改进型架构 Volta）。

当前 GPU 存在的主要问题是成本高、能耗比低、输入输出延迟高。

（3）TPU

谷歌从 2016 年起致力于将专用集成电路 ASIC 的设计理念应用到神经网络领域，并于 2016 年发布了支持深度学习开源框架 TensorFlow 的 AI 定制处理器 TPU。TPU 利用大规模脉动阵列结合大容量片上存储来高效加速深度神经网络中最为常见的卷积运算：脉动阵列可用来优化矩阵乘法和卷积运算，以达到提高算力和降低能耗的作用。

（4）FPGA

FPGA 采用硬件描述语言（Harduare Description Language，HDL）可编程方式，灵活性高，可重构，可深度定制。并且可通过多片 FPGA 联合将 DNN 模型加载到芯片上进行低延迟计算，计算性能优于 GPU。但考虑到由于不断擦写，FPGA 性能达不到最优。由于 FPGA 可重构，供货风险和研发风险较低，硬件成本取决于购买数量，容易控制。但 FPGA 设计、流片过程解耦，开发周期较长（通常半年），门槛高。

3. GPU、CPU 设计比对

GPU 主要面对类型高度统一、相互无依赖的大规模数据和不需打断的纯净计算环境。CPU 需要具有很强通用性以处理不同类型数据，同时需要进行逻辑判断，还需要引入大量分支跳转和中断处理。CPU 与 GPU 架构对比如图 1-6 所示。

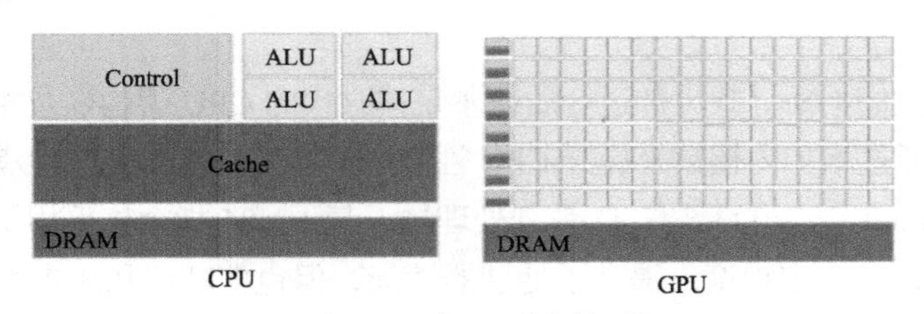

图 1-6　CPU 与 GPU 架构对比

GPU 拥有若干由数以千计的更小的核心（专为同时处理多重任务而设计）组成的大规模并行计算架构。CPU 由专为串行处理而优化的几个内核组成。

（1）GPU 有很多 ALU 和很少 Cache。GPU 的 Cache 是为线程（thread）提供服务的，扮演数据转发的角色，这点和 CPU 不同。当多线程需要访问同一数据时，Cache 会合并这些访问，然后去访问 DRAM，获取到数据后再转发给各线程，这自然会带来延时问题。但大量 ALU 实现大量线程并行可掩盖延时问题。此外，GPU 的控制单元可以合并访问。

（2）CPU 有强大的 ALU，可以在很短的时钟周期内完成运算。CPU 有大量 Cache 可以降低延时。CPU 还有复杂的控制单元来进行分支预测和数据转发：当程序含有多个分支时，控制单元通过分支预测降低延时；对于依赖之前指令结果的指令，控制单元要决定这些指令在流水线（pipeline）中的位置，并尽快转发之前指令的结果。

GPU 擅长密集和易于并行的运算；CPU 擅长逻辑控制、串行运算。

GPU 与 CPU 的架构差异是由于它们的侧重点不同，GPU 在大规模的密集型数据并行计算方面的优势极为突出，而 CPU 侧重于指令执行中的逻辑控制。为了优化某个程序，往往需要同时借助 CPU 和 GPU，发挥各自的能力进行协同处理。

4. 华为昇腾（Ascend）AI 处理器

NPU 是指专门针对神经网络计算进行特殊优化设计的处理器，其处理神经网络任务的性能比 CPU、GPU 要高得多。NPU 在电路层模拟人类神经元和突触，并且用深度学习指令集直接处理大规模的神经元和突触，一条指令完成一组神经元的处理。目前 NPU 的典型代表有华为昇腾（Ascend）AI 处理器、寒武纪芯片、IBM 的 TrueNorth 芯片。

华为昇腾 AI 处理器有两款：昇腾 310 和昇腾 910。昇腾 910 主要应用于训练场景，大多部署在数据中心；而昇腾 310 主要应用于推理场景，覆盖端、边、云全场景部署环境。

昇腾 910 是当前全球算力最强、训练速度最快的 AI 处理器，其算力是国际顶尖 AI 处理器的 2 倍，相当 50 个当前最新最强的 CPU。昇腾 310 和昇腾 910 的相关参数如表 1-1 所示。

表 1–1　昇腾 310 和昇腾 910 的相关参数

Ascend 310	Ascend 910
● 芯片：Ascend-Mini ● 架构：达芬奇 ● 16 位浮点数精度（FP16）下的性能：8 TFLOPS ● 8 位整数精度（INT8）下的性能：16 TOPS ● 16 通道全高清视频解码器 – H.264/265 ● 1 通道 全高清 视频编码器 – H.264/265 ● 最大功耗：8W ● 工艺：12nm FFC	● 芯片：Ascend-Max ● 架构：达芬奇 ● 16 位浮点数精度（FP16）下的性能：256 TFLOPS ● 8 位整数精度（INT8）下的性能：512 TOPS ● 128 通道 全高清 视频解码器 – H.264/265 ● 最大功耗：350W ● 工艺：7nm

1.2.3　AI 产业生态

在过去的 50 年里，我们经历了 3 次 AI 浪潮，这 3 次 AI 浪潮都是以人机对弈为代表的，第一次是 1962 年，IBM 的阿瑟・萨缪尔开发的西洋跳棋程序战胜了全美最强的西洋跳棋高手；第二次是 1997 年，IBM 公司的计算机深蓝以 3.5:2.5 战胜了人类国际象棋世界冠军加里・卡斯帕罗夫；第 3 次 AI 浪潮的爆发是 2016 年，谷歌旗下的 DeepMind 公司的 AlphaGo 围棋 AI 战胜了韩国围棋世界冠军、九段棋手李世石。

未来 AI 会渗透到各行各业，覆盖的行业领域将包括汽车、金融、消费品与零售、医疗、教育、制造、通信、能源、旅游、文化娱乐、交通、物流、房地产、环境保护等。

例如，在汽车领域，辅助驾驶、辅助决策、全自动驾驶等智能驾驶功能都是由 AI 实现的。智能驾驶是一个巨大的市场，并能够很好地反哺 AI 领域的技术研究，形成良性的循环，是发展 AI 的优质土壤。

金融领域积累了大量的数据，AI 可以在这一领域实现智能资产管理、智能投顾、做更加合理的金融决策等。AI 还可以解决金融欺诈的问题，用于反欺诈、反洗钱，从各种各样的蛛丝马迹中推断交易的可靠性，判断资金的流向以及识别金融市场的周期性规律等。

AI 在医疗领域也应用广泛，如经过对影像进行精确的几何层面的解读训练，判断影像反映的问题，为医生诊疗提供有效的辅助；经过分类任务的训练，区分正常细胞和癌细胞等。

相关调研数据显示，预计至 2025 年，AI 市场规模将超过 3 万亿美元，如图 1-7 所示。

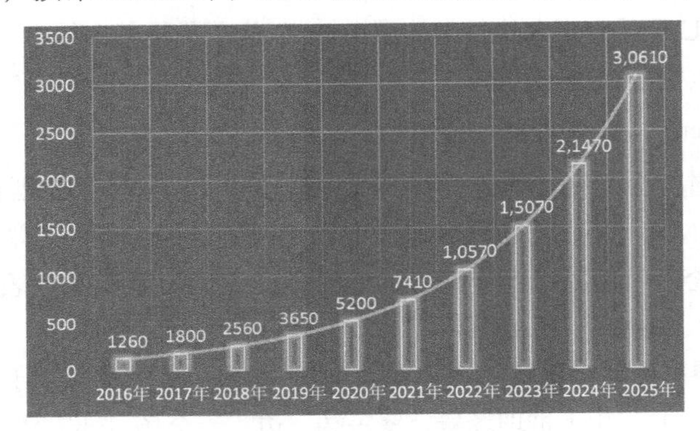

（单位：亿美元）

图 1-7　AI 市场规模预测

从图 1-7 可以看到，AI 市场空间巨大。AI 有 3 大基石：数据、算法、算力。但是 AI 要真正落地应用，仅有这 3 大基石是不够的，还必须加上场景。数据、算法、算力从技术角度来推动 AI 的发展，但是如果没有实际应用场景，技术的发展只能是数字上的变化。要实现 AI 落地应用，需要将 AI 与云计算、大数据和物联网相结合，这就构成了 AI 应用的平台架构，如图 1-8 所示。

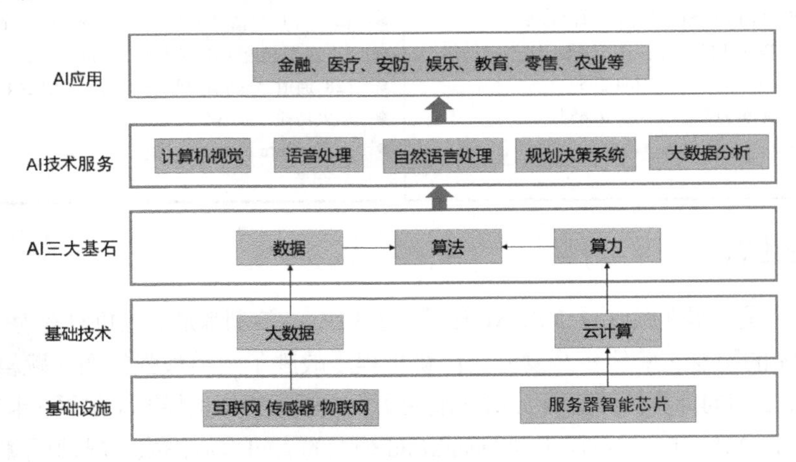

图 1-8　AI 应用平台架构

基础设施为 AI 产业提供计算能力支撑，是 AI 产业发展的重要保障，其范围包括智能传感器和智能芯片等。AI 技术服务主要关注如何构建 AI 技术平台，并对外提供相关的解决方案和服务。此类厂商在 AI 产业链中处于关键位置，它们依托基础设施和大量的数据，为各类 AI 应用提供关键性的技术平台、解决方案和服务。随着制造强国、网络强国、数字中国建设进程的加快，在制造、家居、金融、教育、交通、安防、医疗、物流等领域对 AI 的需求将进一步释放，相关产品的种类和形态也将越来越丰富。只有将基础设施、4 大要素和 AI 技术服务结合，才能有效地支持 AI 产业生态的上层应用。

虽然 AI 应用领域广阔，但其开发应用也面临巨大挑战：AI 开发应用水平与巨大的市场需求不适应。AI 开发应用主要面临如下问题。

（1）门槛高。从事 AI 的先决条件与技能要求有：机器学习与深度学习知识、统计学知识、线性代数知识、微积分知识等。

（2）效率低。训练一个模型的周期长：需要进行数据采集、数据清洗、模型训练与调优和可视化体验提升等。

（3）能力碎。体验碎片化：不同场景应用相同 AI 模型需要重新做数据采集、数据清洗、模型训练与调优和体验提升，能力无法直接继承。

（4）提升难。能力提升困难：模型升级困难、有效数据获取困难等。

目前，以手机为核心的端侧 AI 成为业界共识，更多的手机将具备 AI 能力，英国及美国一些咨询公司预测，到 2022 或 2023 年，将有 80%的手机会具备 AI 能力。为满足市场前景并应对 AI 的挑战，华为推出了面向智能终端的 AI 能力开放平台，即 HUAWEI HiAI。HUAWEI HiAI 的宗旨是“把简单留给开发者，AI 连接无限可能”。HUAWEI HiAI 可以让开发者快速地利用华为强大的 AI 处理能力为用户提供更好的智慧应用体验。

1.2.4 华为云企业智能应用平台

1. 华为云企业智能应用平台概述

华为云企业智能应用平台（Enterprise Intelligence，EI）是企业智能的使能者，基于 AI 和大数据技术，通过云服务的方式（公有云、专属云等模式），提供一个开放的、可信的、智能的平台，结合产业场景，使企业应用系统能看、能听、能说，具备分析和理解图片、视频、语言、文本等的能力，让更多的企业可以便捷地使用 AI 和大数据服务，加速业务发展，造福社会。

2. 华为云 EI 的特点

华为云 EI 有以下 4 个突出的特点。

（1）行业智慧：对行业有深刻理解，掌握行业技术决窍（Know-How），理解行业的相关痛点，利用 AI 技术解决行业痛点，引导 AI 落地。

（2）行业数据：让企业利用自己的数据，通过数据处理、数据挖掘来创造大量价值。

（3）算法：为企业提供丰富的算法库、模型库、通用 AI 服务以及一站式开发平台，解决企业的问题。

（4）算力：基于华为 30 年信息通信技术（Information Communication Technology，ICT）积累，全栈式的 AI 开发平台可以为企业提供聚变最强、最经济的 AI 算力。

3. 华为云 EI 的发展历程

华为云 EI 的发展历程如图 1-9 所示。

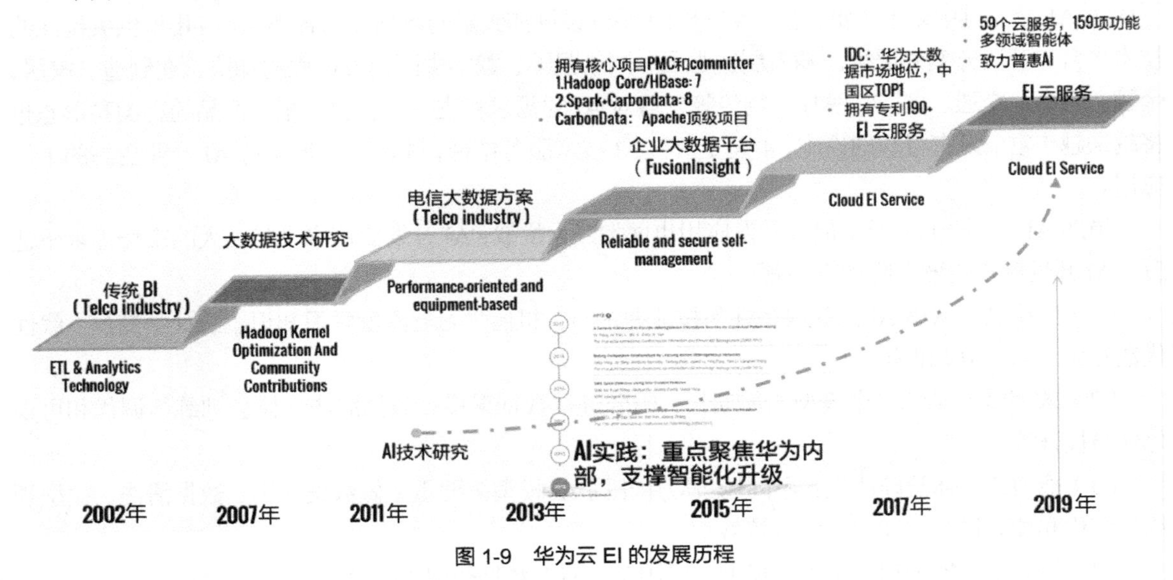

图 1-9 华为云 EI 的发展历程

华为云 EI 的发展历程具体如下。

（1）2002 年华为开始在电信领域面向传统商业智能（Business Intelligence，BI）业务开发数据治理和分析产品。

（2）2007 年华为开始投入 Hadoop 技术研究，布局大数据相关技术，储备大量的人才和技术专利。

（3）2011 年华为将大数据技术应用在电信大数据解决方案中，用于网络诊断与分析、网络规划、网络调优等。

（4）2013 年招商银行、工商银行等大企业开始与华为交流大数据相关需求，并启动技术合作。同年 9 月华为在华为云计算大会（Huawei Cloud Congress，HCC）发布了面向企业的大数据分析平台 FusionInsight，该平台已广泛应用于各行业。

（5）2012 年华为正式规模投入 AI，2014 年开始陆续产品化，2015 年年底，财经、供应链、工程验收、电商等各个方向的产品开始进行内部实践，并取得如下成绩。

① 报关单据识别光学字符识别（Optical Character Recognition，OCR）：导入效率提升 10 倍。

② 提货路径规划：例外费用降低 30%。

③ 智能审核：效率提升 6 倍。

④ 电商用户智能推荐：应用转化率提升 71%。

（6）2017 年华为开始正式以云服务方式提供 EI 服务，联合更多的合作伙伴一起对外提供更丰富的 AI 服务。

（7）2019 年华为云 EI 致力于普惠 AI，让 AI 用得起、用得好、用得放心，基于自研昇腾芯片，提供 59 个云服务（21 个平台类服务、22 个视觉类服务、12 个语言类服务、4 个决策类服务）和 159 项功能（52 项平台类功能、99 项 API 类功能、8 项预集成方案）。其中，API 指应用程序接口（Application Programming Interface）。

华为投入了上千名研发人员进行技术研发（既包括产品化技术的研发，也包括分析算法、机器学习算法、自然语言处理等前沿技术的研究），同时将研究成果积极回馈给华为 AI 研究社区。

1.3　AI 的技术领域与应用领域

1.3.1　AI 技术领域

AI 技术领域如图 1-10 所示，主要包括计算机视觉、语音处理和自然语言处理 3 类应用技术。

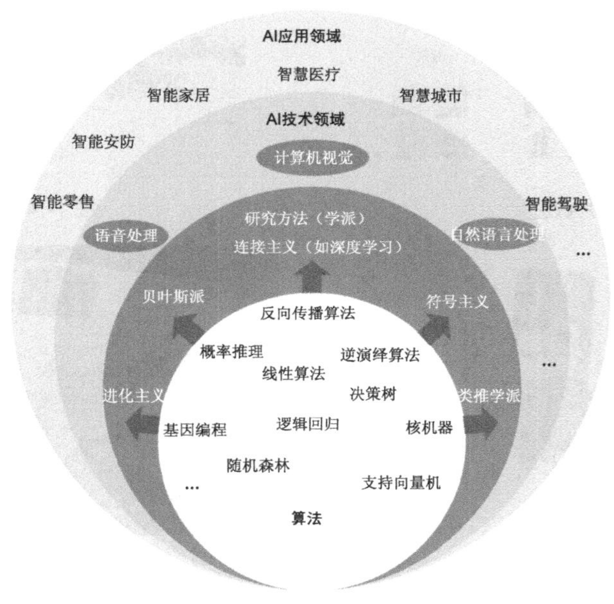

图 1-10　AI 技术领域

1. 计算机视觉

计算机视觉是研究如何让计算机“看”的科学，它是 3 类 AI 应用技术中最成熟的技术。计算机视觉研究的主题包括图像分类、目标检测、图像分割、目标跟踪、文字识别和人脸识别等。目前，计算机视觉的应用主要集中在电子考勤、身份验证、图片识别和图片搜索等方面，如图 1-11 至图 1-14 所示。未来，计算机视觉有望进入自主理解、分析决策的高级阶段，真正赋予机器“看”的能力，在无人车、智能家居等场景中发挥更大的价值。

图 1-11　电子考勤

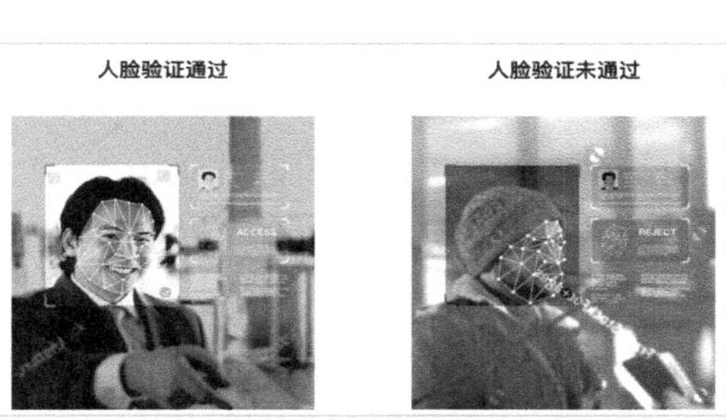

图 1-12　身份验证

2. 语音处理

语音处理研究语音发声过程、语音信号的统计特性，它是语音识别、语音合成以及语音唤醒等各种处理技术的统称。语音处理研究的主题主要包括语音识别、语音合成、语音唤醒、声纹识别、音频事件检测等。其中最成熟的技术是语音识别，在安静室内、近场识别的前提下能达到 96%的识别准确度。目前，语音识别技术的应用主要集中在智能问答、智能导航等方面，如图 1-15 和图 1-16 所示。

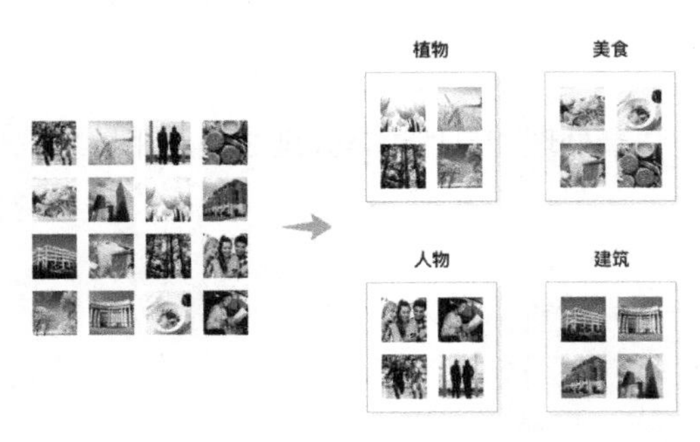

图 1-13　图片识别

图 1-14　图片搜索

图 1-15　智能问答

图 1-16　智能导航

3. 自然语言处理

自然语言处理是利用计算机技术来理解并运用自然语言的技术。自然语言处理研究的主题包括机器翻译、文本挖掘和情感分析等。自然语言处理的技术难度高、技术成熟度较低。因为语义的复杂度高，目前，仅靠基于大数据和并行计算的深度学习，AI 理解语义很难达到人类的水平。未来，AI 有望从只能理解浅层语义发展到能自动提取特征并理解深层语义；并从单一智能（机器学习）发展到混合智能（机器学习、深度学习、强化学习）。目前，自然语言处理技术主要在舆情分析、评论分析以及机器翻译等领域被广泛应用，如图 1-17 至图 1-19 所示。

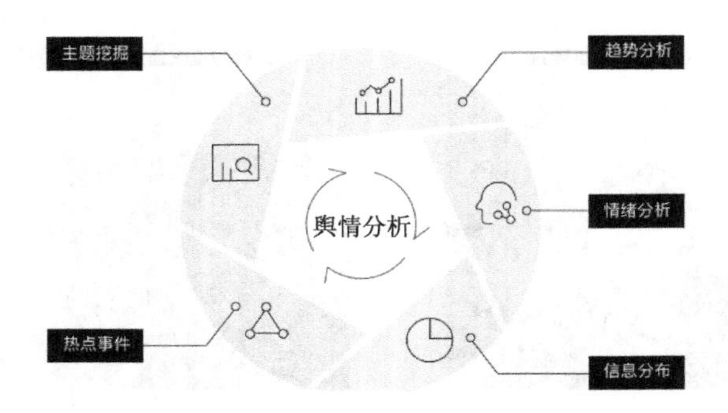

图 1-17　舆情分析

图 1-18　评论分析

图 1-19 机器翻译

1.3.2 AI 应用领域

AI 的应用领域如下。

1. 智慧城市

智慧城市就是运用信息和通信技术手段感测、分析、整合城市运行核心系统的各项关键信息，从而对包括民生、环保、公共安全、城市服务、工商业活动在内的各种需求做出智能响应。其实质是利用先进的信息技术，实现城市智慧式管理和运行，进而为城市中的人创造更美好的生活，促进城市的和谐、可持续成长。AI 在智慧城市中，主要有智慧环境、智慧经济、智慧生活、智慧信息、智慧流通和智慧政府几方面，具体来说有监控交通、物流、使用人脸识别进行安防等应用。智慧城市如图 1-20 所示。

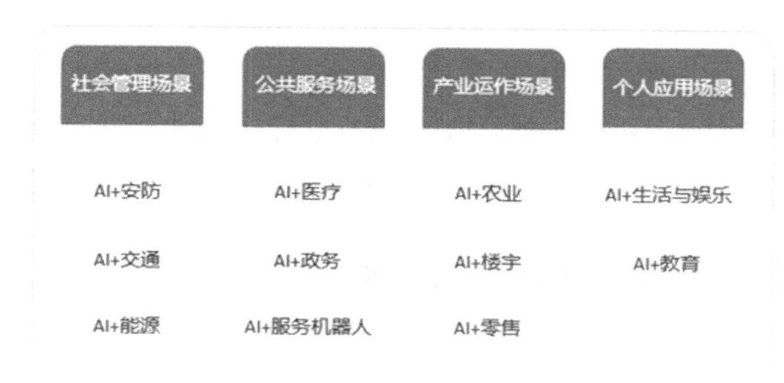

图 1-20 智慧城市

2. 智慧医疗

我们可以让 AI“学习”专业的医疗知识，“记忆”大量的病历，用计算机视觉技术识别医学影像，为医生提供可靠、高效的辅助，如图 1-21 所示。例如，针对目前已经广泛应用的医学影像技术，AI 可以通过过往数据建立模型，对医学影像进行识别，快速确定病人病灶，提高问诊效率。

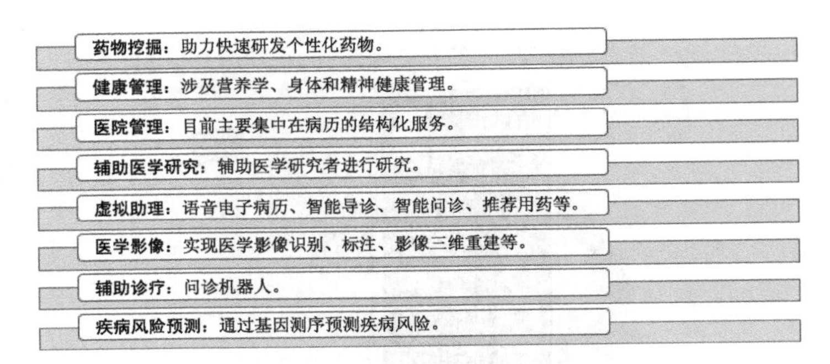

图 1-21　智慧医疗

3. 智慧零售

AI 也将彻底地改变零售业，典型的案例就是无人超市。例如，亚马逊的无人超市 Amazon Go 利用传感器、摄像头、计算机视觉及深度学习算法彻底取消了收银流程，让顾客进店取货即走。

无人超市面临的一大挑战是如何向正确的顾客收取正确的费用。迄今为止 Amazon Go 是唯一成功的商业案例，但是这个案例有很多的受控因素，比如只有 Prime 会员才能进店。其他企业要想效仿，必须先建立起自己的会员制。

4. 智能安防

安防是 AI 最易落地的领域，目前发展也较为成熟。安防领域拥有海量的图像和视频数据，为 AI 算法和模型的训练提供了很好的基础。目前 AI 在安防领域的应用主要包括民用和警用两个方向。

民用：人脸识别、潜在危险预警、家庭布防等。警用：识别可疑人员、车辆分析、追踪嫌疑人、检索对比犯罪嫌疑人、重点场所门禁等。

5. 智能家居

智能家居是基于物联网技术，由硬件、软件和云平台构成的家居生态圈，为用户提供个性化生活服务，使家庭生活更便捷、舒适和安全。

智能家居产品的控制用语音处理技术实现，如调节空调温度、控制窗帘开关、控制照明系统等。

家居安防用计算机视觉技术实现，如面部或指纹识别解锁、实时智能摄像头监控、住宅非法入侵检测等。

借助机器学习和深度学习技术，智能家居根据智能音箱、智能电视的历史记录建立用户画像并进行内容推荐。

6. 智能驾驶

美国汽车工程师协会（Society of Automotive Engineers，SAE）将自动驾驶按照车辆行驶对于系统的依赖程度分为 L0~L5 6 个级别，L0 级为车辆行驶完全依赖驾驶员操纵，L3 级以上即可在特定情况下实现驾驶员脱手操纵，而 L5 级则是在全场景下车辆行驶完全依赖系统。

目前商业化乘用车车型中仅有奥迪（Audi）A8、特斯拉（Tesla）、凯迪拉克（Caolillac）等部分车型可实现 L2、L3 级高级驾驶辅助系统（Advanced Driving Assistance System，ADAS）。2020 年，随着传感器、车载处理器等产品的进一步完善，更多的 L3 级车型出现。而 L4、L5 级自动驾驶预计将会率先在封闭园区中的商用车平台上实现应用落地，更广泛的乘用车平台高级别自动驾驶，需要技术、政策、基础设施建设的进一步完善，预计最早在 2025 年才会出现在一般道路上。

1.3.3　AI 所处的阶段

AI 发展的 3 个阶段如图 1-22 所示，目前 AI 仍然处于感知智能阶段。

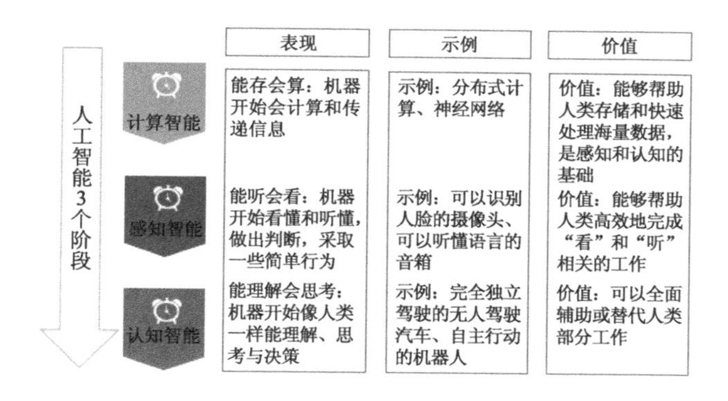

图 1-22　人工智能 3 个阶段

1.4　华为 AI 发展战略

1.4.1　全栈全场景 AI 解决方案

华为于 2020 年第一季度开源了 MindSpore 全场景 AI 计算框架，2020 年 6 月开源了 GaussDB OLTP 单机版数据库，2020 年 12 月 31 日开源服务器操作系统。

全栈，是包括芯片、芯片使能、训练和推理框架、应用使能在内的全堆栈方案。

全场景，是包括公有云、私有云、各种边缘计算、物联网终端以及消费类终端在内的全场景的部署环境。

其中，Atlas 人工智能计算解决方案作为华为全栈全场景 AI 解决方案的基石，基于昇腾 AI 处理器提供模块、板卡、服务器等不同形态的产品，满足客户全场景的算力需求。

1.4.2　华为 AI 全栈方向

1. 华为一站式 AI 开发平台——ModelArts

ModelArts 是华为提供的面向 AI 开发者的一站式开发平台，提供海量数据预处理及半自动化标注、大规模分布式训练、自动化模型生成及端、边、云模型按需部署能力，帮助开发者快速创建和部署模型，管理全周期 AI 工作流。ModelArts 具有以下特点。

（1）自动学习：自动学习功能可以根据标注数据自动设计模型、自动调参、自动训练、自动压缩和部署模型，不需要代码编写和模型开发经验。

Model Arts 的自动学习主要通过 ModelArts Pro 来实现，它是为企业级 AI 应用打造的专业开发套件。它基于华为云的先进算法和快速训练能力，提供预置工作流和模型，提升企业 AI 应用的开发效率，降低开发难度。它支持客户自主进行工作流编排，可快速实现应用的开发、共享和发布，有助于共建开放生态，实现普惠行业 AI 落地。ModelArts Pro 套件包括自然语言处理套件、文字识别套件、视觉套件等，能够快速响应不同行业、不同场景的 AI 落地需求。

（2）端-边-云：端、边、云分别指端侧设备、华为智能边缘设备、华为云。

（3）支持在线推理：在线推理是对每个推理请求同步给出推理结果的在线服务（Web Service）。

（4）支持批量推理：批量推理是对批量数据进行推理的批量作业。

（5）昇腾 AI 处理器：昇腾 AI 处理器是华为设计的高算力低功耗的 AI 芯片。

（6）数据准备效率高：ModelArts 内置 AI 数据框架，通过自动预标注和难例集标注相结合，提升数据准备效率。

（7）训练耗时短：ModelArts 提供华为自研 MoXing 高性能分布式框架，采用级联式混合并行、梯度压缩、卷积加速等核心技术，大幅度降低模型训练耗时。

（8）ModelArts 支持模型一键部署：ModelArts 支持将模型一键部署到端、边、云各种设备和场景下，可以同时满足高并发、端边轻量化等多种需求。

（9）全流程管理：ModelArts 提供数据、训练、模型、推理（整个 AI 开发周期）全流程可视化管理，并且支持训练断点重启、训练结果比对和模型溯源管理。

（10）活跃的 AI 市场：ModelArts 支持数据和模型共享，可帮助企业提升团队内 AI 开发效率，也可帮助开发者实现知识到价值的变现。

2. 全场景 AI 计算框架 MindSpore

在当今智能化时代，端、边、云场景的各种 AI 应用蓬勃发展。但 AI 技术仍然面临巨大的挑战：高技术门槛、高开发成本、长部署周期，这些问题阻碍了全产业 AI 开发者生态的发展。全场景 AI 计算框架 MindSpore 应运而生，它主要基于 3 个理念来设计：开发友好、运行高效、部署灵活。

在深度学习框架的世界中，谷歌的 TensorFlow、亚马逊的 MXNet、Facebook 的 PyTorch，以及微软的 CNTK 被列为当今“4 大门派”，那么华为 MindSpore 就是最强的挑战者。

MindSpore 提供自动化的并行能力，专注于数据建模和问题解决的资深数据科学家和算法工程师只需简单几行代码就可以让算法跑到几十乃至上千 AI 运算节点上。

MindSpore 支持可大可小多种架构，适应全场景独立部署，支持昇腾 AI 处理器，也支持 GPU、CPU 等其他处理器。

3. CANN

CANN 是华为面向深度神经网络和昇腾 AI 处理器打造的芯片使能层，它主要包括以下 4 大功能模块。

（1）FusionEngine，算子级融合引擎，主要作用是进行算子融合，减少算子间内存的搬移，可提升性能 50%。

（2）CCE 算子库，华为公司提供的深度优化后的通用算子库，可以满足绝大部分主流计算机视觉和 NLP 的神经网络的需求。

当然客户和伙伴出于时效性、隐私、研究等需求，不可避免地会有自定义算子的需求。这时就会用到 CANN 的第 3 个功能模块。

（3）TensorBoost Engine（TBE），高效、高性能的自定义算子开发工具，该工具将硬件资源抽象为 API 接口，客户可以快速构建所需的算子。

（4）最后一个模块是最底层的编译器，它实现极致性能优化，支持昇腾 AI 处理器的全场景应用。

4. 昇腾 AI 处理器

面对汹涌而至的 AI 需求，AI 处理器目前被少数公司垄断，价格昂贵，供货周期长，本地服务支持能力弱，很多行业的 AI 需求无法得到有效满足。

华为在 2018 年 10 月的全联接大会上发布了针对 AI 推理与训练场景的处理器昇腾 310 与昇腾 910。昇腾 AI 处理器独特的达芬奇 3D Cube 架构，使其具有高算力、高能效、可扩展的优点。

昇腾 310 是用于推理的边缘智能场景的极致高能效 AI 系统级芯片（System on Chip，SoC），使用 12nm 制作工艺，可提供 16TOPS 的算力，且功耗只有 8W，非常适合低功耗要求的边缘智能场景。

昇腾 910 是当前计算密度最大的单芯片，适用于 AI 训练，采用 7nm 制作工艺，可提供 512TOPS 的算力，最大功耗为 350W。

5. Atlas 人工智能计算解决方案

华为 Atlas 人工智能计算解决方案基于华为昇腾 AI 处理器，通过模块、板卡、小站、服务器、集群等丰富的产品形态，打造面向端、边、云的全场景 AI 基础设施方案，如图 1-23 所示。作为华为全栈全场景 AI 解决方案的重要组成部分，Atlas 在 2019 年推出推理产品的基础上，2020 年补齐训练产品，给业界呈现了完整的人工智能计算解决方案。同时，华为还通过全场景部署，打通端-边-云协同，让 AI 赋能各环节。

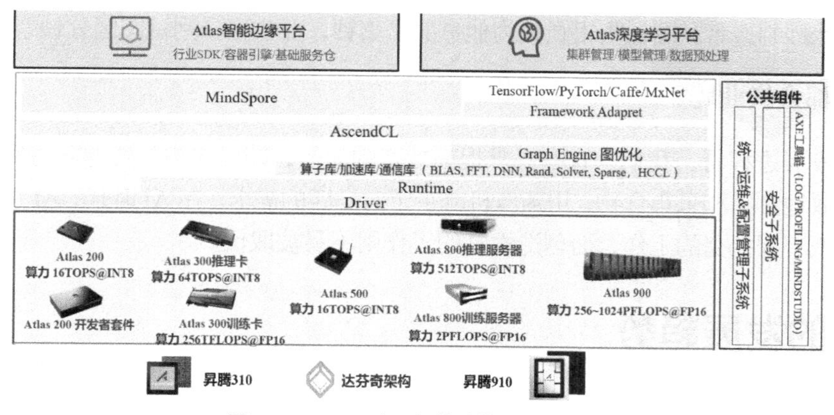

图 1-23　Atlas 人工智能计算平台全景图

1.5 AI 的争议

1.5.1 算法偏见

算法的偏见主要源于数据的偏见。

我们在用 AI 做决策时，算法根据已有的数据，可能学会歧视某一类个体，如根据种族、性别或其他因素，做出有歧视倾向的决策。即使种族或性别等因素被排除在数据之外，算法也可能根据人的姓名或地址中的信息做出有歧视倾向的决策。

例如，用一个听起来像非洲裔美国人的名字进行搜索，可能会返回一个用于查询犯罪记录的工具的广告，而用其他名字搜索就不太可能发生这种情况。在线广告商倾向于向女性用户展示商品价格更低的广告。谷歌的图片软件曾错将黑人的图片标记为“大猩猩”。

1.5.2 隐私问题

现有的 AI 算法都是数据驱动，需要大量的数据来训练模型。人们在享受 AI 带来的便捷的同时，也面临隐私泄露风险，例如，一些科技公司获取了大量的用户数据，而这些数据会暴露人们生活的方方面面。

在人们上网时，原则上，科技公司可以记录每次点击、每页滚动、观看任何内容的时间以及浏览历史。

科技公司可以根据人们每天的打车记录、消费记录，知道人们在哪儿、去哪儿、做了什么事、教育程度、消费能力、个人偏好等个人隐私。

1.5.3 技术与伦理的矛盾

随着计算机视觉的发展，图像及视频的可信性也越来越低。我们可以通过图片处理（Photoshop，PS）、生成对抗网络（Generative Adversarial Networks，GAN）等技术制作假图像，让人难分真伪。

以 GAN 为例，这一概念由机器学习研究者伊恩·古德费洛（Ian Goodfellow）在 2014 年提出。之所以叫“生成”是因为该模型的输出为图像一类的信息，而非与输入数据相关的预测值；叫“对抗网络”则是因为该模型使用两组猫鼠游戏一般相互竞争的神经网络，就像收银员和伪钞制造者斗智斗勇一样：伪钞制造者试图让收银员认为他拿的是真钞，而收银员则试图区分钞票的真伪。

1.5.4 大家都会失业吗?

从人类的发展进程看，我们一直在寻求提高效率的途径，即以更少的资源获得更多。我们用尖锐的石头更高效地狩猎和采集食物；用蒸汽机减少了对马匹的需求。在 AI 时代，AI 会取代那些重复性强、创造性低、弱社交的工作，而创造性高的工作则不易被取代。

1.6 AI 的发展趋势

1. 更易用的开发框架

各种 AI 开发框架都在朝易用、全能的方向演进，不断降低 AI 的开发门槛。

2. 性能更优的算法模型

在计算机视觉领域，GAN 已可生成人眼不可分辨真伪的高质量图像，GAN 相关的算法开始在其他视觉相关的任务上应用，如语义分割、人脸识别、视频合成、无监督聚类等。在自然语言处理领域，基于 Transformer 架构的预训练模型取得重大突破，相关模型如 BERT、GPT、XLNet 开始广泛应用于工业场景。在强化学习领域，DeepMind 团队的 AlphaStar 在《星际争霸 Ⅱ》游戏中打败了人类顶尖选手。

3. 体积更小的深度模型

性能更优的模型往往有着更大的参数量，大的模型在工业应用时会有运行效率的问题。越来越多的模型压缩技术被提出，在保证模型性能的同时，进一步压缩模型体积，减少模型参数，加快推理速度，适应工业应用的需求。

4. 端、边、云全面发展的算力

应用于云端、边缘设备、移动终端的人工智能芯片规模不断增长，进一步解决了 AI 的算力问题。

5. 更完善的 AI 基础数据服务

AI 基础数据服务产业日渐成熟，相关数据标注平台和工具也在不断推出。

6. 更安全的数据共享

联邦学习在保证数据隐私安全的前提下，利用不同数据源合作训练模型，进一步突破数据的瓶颈，如图 1-24 所示。

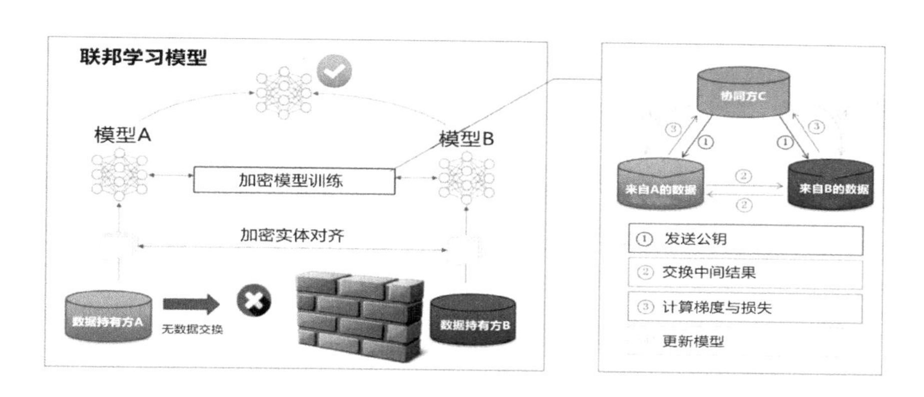

图 1-24　联邦学习

华为全球产业展望 GIV 2020（简称 Giv 2025）提出了未来智能技术的十大发展趋势。

1. 智能机器人普及

华为预计，2025 年全球将有 14%的家庭拥有智能机器人，家居智能机器人将在人类起居生活中发挥重要作用。

2. AR/VR 普及

采用 VR/AR 技术的企业将增长到 10%。虚拟现实等技术的应用，将给商业展示、影音娱乐等行业带来蓬勃生机。

3. AI 广泛应用

97%的大企业将采用 AI 技术。主要表现在语音智能、图像识别、人像识别、人机互动等领域。

4. 大数据应用普及

企业的数据利用率将达 86%。大数据分析和处理将给企业节省时间，提高工作效率。

5. 搜索引擎弱化

全球 90%的人口将拥有个人智能终端助理。这就意味着你从某一个搜索入口进行搜索的机会将大大减少。

6. 车联网普及

蜂窝车联网技术（C-V2X）将嵌入到全球 15%的车辆中。智能汽车和互联网汽车将大大普及，使驾驶更加安全可靠。

7. 工业机器人普及

每万名制造业员工将与 103 个机器人共同工作。高危、高精度、高强度工作将由工业机器人协助或独立完成。

8. 云技术及应用普及

基于云技术的应用使用率将达到85%。海量应用和程序协作将在云端完成。

9. 5G大量普及

全球58%的人口将享有5G服务。未来通信将出现颠覆性飞跃，通信技术和速率将大大提升。

10. 数字经济及大数据普及

全球年存储数据量将高达180ZB。数字经济和区块链技术将被广泛应用在互联网之中。

1.7 本章小结

本章介绍了AI的基本概念、发展历程和应用背景。阅读完此章后，读者应能了解到，作为一门交叉学科，人工智能的应用和发展离不开其他学科的支持，其物理实现需要依赖大规模硬件，其上层应用需要依赖软件设计与实现方法。作为学习者，应明确了解人工智能的应用范围边界，并在此基础上进行提升与改进。

1.8 习题

1. 人工智能的概念在不同背景下有不同的解读，请根据自己的理解，阐述什么是人工智能?

2. 人工智能、机器学习和深度学习常常被一同提及，它们之间的关系是怎样的?它们有怎样的共同点和区别?

3. 在阅读完本章叙述的人工智能应用场景后，请根据自己的生活体验，详细描述AI的一个应用方向及其在现实中的应用场景。

4. CANN是华为面向深度神经网络和昇腾AI处理器打造的芯片使能层，请简述CANN的4大模块。

5. 请根据现有知识和自己的理解，阐述人工智能未来发展方向。

02 第2章　机器学习

机器学习是目前 AI 领域的一个主流研究方向，涉及概率论、统计学、凸优化等多个学科。本章首先介绍学习算法中“学习”的定义以及机器学习的流程，在此基础上给出了部分常用的机器学习算法。读者将会了解到超参数、梯度下降和交叉验证等概念。

2.1　机器学习概述

机器学习（包括深度学习分支）是研究“学习算法”的一门学问。这里所谓的“学习”是指：对于某类任务 T 和性能度量 P，一个计算机程序在 T 上以 P 衡量的性能随着经验 E 而自我完善，那么我们称这个计算机程序在从经验 E 学习。举例来说，识别垃圾邮件就是一个任务 T。人往往可以很轻易地完成这样的任务，因为我们在日常生活中已经积累了大量的经验。这些经验可能来自日常查看的电子邮件、垃圾短信甚至电视上的广告。通过归纳这些经验，我们发现那些来自未知用户的、包含“优惠”“零风险”等词汇的邮件更有可能是垃圾邮件。结合对垃圾邮件的认识，我们便可以判断一封从未读过的电子邮件是否是垃圾邮件，如图 2-1（a）所示。那么我们是不是可以编写一个计算机程序来模拟上述过程呢？如图 2-1（b）所示，我们可以准备大量的电子邮件，并且以人工的方式将垃圾邮件筛选出来，作为计算机程序的经验 E。但是计算机程序无法自动地归纳这些经验，这时就需要通过机器学习算法来训练这个计算机程序。经过训练的计算机程序称为模型。一般来说，训练所用的电子邮件的数量越庞大，模型可能会被训练得越好，也就是性能度量 P 的取值越大。

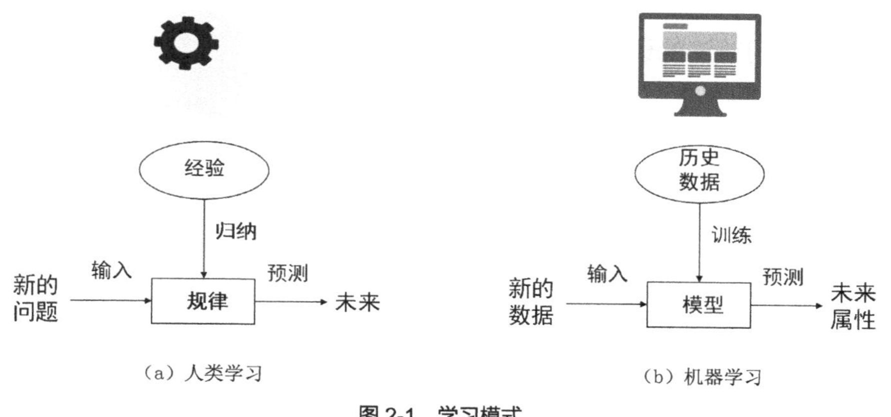

（a）人类学习　　（b）机器学习

图 2-1　学习模式

使用传统的编程手段实现垃圾邮件识别是十分困难的。理论上，我们应该可以找到一组规则，使任何垃圾邮件都满足这些规则，而正常邮件都不满足。这种使用显性编程来解决问题的方法称为基于规则的方法。在实际中，想要找到这样的一组规则几乎是不可能的，因此机器学习选择用基于统计的方法来解决问题。可以这样认为，机器学习就是一种让机器通过样本自动学习规则的方法。和基于规则的方法相比，机器学习可以学习到更加复杂或者难以描述的规则，有助于处理更复杂的任务。

机器学习的适应能力很强，可以解决 AI 领域的许多问题，但这并不意味着在任何情况下我们的首选都是机器学习。如图 2-2 所示，机器学习适用于那些解决方案复杂，或者涉及大量数据但是数据的概率分布未知的问题。对于其他情况，机器学习当然也有能力解决，只是成本往往比传统方法要高。以图 2-2 所示的第二象限为例，如果问题的规模足够小，可以通过人工规则解决，那么就没必要采用机器学习算法了。一般来说，机器学习的应用场景主要有以下两种。

（1）规则十分复杂或者无法描述，比如人脸识别和语音识别。

（2）数据分布本身随时间变化，需要程序不停地重新适应，比如预测商品销售的趋势。

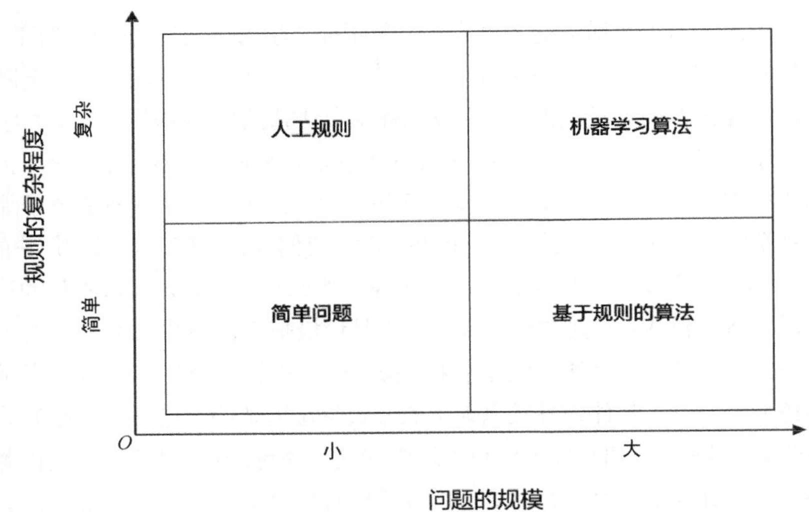

图 2-2　机器学习的应用场景

2.1.1　机器学习算法的理性认识

机器学习算法的本质是函数拟合。设 f 为目标函数，机器学习算法的目的是给出一个假设函数 g，使得对于任意定义域内的输入 x，$g(x)$与 $f(x)$尽可能接近。一个简单的例子是统计学中的概率密度估计。根据大数定律我们知道，全体中国人的身高应该服从一个正态分布。尽管这个正态分布的概率密度函数 f 是未知的，但是我们可以通过采样法估计分布的均值和方差，进而估计 f。

假设函数与目标函数的关系如图 2-3 所示。对于一个给定的任务，我们可以收集大量的训练数据。这些数据一定满足某个目标函数 f，否则学习这样的任务就是没有意义的。接下来，学习算法可以通过分析这些训练数据，给出一个与目标函数 f 尽可能相似的假设函数 g。因此，学习算法的输出总是不完美的，不可能与目标函数完全一致。不过随着训练数据的扩充，假设函数 g 对于目标函数 f 的逼近程度也逐渐提高，最终可以达到令人满意的精度。

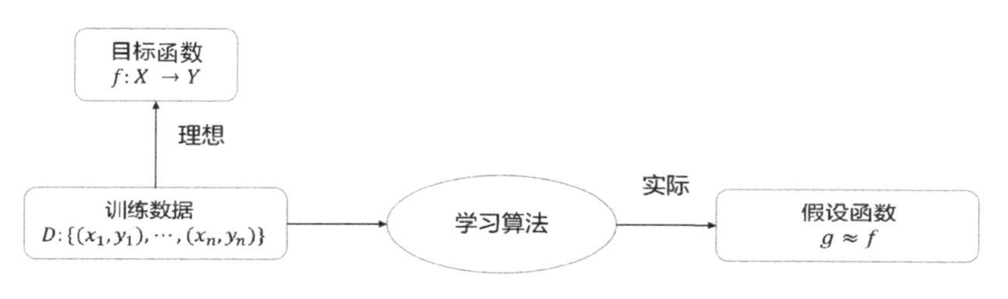

图 2-3 假设函数与目标函数的关系

值得一提的是，目标函数f的存在有时是很抽象的。对于经典的图像分类任务来说，目标函数就是从图像集合到类别集合的映射。为了使计算机程序可以处理图像、类别这样的逻辑信息，需要使用一定的编码方式将图像或类别一一映射为标量、向量或者矩阵。例如，可以为每种类别指派一个从 0 开始的编号，从而将类别映射为标量；也可以用不同的独热向量来表示不同的类别，这种方式称为独热编码。图像的编码方式稍微复杂一些，一般使用三维矩阵来表示。使用这种编码方式，我们可以将目标函数f的定义域看作三维矩阵的集合，将其值域看作一系列类别编号的集合。尽管编码过程不属于学习算法的一部分，但在一些情况下，编码方式的选择也会影响学习算法的效率。

2.1.2 机器学习解决的主要问题

机器学习可以解决多种类型的问题，最为典型的问题包括分类、回归以及聚类等。分类和回归是预测问题的两种主要类型，占到 80%～90%，其主要区别在于，分类的输出是离散的类别编号（在机器学习中一般称为标签（Label）），而回归的输出是连续数值。

分类问题要求计算机程序指明输入属于 k 个类别中的哪一类。为了解决这个问题，机器学习算法通常会输出一个从定义域 D 到类别标签$\{1, 2,\cdots, k\}$的映射。图像分类任务就是一个典型的分类问题。

回归问题中，计算机程序需要对给定输入预测输出值。机器学习算法的输出通常是一个从定义域 D 到实数域 $\mathbf{R}$ 的映射。这类问题的实例是预测投保人的索赔金额（用于设置保险费），或者预测证券未来的价格。事实上，分类问题也可以规约到回归问题。通过预测图像属于每个类别的概率，就可以得到分类的结果。

聚类问题需要按照数据的内在相似性，将数据划分为多个类别。与分类问题不同，聚类问题的数据集不含有人工标注的标签。聚类算法尽可能使类别内的数据相似度较大，而类别间的数据相似度较小，从而实现分类。聚类算法可以被运用在图片检索、用户画像生成等场景中。

2.2 机器学习的分类

根据训练数据集中是否包含人工标注的标签，可以将机器学习大致分为监督学习和无监督学习。有时为了突出与无监督学习的对比，监督学习也称为有监督学习。如果数据集中的某些数据包含标签而大多数数据不含标签，那么这种学习算法称为半监督学习。强化学习则主要关注多步决策问题，在与环境的交互中自动收集数据进行学习。

2.2.1 监督学习

通俗地说，监督学习就是在训练计算机做选择题的时候，允许其比对标准答案。计算机努力调整自己的模型参数，希望推测出的答案与标准答案尽可能一致，最终学会如何做题。利用已知标签的样本，监督学习可以训练得到一个最优模型，使其达到所要求的性能。利用这个训练所得的模型，可以将任意输入映射为相应的输出，从而达到对未知数据进行预测的目的。

图 2-4 所示的是以一种高度简化的形式展示的监督学习算法。图中的特征可以简单地理解为数据项，尽管这样的理解在某种意义上是不全面的，但不会影响我们对监督学习算法的说明。监督学习算法以特征作为输入，以目标的预测值作为输出，图 2-5 所示的是一个实际的例子。在这个例子中，我们希望根据天气情况综合预测某用户是否享受运动，表格中的每一行是一个训练样例，记录着某个特定日子的天气特征和用户享受运动的情况。类似的算法可以应用于商品推荐等场景。

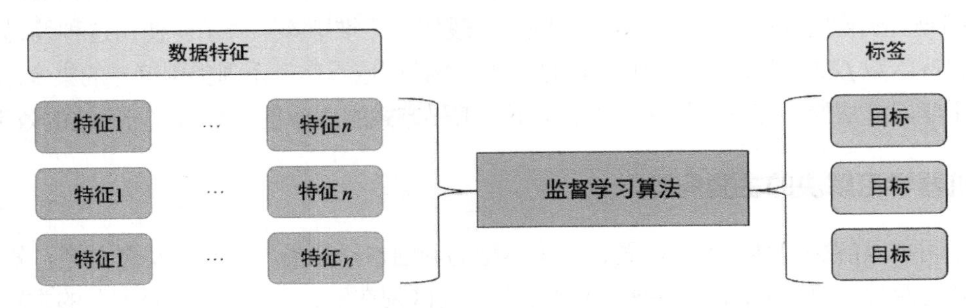

图 2-4 监督学习算法

特征			目标
天气	温度	风速	享受运动
晴	暖	强	是
雨	冷	中	否
晴	冷	弱	是

图 2-5 示例数据

监督学习算法的输入（特征）和输出（目标）既可以是连续的也可以是离散的。当目标变量取值连续时，监督学习算法的输出就称为回归模型。回归模型反映了样本数据集中属性值的特征，通过函数表达样本映射的关系，来呈现属性值之间的依赖关系。这里所说的属性值包括了特征和目标。回归模型被广泛地应用于时间序列预测问题，例如，下周的股票能带来多少收益，明天的温度是多少摄氏度，等等。与之对应，当目标变量取离散值时，监督学习算法的输出称为分类模型。通过分类模型，可以将样本数据集中的样本映射到某个给定的类别中，例如，明天早高峰时间段某高速公路是否会堵车，5 元代金券和七五折哪一个更吸引顾客，等等。

尽管回归模型的值域可以是无穷集合，但是分类模型的输出往往是有限的。这是因为数据集的大小不可能无限增长，而数据集中出现的类别最多和训练样例的个数一样，所以类别的数量也不可能是无穷多个。在训练分类模型时往往需要一个人为指定的类别集合 L，以供模型选择类别输出。集合 L 的大小一般记作 K，也就是可能出现的类别的个数。

2.2.2 无监督学习

和监督学习相比，无监督学习就像让计算机做选择题，却不告诉它正确答案。这种情况下，计算机很难保证给出正确的答案。但是通过分析这些题目之间的关系，计算机可以对题目进行分类，使得每一类别内的选择题具有相同的答案。无监督学习算法不需要样本的标记，而是直接对输入数据集进行建模，如图 2-6 所示。

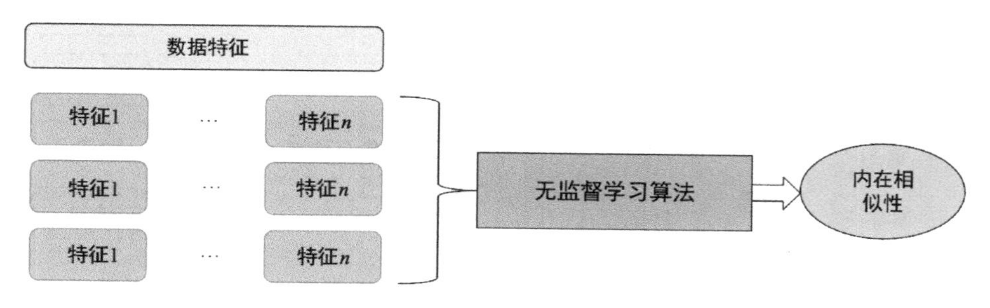

图 2-6 无监督学习算法

聚类算法就是一种典型的无监督学习算法，即“物以类聚，人以群分”。算法只需要把相似度高的东西放在一起。对于新来的样本，只需要计算其与已有样本之间的相似度，然后按照相似程度进行归类即可。生物学家们很早就开始使用聚类的思想对物种的种间关系进行研究了。如图 2-7 所示，将鸢尾花按萼片和花瓣尺寸归类以后，可以明显地看到鸢尾花分成了 3 类。通过聚类模型，可以将样本数据集中的样本分为几个类别，使得属于同一类别的样本相似性比较大。聚类模型的应用场景有：哪些观众喜欢看同一题材的电影，零部件中哪些的破损方式是相似的，等等。

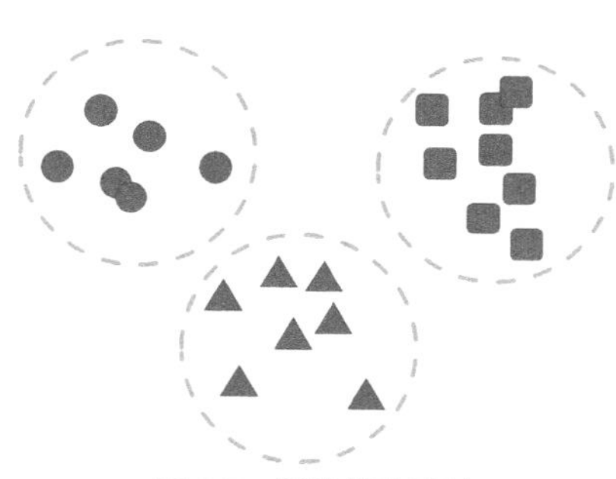

图 2-7 聚类算法示例

2.2.3 半监督学习

半监督学习是监督学习和无监督学习的融合。这种算法试图让学习器自动地对大量未标记数据进行利用，以辅助少量有标记数据的学习。传统的监督学习算法需要通过对大量有标记的训练样本进行学习，来建立模型用于预测新的样本的标记。例如，在分类任务中标记就是样本的类别，而在回归任务中标记就是样本所对应的实值输出。随着人类收集、存储数据能力的高速发展，在很多实际任务中，获取大批未标记数据很容易，而对这些数据加标记往往需要耗费大量的人力物力。例如，在进行 Web 网页推荐时，需要用户标记出感兴趣的网页。但很少有用户愿意花很多时间来提供标记，因此有标记的网页数据比较少。但 Web 上存在着无数的网页，它们都可以作为未标记数据来使用。

如图 2-8 所示，半监督学习不像监督学习那样需要人工标注所有样本，也不像无监督学习那样完全不依赖目标。半监督学习的数据集中，往往只有少数样本得到了标注。还是以图 2-7 所示的鸢尾花分类问题为例，这次在数据集中加入少量的监督信息，如图 2-9 所示。假设用圆形表示 Setosa 样本，三角形表示 Versicolor 样本，正方形表示 Virginica 样本，星形表示未知样本。在无监督学习中已经介绍了聚类算法，假设其输出如图 2-9 中的虚线圆圈所示。统计一下这些圆圈中哪类已知样本最多，就可以把这个类别作为这个聚类的类别。例如，左上角的聚类显然是属于 Setosa 的，而右上角的聚类显然是属于 Virginica 的。通过结合无监督算法和监督信息，半监督算法能以较低的人工成本带来较高的准确率。

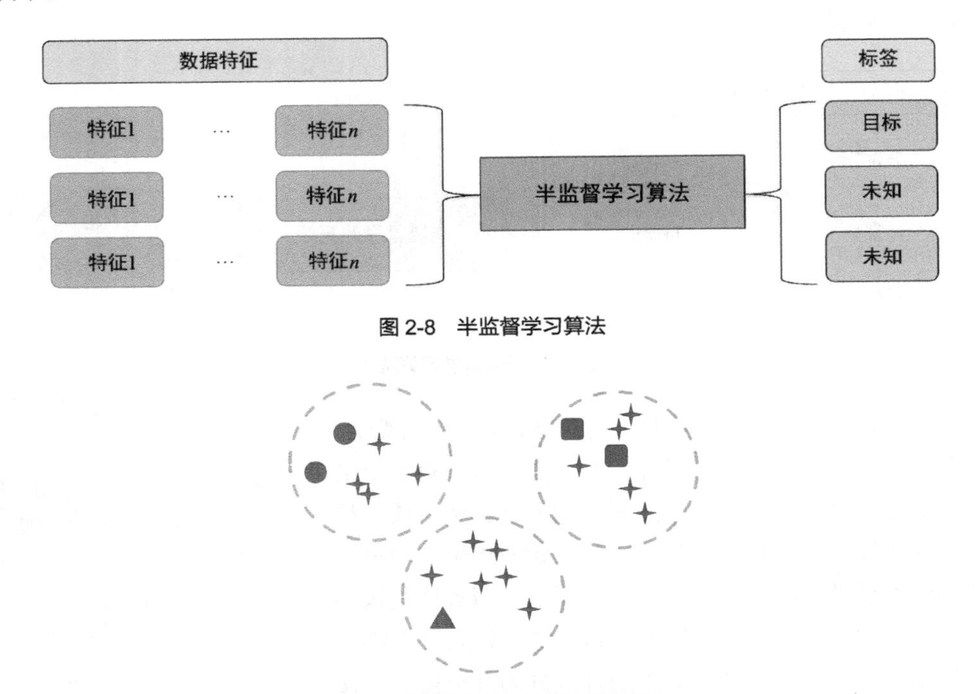

图 2-8　半监督学习算法

图 2-9　带有监督信息的鸢尾花数据集

2.2.4　强化学习

强化学习主要用于解决多步决策问题，比如围棋、电子游戏、视觉导航等。和监督学习、无监督学习所研究的问题不同，多步决策问题往往是很难找到准确答案的。以围棋为例，要穷举对弈结果大约需要 10^{170} 次运算（宇宙中所有原子也不过 10^{80} 个）。所以对于一个给定的局面，一般而言是很难找到完美的落子位置的。

多步决策问题的另一个特点是，容易定义一个奖励函数来评价任务的完成度。围棋的奖励函数可以定义为是否赢得比赛；电子游戏的奖励函数可以定义为得分。强化学习的目标是找到一个行动策略 π 使奖励函数的取值最大。

如图 2-10 所示，强化学习算法中最重要的两个部分是模型和环境。在不同的环境下，模型可以决定自己的行动，不同的行动可能对环境造成不同的影响。还是以做题为例，计算机可以随意地给出答案，而老师则会根据计算机给出的答案打分。但如果仅是如此，计算机不可能学会如何做题，因为老师的评分没有作用于训练过程。这时，状态和奖惩的重要性就体现出来了。一个较高的考试分数可以使老师满意，从而给予计算机一定的奖励；相反，一个较低的考试分数可能会给计算机招来惩罚。作为一个“上进”的计算机，必然希望通过调整自身的模型参数，使自己给出的答案得到更多奖励。在这个过程中，没有人为学习算法提供训练数据，或是告诉强化学习系统如何去产生正确的动作。所有的数据和奖励信号都是在模型和环境的交互中动态产生，并动态学习的。无论是好行为还是坏行为，都可以帮助模型学习。

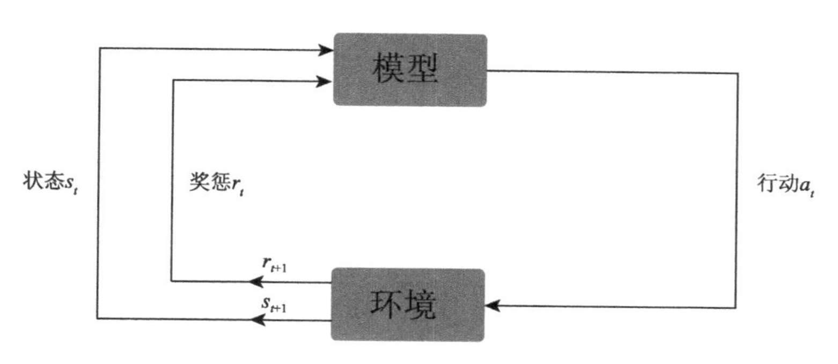

图 2-10　强化学习算法

2.3　机器学习的整体流程

一个完整的机器学习项目往往要经历数据收集、数据清洗、特征提取与选择、模型训练、模型评估测试、模型部署与整合等步骤，如图 2-11 所示。本节首先介绍数据收集和数据清洗的相关概念，这些概念是理解特征选择的基础。在选择了合理的特征以后，就需要基于这些特征进行模型的训练与评估。这个过程不是一蹴而就的，而是需要不断反馈迭代，最终才能得到令人满意的效果。最后，还需要将模型部署到具体的应用场景，从而使理论落地。

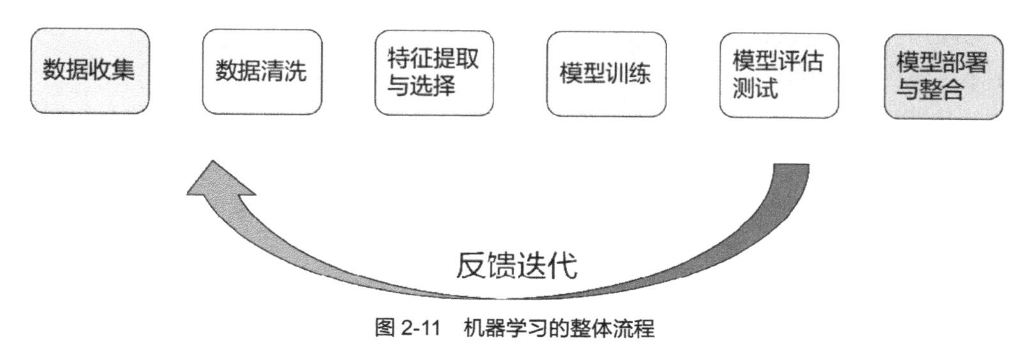

图 2-11　机器学习的整体流程

2.3.1　数据收集

数据集是在机器学习项目中使用的一组数据，其中的每个数据称为一个样本。反映样本在某方面的表现或性质的事项或属性称为特征。训练过程中使用的数据集称为训练集，其中每个样本称为训练样本。学习（训练）就是从数据中学得模型的过程。使用模型进行预测的过程称为测试，测试使用的数据集称为测试集。测试集中的每个样本称为测试样本。

图 2-12 所示的是一个典型的数据集样式。在这个数据集中，每行对应着一个样本，每列对应着一个特征或标签。当任务确定以后，例如，根据面积、学区以及朝向预测房价，特征和标签也就确定下来了。因此，数据集的表头在整个机器学习项目中是不能改变的。训练集和测试集的分割相对

自由一些，研究者可以根据经验确定哪些样本属于训练集。测试集占比过低可能导致模型测试的随机性过大，以致不能很好地评价模型的表现；而训练集占比过高则可能导致样本利用率低下，模型无法充分学习。因此一般的分割比例是训练集占总样本数的 80%，测试集占 20%。在这个例子中，训练集共有 4 个样本，测试集有 1 个样本。

		特征1	特征2	特征3	标签
	序号	面积	学区	朝向	房价
训练集	1	100	8	南	1000
训练集	2	120	9	西南	1300
训练集	3	60	6	北	700
训练集	4	80	9	东南	1100
测试集	5	95	3	南	850

图 2-12　示例数据集

2.3.2　数据清洗

数据对于模型来说是至关重要的，是模型能力的天花板。没有好的数据，就不会得到好的模型。但是真实的数据中通常会出现一些数据质量问题，如图 2-13 所示。典型的数据质量问题包括以下几种。

（1）不完整：数据缺少属性或者包含缺失值。

（2）多噪声：数据包含错误的拼写或者异常点。

（3）不一致：数据中存在矛盾的、有差异的记录。

这样的数据被称为“脏”数据。填充缺失值、发现并消除数据异常点的过程称为数据清洗。除此之外，数据预处理往往还包括数据降维和数据标准化。数据降维的目的是简化数据属性，避免维度爆炸；而数据标准化的目的是统一各个特征的量纲，从而降低训练难度。有关数据降维和数据标准化的内容后面会详细介绍，本节仅针对数据清洗进行说明。

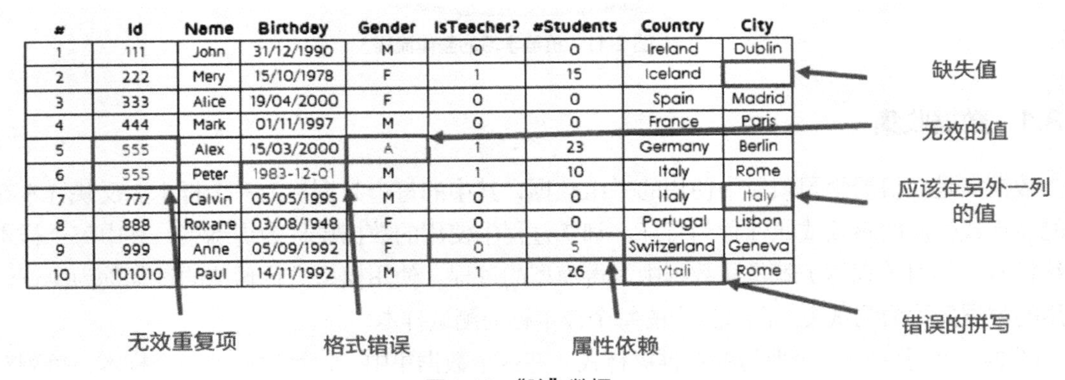

#	Id	Name	Birthday	Gender	IsTeacher?	#Students	Country	City
1	111	John	31/12/1990	M	0	0	Ireland	Dublin
2	222	Mery	15/10/1978	F	1	15	Iceland	
3	333	Alice	19/04/2000	F	0	0	Spain	Madrid
4	444	Mark	01/11/1997	M	0	0	France	Paris
5	555	Alex	15/03/2000	A	1	23	Germany	Berlin
6	555	Peter	1983-12-01	M	1	10	Italy	Rome
7	777	Calvin	05/05/1995	M	0	0	Italy	Italy
8	888	Roxane	03/08/1948	F	0	0	Portugal	Lisbon
9	999	Anne	05/09/1992	F	0	5	Switzerland	Geneva
10	101010	Paul	14/11/1992	M	1	26	Ytali	Rome

图 2-13　“脏”数据

机器学习模型所处理的都是特征。所谓特征就是输入变量所对应的可用于模型的数值表示。大部分情况下，收集得到的数据经过预处理才能够为算法所使用。预处理的操作主要包括以下几部分。

（1）数据过滤。

（2）处理数据缺失。

（3）处理可能的错误或者异常值。

（4）合并多个数据源数据。

（5）数据汇总。

数据清洗的工作量往往是很大的。研究表明，清理和组织数据占用了数据科学家在机器学习研究中 60%的时间，如图 2-14 所示。一方面，这说明了数据清洗的难度之大，数据的收集途径和内容不同，需要采用不同的方法进行数据清洗；另一方面，这也说明数据清洗对后续的模型训练和优化起着至关重要的作用，数据清洗得越彻底，模型就越不容易受到异常数据的干扰，从而保证了模型的训练效果。

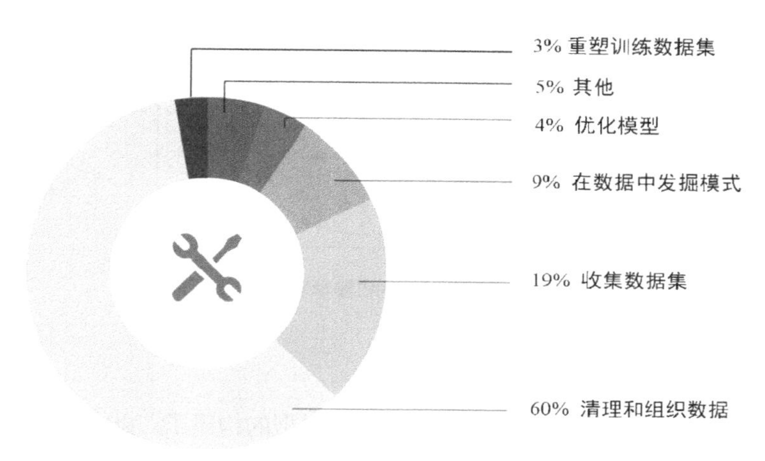

图 2-14　数据清洗的重要性

2.3.3　特征选择

通常情况下，一个数据集当中存在很多种不同的特征，其中一些可能是冗余的或者与目标无关的。例如，根据面积、学区以及当日气温预测房价时，气温显然就是一个无关特征。通过特征选择，可以剔除这些冗余或无关特征，使模型得到简化，并且更容易被使用者所解释。同时，特征选择还可以有效减少模型训练的时间，避免维度爆炸，提升模型的泛化性能，避免过拟合。特征选择的常用方法有过滤法、包装器方法及嵌入法等，下面将会逐一介绍。

过滤法（Filter）在选择特征的时候是独立的，与模型本身无关。通过评估每个特征和目标属性之间的相关性，过滤法应用一个统计度量来为每个特征评分。根据评分对这些特征进行排序，就可以决定保留或消除特定特征。图 2-15 所示的是使用过滤法的机器学习过程。常用于过滤法的统计度量包括皮尔逊（Pearson）相关系数、卡方（Chi-square）系数以及互信息（Mutual Information）等。由于过滤法没有考虑特征之间的关系，因此仅倾向于选择冗余的变量。

包装器（Wrapper）方法使用一个预测模型来对特征子集进行评分，将特征选择问题视为一个搜索问题。在这个问题中，包装器将评估和比较不同的特征组合，预测模型则作为评估特征组合的工具。预测模型的准确度越高，说明特征组合越应该保留。图 2-16 所示的是使用包装器方法的机器学习过程。常见的包装器方法有特征递归消除法等。包装器方法通常为特定类型的模型提供了性能最好的特征集，但是需要为每个特征子集训练一个新模型，因而计算量非常大。

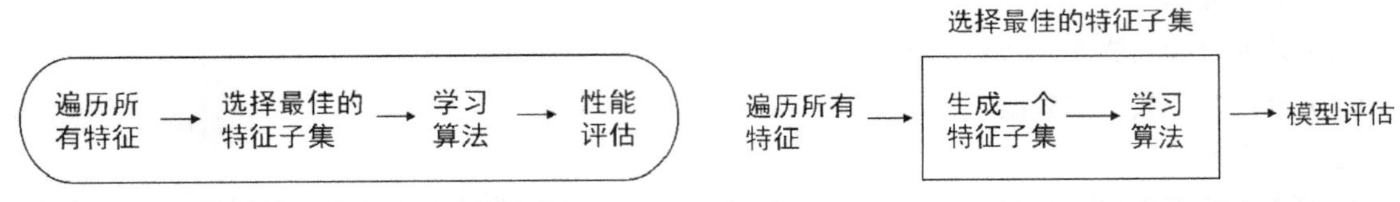

图 2-15　使用过滤法的机器学习过程

图 2-16　使用包装器方法的机器学习过程

嵌入法（Embedded）将特征选择作为模型构建的一部分，如图 2-17 所示。与过滤法和包装器方法不同，使用嵌入法的模型会在训练过程中动态学习如何进行特征选择。最常见的嵌入式特征选择方法是正则化方法。正则化方法也称为惩罚方法，通过在优化预测算法时引入额外的约束，使模型的复杂度降低，也就是减少了特征的数量。常见的正则化方法有岭（Ridge）回归和 Lasso 回归。

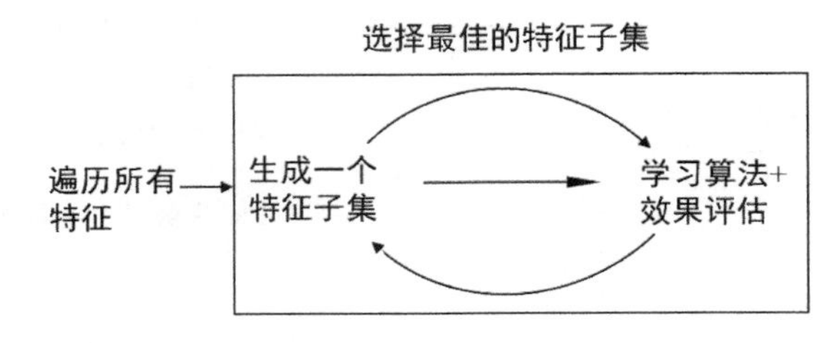

图 2-17　使用嵌入法的机器学习过程

2.3.4　模型构建整体流程

在完成数据清洗和特征提取等操作后，就要开始进行模型的构建了。以有监督学习为例，模型构建一般是遵循图 2-18 所示的步骤进行的。模型构建的核心是模型的训练、验证及测试。本节基于一个例子简要说明训练和预测的流程，更多相关细节将在后面章节中介绍。

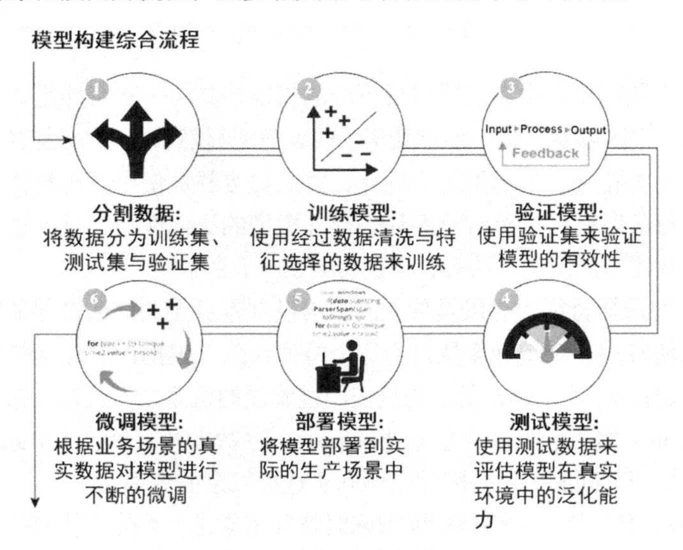

图 2-18　模型构建综合流程

在本节的例子中，我们需要使用分类模型来判断在特定特征下某人是否要更换供货商。假设图 2-19 所示的就是经过清洗后的数据集，模型的任务是根据已知的特征尽可能准确地预测出目标。在训练过程中，模型可以根据训练集中的样本学习特征和目标之间的映射关系。经过训练，我们可能会得到如下模型：

```
def model(city, age):
  if city == "Miami":return 0.7
  if city == "Orlando":return 0.2
  if age > 42:return 0.05 * age + 0.06
  else: return 0.01 * age + 0.02
```

模型的输出是目标为真值的概率。我们知道，随着训练数据的增加，模型的准确率也会提高。那么为什么不将全部数据用于训练，而要分出一部分作为测试集呢？这是因为，我们关心的是模型面对未知数据时的表现，而不是已知数据。可以这样理解，训练集就像学生备考时刷过的题库。学生在题库上取得多高的正确率都不足为奇，因为题库总是有限的，只要记忆力足够好，完全可以把所有题的答案都背下来。正式考试才能真正考查学生对知识的掌握情况，因为考试中出现的题目可能是考生从未见过的。测试集就相当于研究者为模型准备的一份试卷。也就是说，整个数据集（包括训练集和测试集）中，模型有权查阅的只有训练集和测试集的特征。测试集的目标只有研究者在评价模型表现时可以使用。

特征（属性） 目标（标签）

Name	City	Age	Change
Mike	Miami	42	yes
Jerry	New York	32	no
Bryan	Orlando	18	no
Patricia	Miami	45	yes
Elodie	Phoenix	35	no
Remy	Chicago	72	yes
John	New York	48	yes

分割

训练集
模型寻找特征与目标之间的关系

测试集
使用新的数据来验证模型的有效性

图 2-19 训练集与测试集

2.3.5 模型评估

什么是好的模型？最重要的评价指标是模型的泛化能力，也就是模型在面对实际的业务数据时的预测准确率。除此之外，还有一些工程指标也可以用来评价模型：可解释性描述了模型的预测结果的直观程度；预测速率是指模型预测每个样例的平均时间；可塑性是在实际业务过程中，随着业务量的增大，模型预测速率可被接受的程度。

机器学习的目标是使学得的模型能够很好地适用于新的样本，而不仅仅是在训练样本上工作得很好。学得的模型适用于新样本的能力称为泛化能力，也称为鲁棒性。学习到的模型在样本上的预测结果与样本的真实结果之间的差值称为误差。训练误差指模型在训练集上的误差，而泛化误差指模型在新样本（测试集）上的误差。显然，我们更希望得到泛化误差小的模型。

一旦模型的形式确定，所有可能的函数就构成了一个空间，称为假设空间。机器学习算法可以看作在假设空间中搜索合适的拟合函数的算法。过于简单的数学模型，或训练时间太短，都会使模型的训练误差很大，这种现象称为欠拟合。对于前者，需要使用更复杂的模型重新训练；而对于后者，只需要延长时间，即可有效缓解欠拟合现象。不过，准确地判断欠拟合的原因往往需要一定的经验和方法。相反地，模型过于复杂可能导致模型的训练误差很小，而泛化能力较弱，即泛化误差较大，这种现象称为过拟合。减轻过拟合现象的方法很多，常见的有适当简化模型、在过拟合发生之前结束训练、采用随机失活（Dropout）或权重衰减（Weight Decay）手段等。图 2-20 所示的是对于同一个数据集，欠拟合、好的拟合及过拟合的结果。

模型的容量指其拟合各种函数的能力，也称为模型的复杂度。当容量适合于执行任务的复杂度和所提供训练数据的数量时，算法效果通常最佳。容量不足的模型不能解决复杂任务，可能出现欠拟合。如图 2-20（a）所示，数据分布呈现对钩状，而模型却是线性的，无法很好地描述数据分布。容量高的模型能够解决复杂的任务，但是当容量高于任务所需时，可能会出现过拟合现象。如图 2-20（c）所示，模型试图用一个极为复杂的函数拟合数据。尽管训练误差降低了，但是可想而知，这样的模型无法很好地预测一个新样本的目标值。模型的有效容量受限于算法、参数以及正则化方法等。

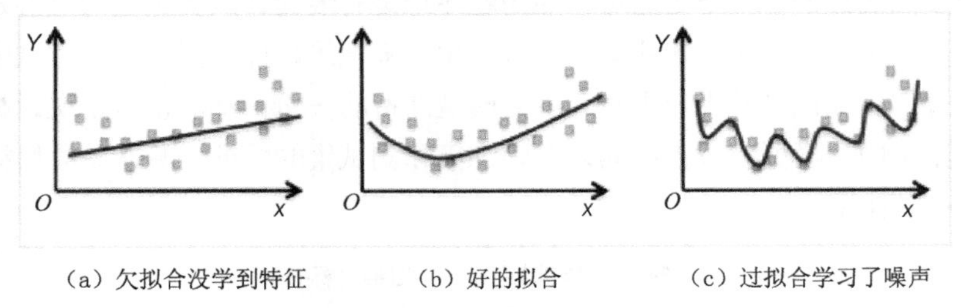

（a）欠拟合没学到特征　（b）好的拟合　（c）过拟合学习了噪声

图 2-20　欠拟合、好的拟合及过拟合

泛化误差总的来说可以被拆解成如下的形式：

$$总误差=偏差^2+方差+不可消解的误差$$

其中，偏差和方差是我们需要关注的两种子形式。如图 2-21 所示，方差（Variance）是模型的预测结果在均值附近偏移的程度，是一种来源于模型在训练集上对小波动的敏感性的误差。偏差（Bias）是模型预测结果的平均值与我们试图预测的正确值之间的差异。而不可消解的误差是指模型的不完美性以及数据的有限性导致的误差。理论上来说，如果有无限量的数据与完美的模型，所谓不可消解的误差是可以被消解的。但是实际上不存在这样的情况，因此泛化误差永远不可能消除。

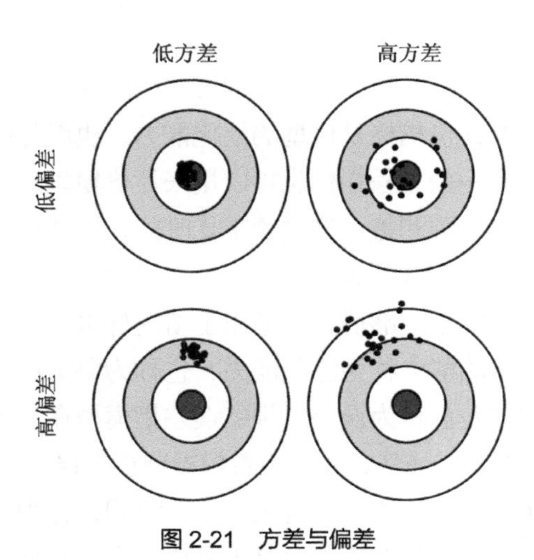

图 2-21　方差与偏差

理想状态下，我们想要选择一个模型，它既能准确地捕获训练数据中的规律，又能很好地概括不可见数据（即新数据）。但是，通常我们不可能同时完成这两件事。如图 2-22 所示，随着模型复杂度的上升，训练误差逐渐减小。同时，测试误差会随着复杂度的上升减小到某一点，继而反向增大，形成一条凹曲线。测试误差曲线最低点处对应的，就是理想的模型复杂度。

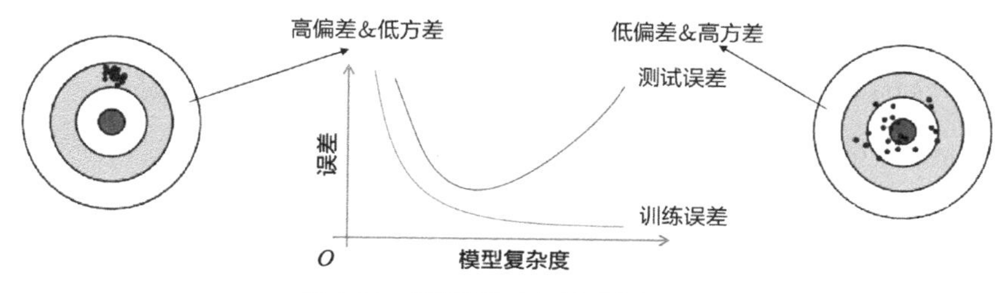

图 2-22 模型复杂度与误差的关系

在评估回归模型的性能时，常用的指标有平均绝对误差（Mean Absolute Error，MAE）、均方误差（Mean Square Error，MSE）以及相关系数 R^2。设测试样例的真实目标值为 $y_1, y_2, \cdots, y_m$，对应的预测值为 $\hat{y}_1, \hat{y}_2, \cdots, \hat{y}_m$，则上述指标的定义如下：

$$MAE = \frac{1}{m}\sum_{i=1}^{m}\left|y_i - \hat{y}_i\right|$$

$$MSE = \frac{1}{m}\sum_{i=1}^{m}\left(y_i - \hat{y}_i\right)^2$$

$$R^2 = 1 - \frac{RSS}{TSS} = 1 - \frac{\sum_{i=1}^{m}\left(y_i - \hat{y}_i\right)^2}{\sum_{i=1}^{m}\left(y_i - \overline{y}_i\right)^2}$$

其中 *TSS* 表示样本值之间的差异情况，*RSS* 表示预测值与样本值之间的差异情况。*MAE* 和 *MSE* 指标的值都是非负的，越接近 0 代表模型的性能越好。而 R^2 的取值是不大于 1 的，越接近 1 代表模型的性能越好。

在评估分类模型的性能时，常使用一种称为混淆矩阵的方法，如图 2-23 所示。混淆矩阵是一个 k 维方阵，其中 k 表示全部类别的个数。图 2-23 中第 i 行第 j 列的数值，表示实际是第 i 类而被模型判定为第 j 类的样例的个数。理想情况下，对于高准确率的分类器，大部分样例应该被混淆矩阵的对角线表示，而其他数值为 0 或者接近于 0。对于图 2-23 所示的二分类器混淆矩阵，各个符号的含义如下。

（1）正元组 P：感兴趣的主要类的元组。

（2）负元组 N：除 P 以外的其他元组。

（3）真正例 TP：被分类器正确分类的正元组。

（4）真负例 TN：被分类器正确分类的负元组。

（5）假正例 FP：被错误地标记为正元组的负元组。

（6）假负例 FN：被错误地标记为负元组的正元组。

实际 \ 预测	yes	no	合计
yes	TP	FN	P
no	FP	TN	N
合计	P'	N'	$P+N$

图 2-23 二分类器混淆矩阵

图 2-24 所示的是二分类器混淆矩阵中的其他概念。

度量	公式
准确率、识别率	$\frac{TP+TN}{P+N}$
错误率、误分类率	$\frac{FP+FN}{P+N}$
真正例率、查全率或召回率（recall）	$\frac{TP}{P}$
特效性、真负例率	$\frac{TN}{P}$
查准率（precision）	$\frac{TP}{TP+FP}$
F_1 值（查准率和查全率的调和均值）	$\frac{2\times precision\times recall}{precision+recall}$
F_β 值（其中 β 是非负实数）	$\frac{(1+\beta^2)\times precision\times recall}{\beta^2\times precision+recall}$

图 2-24　二分类器混淆矩阵中的其他概念

下面以检索文献为例，重点说明一下查准率和查全率的概念。查准率描述的是在所有被检索到的文献中，真正与检索主题相关的文献所占的比例。查全率描述的是检索到的与检索主题相关的文献，占文献库中所有相关文献的比例。

在本节的最后，我们以一个例子来说明二分类器混淆矩阵的计算。假设一个分类器可以识别图片中是不是一只猫，现在用 200 张图片来验证这一模型的性能指标。这 200 张图片中，170 张是猫，30 张不是猫。模型的表现如图 2-25 所示。可以看出，模型的识别结果为 160 张是猫，40 张不是猫。可以计算模型的查准率为 140/160=87.5%，查全率（召回率）为 140/170=82.4%，准确率为(140+10)/200=75%。

实际＼预测	yes	no	合计
yes	140	30	170
no	20	10	30
合计	160	40	200

图 2-25　混淆矩阵实例

2.4　模型中的参数与超参数

参数作为模型从历史训练数据中学到的一部分，是机器学习算法的关键。一般来说，模型参数不由研究者手动设置，而是由数据估计或数据学习得到的。确定了模型的参数值相当于定义了模型的功能，因此模型参数通常作为学习模型的一部分保存。在进行模型预测时，参数也是不可或缺的一部分。模型参数的例子包括人造神经网络中的权重、支持向量机中的支持向量以及线性回归或逻辑回归中的系数。

模型中不但有参数，还有超参数的存在。与参数不同，超参数是模型的外部配置，常用于估计模型参数的过程中。二者最根本的区别在于：参数由模型自动学习，而超参数由人工手动设定。处理不同的预测建模问题时，通常需要对模型超参数进行调整。除了由研究者直接指定，模型超参数还可以使用启发式方法来设置。常见的模型超参数包括：Lasso/Ridge 回归中的惩罚项系数，训练神经网络的学习率、迭代次数、批次大小、激活函数、神经元数量等，支持向量机的 C 和 σ，KNN 中

的 K，随机森林中决策树模型的数量等。

模型训练一般指优化模型参数，这一过程通过梯度下降算法完成。根据模型的训练效果，可以使用一系列超参数搜索算法，对模型的超参数进行优化。本节首先介绍梯度下降算法，然后给出验证集的概念，并基于此再介绍超参数搜索算法和交叉验证。

2.4.1 梯度下降

梯度下降算法的优化思想是将当前位置负梯度方向作为搜索方向，该方向为当前位置最快下降方向，如图 2-26（a）所示。梯度下降的公式如下：

$$w_{k+1} = w_k - \eta \nabla f_{wk}(x)$$

其中 η 称为学习率，w 表示模型的参数。随着 w 越来越接近目标值，w 的变化量也逐渐减小。当目标函数的值变化非常小或达到梯度下降的最大迭代次数时，就称算法收敛。值得注意的是，当使用梯度下降算法求非凸函数的最小值时，不同的初值可能导致不同的结果，如图 2-26（b）所示。

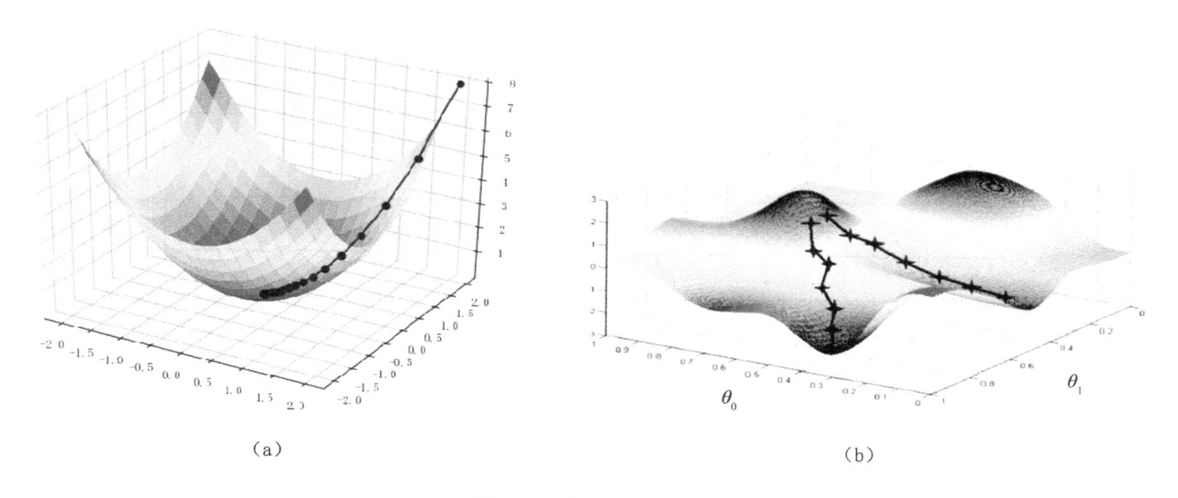

图 2-26　梯度下降算法

将梯度下降应用于模型训练时，可以选用其多个变种。批量梯度下降（Batch Gradient Descent，BGD）使用所有数据集中的样本在当前点的梯度均值对权重参数进行更新。随机梯度下降（Stochastic Grandiet Descent，SGD）随机选取一个数据集中的样本，通过这一样本的梯度来对权重参数进行更新。小批量梯度下降（Mini-batch Gradiet Descent，MBGD）结合 BGD 与 SGD 的特性，每次选择数据集中 n 个样本的梯度均值来更新权重参数。图 2-27 所示的是梯度下降的 3 个变种的不同表现，其中，下方自下而上的曲线对应 BGD，上方自上而下的曲线对应 SGD，右侧自右向左的曲线对应 MBGD。BGD 在运行时最稳定，但是由于每次更新都需要遍历所有样本，消耗的计算资源大。SGD 的每次更新随机选取样本，尽管提高了运算效率，但是也带来了不稳定性，可能导致损失函数在下降到最低点的过程中产生动荡甚至反向的位移。MBGD 是 SGD 与 BGD 平衡之后的方法，也是目前机器学习中最为常用的梯度下降算法。

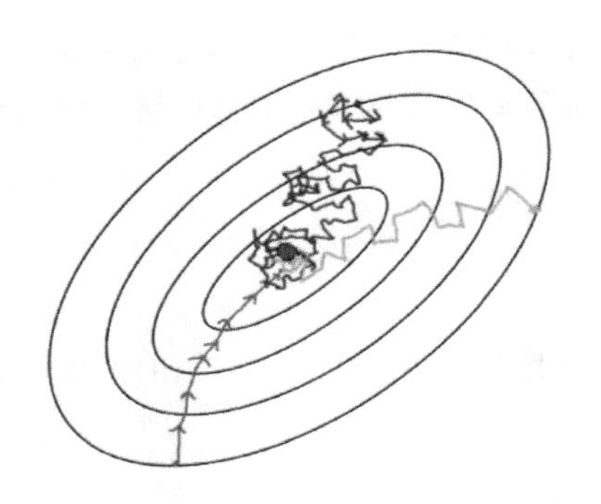

图 2-27　梯度下降算法的效率比较

2.4.2　验证集与超参数搜索

训练集是模型训练中使用的样本的集合。训练过程中，梯度下降算法会尽可能提高模型对训练集中的样本的预测准确率。这就导致模型在训练集上的表现优于在未知数据集上的表现。为了度量模型的泛化能力，人们往往在训练前从整个数据集中随机抽取一部分作为测试集，如图 2-28 所示。测试集中的样本不参与训练，因此对于模型来说是未知的。可以近似地认为，模型在测试集上的表现就是模型在面对未知样本时的表现。

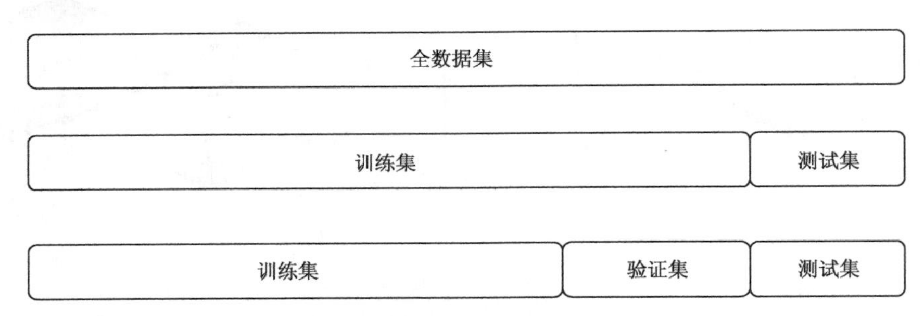

图 2-28　训练集、验证集以及测试集

超参数的优化目标是提高模型的泛化能力。最直观的想法是尝试不同的超参数取值，评估这些模型在测试集上的表现，选出泛化能力最强的模型。这样做的问题在于，测试集不能以任何形式参与模型训练，即使是超参数搜索。因此需要从训练集中随机选择一些样本，这些样本构成的集合称为验证集。验证集的样本同样不参与训练，只用于验证超参数的效果。一般来说，模型需要反复在训练集和验证集上进行优化，才能最终确定参数和超参数，并在测试集上评价模型的表现。常用于搜索模型超参数的方法有网格搜索、随机搜索、启发式智能搜索以及贝叶斯搜索等。

网格搜索尝试穷举搜索所有可能的超参数组合形成超参数值网格，如图 2-29（a）所示。在实践中，网格的范围和步长往往需要人工指定。在超参数数目相对较少的情况下，网格搜索工作效果良好，因此网格搜索在一般的机器学习算法中可行。但在神经网络等情况下，网格搜索过于昂贵且耗时，因此一般不会被采用。

在超参数搜索空间较大的情况下，采用随机搜索的效果会优于网格搜索，如图 2-29（b）所示。

随机搜索实现了对参数的随机取样，其中每个设置都是从可能的参数值的分布中进行取样，试图找出最佳的参数子集。使用随机搜索需要先“粗调”后“精调”，即首先在一个粗范围内搜索，然后根据最佳结果出现的位置，缩小搜索的范围。值得注意的是，实际操作中可能存在某些超参数比其他超参数更加重要。在这种情况下，最重要的超参数会直接影响搜索的偏向，而次要的超参数可能得不到很好的优化。

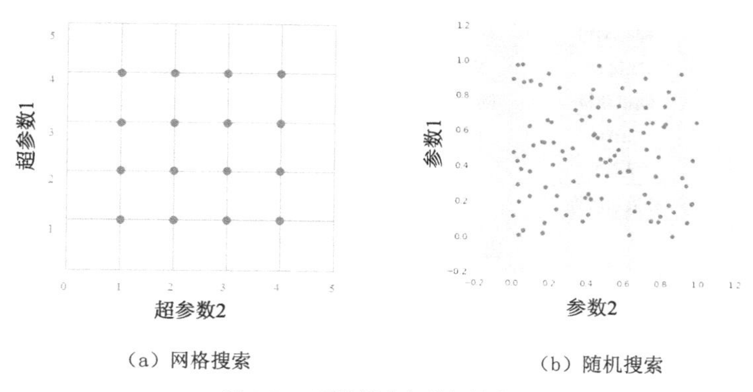

（a）网格搜索　　（b）随机搜索

图 2-29　网格搜索与随机搜索

2.4.3　交叉验证

上述划分验证集的方法主要有两个问题：样本划分的偶然性很大，验证结果不具有说服力；可用于模型训练的样本数量进一步减小。为了解决这个问题，可以将训练集分成 k 组进行 k—折交叉验证。k—折交叉验证会进行 k 轮训练与验证，轮流将一组数据作为验证集，其余的 k–1 组数据作为训练集。这样会得到 k 个模型及其在验证集上的分类准确率。这 k 个分类准确率的平均数，可以作为模型泛化能力的性能指标。

k—折交叉验证可以避免验证集划分过程中的偶然性，验证结果的说服力更强。但是使用 k—折交叉验证需要训练 k 个模型，如果数据集较大，训练时间会很长。所以 k—折交叉验证一般适用于较小数据集。

k—折交叉验证中的 k 值也是一个超参数，需要通过实验来确定。一个极端的情况是，k 值与训练集的样本数量相同。这种做法称为留一交叉验证，因为每次训练时会把一个训练样本留下，作为验证集。留一交叉验证的训练效果较好，因为几乎全部训练样本都参与了训练。但是留一交叉验证花费的时间也更长，所以只适用于很小的数据集。

2.5　机器学习的常见算法

如图 2-30 所示，机器学习的常见算法有很多，详细地介绍这些算法可能会用上一本书的篇幅。本节仅大致介绍这些算法的原理和基本思想，有兴趣的读者可以查阅其他相关书籍深入了解。

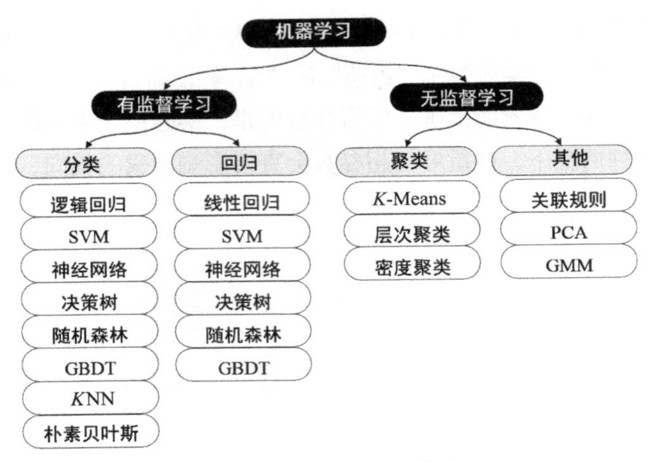

图 2-30　机器学习常见算法

2.5.1　线性回归

线性回归（Linear Regression）是利用数理统计中回归分析的方法，来确定两种或两种以上变量之间相互依赖的定量关系的一种统计分析方法，属于监督学习。如图 2-31 所示，线性回归的模型函数是一个超平面：

$$h(x)=w^{\mathrm{T}}x+b$$

其中 w 为权重参数，b 为偏置，x 表示样本。

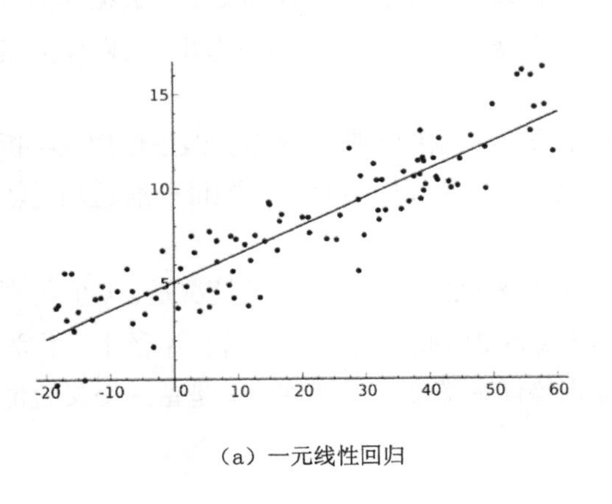

（a）一元线性回归

（b）多元线性回归

图 2-31　线性回归

模型预测值与真实值的关系如下：

$$y=h(x)+\varepsilon$$

其中 y 表示真实值，ε 表示误差。误差受到众多因素影响，根据中心极限定理，误差服从正态分布

$$\varepsilon \sim N(0,\sigma^2)$$

由此可得真实值的概率分布

$$y \sim N\left(h(x), \sigma^2\right)$$

根据最大似然估计，模型优化的目标是

$$\underset{h}{\operatorname{argmax}} \prod_{i=1}^{m} P\left(Y = y_i \middle| X = x_i\right) = \underset{h}{\operatorname{argmax}} \prod_{i=1}^{m} \frac{1}{\sqrt{2\pi}\sigma} \exp\left(-\frac{(h(x_i) - y_i)^2}{2\sigma^2}\right)$$

其中 argmax 表示求最大值点，也就是使得目标函数值最大的 h。目标函数中的$\left(\sqrt{2\pi}\sigma\right)^{-1}$是一个与 h 无关的常数，而目标函数乘以或者除以一个常数不会改变最值点的位置，所以模型的优化目标可以化为

$$\underset{h}{\operatorname{argmax}} \prod_{i=1}^{m} \exp\left(-\frac{(h(x_i) - y_i)^2}{2\sigma^2}\right)$$

因为对数函数是单调的，所以对目标函数取 ln 也不会影响最值点，从而有

$$\underset{h}{\operatorname{argmax}} \ln\left(\prod_{i=1}^{m} \exp\left(-\frac{(h(x_i) - y_i)^2}{2\sigma^2}\right)\right) = \underset{h}{\operatorname{argmax}} \sum_{i=1}^{m} -\frac{(h(x_i) - y_i)^2}{2\sigma^2}$$

通过对目标函数取负，原本的最大值点会变成最小值点。同时我们还可以将目标函数乘以常数 σ^2 / m，使模型的优化目标转化为

$$\underset{h}{\operatorname{argmin}} \frac{1}{2m} \sum_{i=1}^{m} (h(x_i) - y_i)^2$$

显然损失函数为

$$J(w) = \frac{1}{2m} \sum_{i=1}^{m} (h(x_i) - y_i)^2$$

我们希望预测值与真实值尽可能接近，也就是使损失值最小。可以使用梯度下降的方法求出使损失函数达到最小的时候的权重参数 w，继而完成模型构建。

多项式回归是线性回归的拓展。通常数据集的复杂度会超过用一条直线来拟合的可能性，也就是使用原始的线性回归模型会明显欠拟合。解决的办法就是使用多项式回归，如图 2-32 所示，其公式为

$$h(x) = w_1 x + w_2 x^2 + \cdots + w_n x^n + b$$

其中 n 表示多项式回归维度。

多项式回归维度是一个超参数，如果选择不慎，很可能造成过拟合。应用正则化有助于减少过拟合。最常见的正则化方法是在目标函数之上增加一个平方和损失：

$$J(\boldsymbol{w}) = \frac{1}{2m} \sum_{i=1}^{m} (h(x_i) - y_i)^2 + \lambda \|\boldsymbol{w}\|_2^2$$

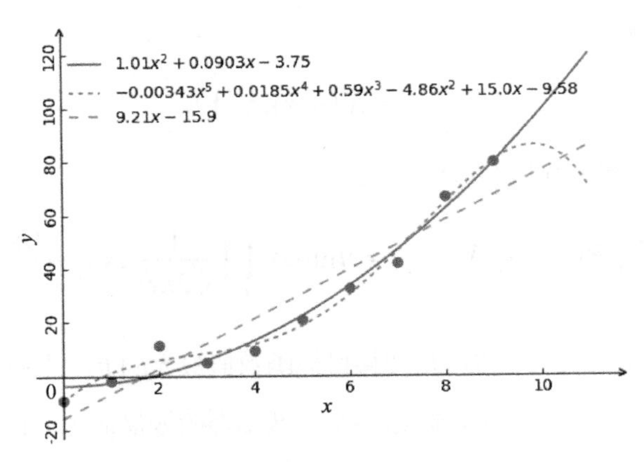

图 2-32　线性回归与多项式回归对比

其中$\|\cdot\|_2$表示 L2 正则项。使用这个损失函数的线性回归模型也称为岭回归模型。类似地，追加了绝对值损失的线性回归模型叫作 Lasso 回归模型，其公式为

$$J(\boldsymbol{w}) = \frac{1}{2m}\sum_{i=1}^{m}(h(x_i) - y_i)^2 + \lambda\sum\|\boldsymbol{w}\|_1$$

其中$\|\cdot\|_1$表示 L1 正则项。

2.5.2　逻辑回归

逻辑回归（Logistic Regression）模型是一种分类模型，用来解决分类问题。模型的定义如下：

$$h(x) = P(Y = 1|X) = g(\boldsymbol{w}^{\mathrm{T}}x + b)$$

其中 g 表示 Sigmoid 函数，$\boldsymbol{w}$ 表示权重，b 称为偏置。式中的$\boldsymbol{w}^{\mathrm{T}}x + b$是关于 x 的线性函数，因此逻辑回归与线性回归一样，都属于广义线性模型。

Sigmoid 函数的定义如下：

$$g(x) = \frac{1}{1 + \exp\{-x\}}$$

Sigmoid 函数的图像如图 2-33 所示。

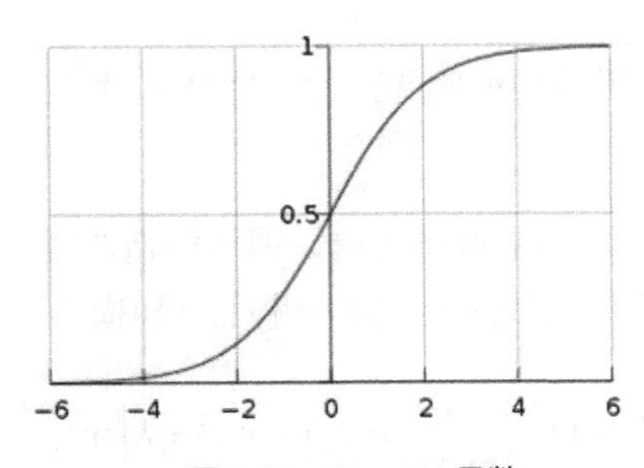

图 2-33　Sigmoid 函数

通过对比 $P(Y=1|X)$和阈值 t 的大小关系，就可以得到 x 对应的分类结果。这里的阈值 t 是模型的

一个超参数，可以任取。不难看出，当阈值较大时，模型倾向于将样本判断为负例，因此查准率会高一些；而当阈值较小时，模型倾向于将样本判断为正例，因此查全率会高一些。一般情况下，可以取 0.5 作为阈值。

根据最大似然估计的思想，当样本是正例时，我们希望 $P(Y=1|X)$大一些；而当样本是负例时，我们希望 $P(Y=0|X)$大一些。也就是说，对于任意一个样本，我们都希望下式尽可能大：

$$P = P(Y=1|X)^{y} P(Y=0|X)^{1-y}$$

将 $P(Y=1|X)$和 $P(Y=0|X)$用 $h(x)$替换可以得到

$$P = h(x)^{y} \cdot (1-h(x))^{1-y}$$

因此模型优化的目标是

$$\underset{h}{\operatorname{argmax}} \prod_{i=1}^{m} P_i = \underset{h}{\operatorname{argmax}} \prod_{i=1}^{m} h(x)^{y}(1-h(x))^{1-y}$$

类似线性回归的推导过程，可以对目标函数取对数而不改变最大值点的位置。因此模型的优化目标等价于

$$\underset{h}{\operatorname{argmax}} \sum_{i=1}^{m} (y \ln h(x) + (1-y)\ln(1-h(x)))$$

目标函数乘以常数 $-1/m$ 会导致原本的最大值点变成最小值点，也就是

$$\underset{h}{\operatorname{argmin}} \frac{-1}{m} \sum_{i=1}^{m} (y \ln h(x) + (1-y)\ln(1-h(x)))$$

由此可得逻辑回归的损失函数为

$$J(\boldsymbol{w}) = -\frac{1}{m} \sum (y \ln h(x) + (1-y)\ln(1-h(x)))$$

其中 $\boldsymbol{w}$ 表示权重参数，m 为样本个数，x 表示样本，y 表示真实值。同样可以通过梯度下降算法求得所有权重参数 $\boldsymbol{w}$ 的值。

Softmax 回归是逻辑回归的一般化，适用于 k 分类的问题。本质上，Softmax 函数就是将一个 k 维的任意实数向量压缩（映射）成另一个 k 维的实数向量，以表示样本所属类别的概率分布。Softmax 回归概率密度函数如下：

$$P(Y=c|x) = \frac{\exp\{w_c^{\mathrm{T}} x + b\}}{\sum_{l=1}^{k} \exp\{w_c^{\mathrm{T}} x + b\}}$$

如图 2-34 所示，Softmax 为多分类问题中的每个分类分配了概率值，这些概率加起来等于 1。在这些类别中，样例的类别是苹果的概率值最大，为 0.68，因此样例的预测值应该是苹果。

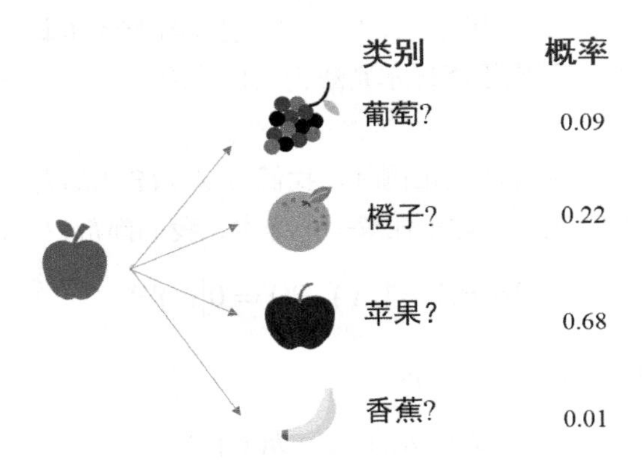

图 2-34　Softmax 函数示例

2.5.3　决策树

决策树（Decision Tree）是一个树结构（可以是二叉树或非二叉树）分类器，如图 2-35 所示。其中的每个非叶节点表示一个特征属性上的测试，每个分支代表这个特征属性在某个值域上的输出，而每个叶子结点存放一个类别。使用决策树进行决策的过程就是从根节点开始，测试待分类项中相应的特征属性，并按照其值选择输出分支，直到到达叶节点，将叶节点存放的类别作为决策结果。

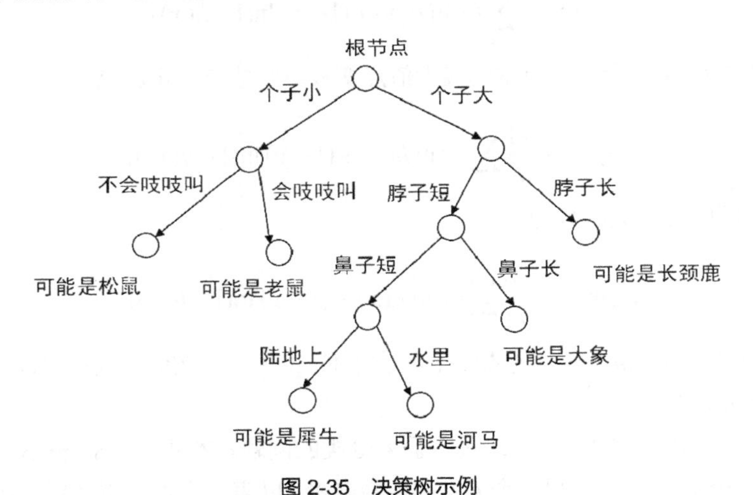

图 2-35　决策树示例

决策树模型中最重要的是树的构造。所谓决策树的构造就是进行属性选择，以确定各个特征属性之间的拓扑结构。构造决策树的关键步骤就是按照所有的特征属性进行划分操作，对所有的划分操作的结果集的“纯度”进行比较，选择“纯度”最高的属性作为分割数据集的数据点。决策树的学习算法就是决策树的构造算法，常用的有 ID3、C4.5 以及 CART。这些算法的区别主要在于纯度的量化指标，例如，信息熵（Information Entropy）与基尼系数（Gini Coefficient）：

$$H(X) = -\sum_{k=1}^{K} p_k \log_2 p_k$$

$$\text{Gini} = 1 - \sum_{k=1}^{K} p_k^2$$

其中 p_k 表示样本属于类别 k 的概率，K 表示总的类别数。分割前与分割后的纯度差异越大，说明对某个特征进行判断越有利于模型准确率的提升，应该将其加入决策树模型。

一般地，决策树的构建过程可以分为以下 3 个阶段。

（1）特征选择：从训练数据的特征中选择一个特征作为当前节点的分裂标准（特征选择的标准不同产生了不同的决策树算法）。

（2）决策树生成：根据所选特征评估标准，从上至下递归地生成子节点，直到数据集不可分，则停止决策树生长。

（3）剪枝：通过缩小树的规模抑制模型的过拟合，可分为预剪枝和后剪枝。

图 2-36 所示的是一个使用决策树模型进行分类的案例。分类结果受到退税（Refund）、婚姻状况（Marital Status）及应税收入（Taxable Income）3 个属性的影响。从这个例子我们可以看出，决策树模型不仅可以处理属性取二值的情况，还可以处理属性取多值甚至连续值的情况。另外，决策树模型是可解释的，我们可以根据图 2-36（b）所示的结构图直观地分析出属性之间的重要性关系。

编号	退税	婚姻状况	应税收入/元	偏税
1	是	未婚	125k	否
2	否	已婚	100k	否
3	否	未婚	70k	否
4	是	已婚	120k	否
5	否	离异	95k	是
6	否	已婚	60k	否
7	是	离异	220k	否
8	否	未婚	85k	是
9	否	已婚	75k	否
10	否	未婚	90k	是

（a）

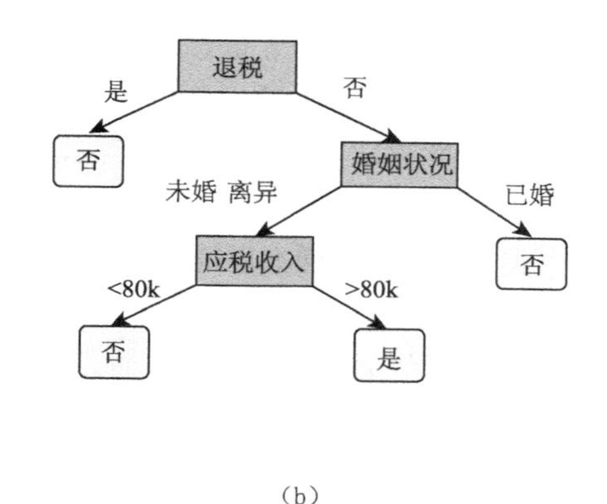

（b）

图 2-36　构建决策树

2.5.4　支持向量机

支持向量机（Support Vector Machine，SVM）是一种定义在特征空间上的间隔最大的线性分类器。SVM 的学习算法是求解凸二次线性规划的最优化算法。概括来说，SVM 的主要思想有以下两点。

（1）基于结构风险最小化理论在特征空间中搜索最优超平面，使得学习器得到全局最优化，并且在整个样本空间的期望以某个概率满足一定上界。

（2）对于线性不可分的数据，通过使用非线性映射算法将低维输入空间线性不可分的样本映射到高维特征空间使其线性可分，从而使得高维特征空间采用线性算法对样本的非线性特征进行线性分析成为可能。

直线被用来将数据分割到不同类别中，而实际上我们可以找到多条直线将数据分开，如图 2-37 所示。SVM 的核心思路是在符合上述条件的直线中找到一条，使离直线最近的点，尽可能远离这条直线。这可以使模型具有很强的泛化能力。这些距离直线最近的点被称为支持向量。

图 2-37　线性分类器的性能

线性 SVM 可以很好地作用在线性可分数据集上，但我们无法用直线分割非线性数据集。这时就需要使用核函数来构建非线性 SVM。核函数允许算法在变换后的高维特征空间中拟合超平面，如图 2-38 所示。常见的核函数有线性核函数、多项式核函数、Sigmoid 核函数以及高斯核函数等。高斯核函数可以将样本映射到无穷维空间，因此效果也较好，是目前最为常用的核函数之一。

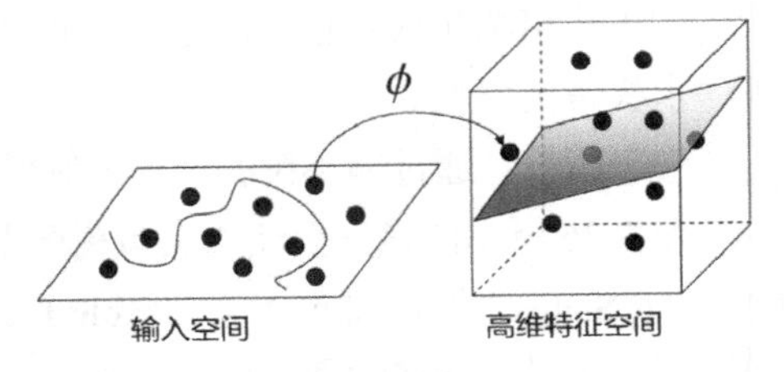

图 2-38　核函数

2.5.5　*K* 近邻算法

K 近邻（*K*-Nearest Neighbor，*K*NN）算法是一个理论上比较成熟的方法，也是最简单的机器学习算法之一。*K*NN 算法是一种非参数方法，在决策边界非常不规则的数据集中往往表现较好。该方法的思路是：如果一个样本在特征空间中的 *K* 个最相似（即特征空间中最近邻）的样本中的大多数属于某一个类别，那么该样本也属于这个类别。

*K*NN 算法的核心思想是“近朱者赤，近墨者黑”，其在逻辑上十分简洁。但是和 *K* 折交叉验证一样，*K*NN 算法中的 *K* 也是一个超参数。这就意味着恰当地选取 *K* 值是很困难的。如图 2-39 所示，当 *K* 值为 3 时，问号处的预测结果将会是三角形；而当 *K* 值为 5 时，问号处的预测结果就会变成正方形。图 2-40 所示的是不同的 *K* 值对应的决策边界。可以发现，随着 *K* 值的增加，决策边界会变得更加平滑。一般来说，较大的 *K* 值会降低噪声对分类的影响，但会使类之间的边界不那么明显。*K* 值越大越容易导致欠拟合，因为决策边界过于粗糙；*K* 值越小越容易导致过拟合，因为决策边界过于细腻。

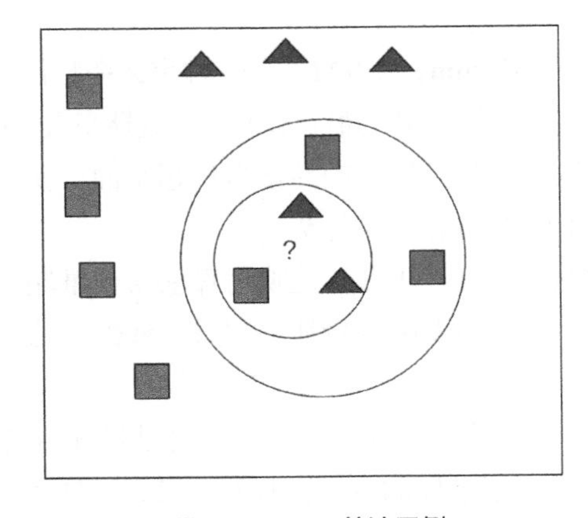

图 2-39　*K*NN 算法示例

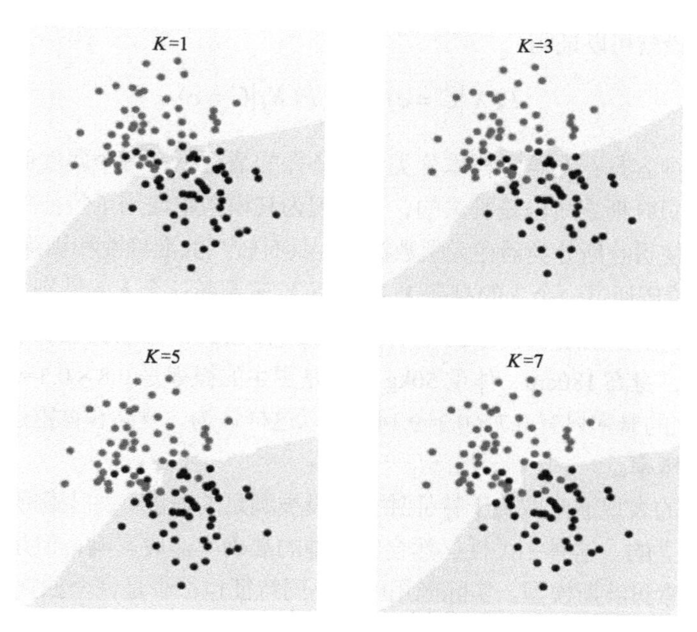

图 2-40 K 值对决策边界的影响

KNN 算法不仅可以用于分类问题，还可以用于回归问题。在分类预测问题中，一般采用多数表决法；而在回归预测问题中，一般采用平均值法。尽管这些方法看似只与近邻的 K 个样本有关，事实上 KNN 算法的计算量是非常大的。这是因为 KNN 算法需要遍历所有样本才能确定究竟哪 K 个样本与待测样例近邻。

2.5.6 朴素贝叶斯

朴素贝叶斯（Naive Bayes）是一种简单的多分类算法，基于贝叶斯定理，并假设特征是独立的。给定样本特征 X，样本属于类别 c 的概率是

$$P(C=c|X)=\frac{P(X|C=c)P(C=c)}{P(X)}$$

其中 $P(C=c|X)$称为后验概率，$P(C=c)$表示目标的先验概率，$P(X)$表示特征的先验概率。通常我们不会考虑 $P(X)$，因为分类的时候可以把 $P(X)$视为定值，也就是

$$P(C=c|X)\propto P(X|C=c)P(C=c)$$

$P(C=c)$与 X 无关，需要在训练模型前确定下来。一般以数据集中类别为 c 的样本比例作为 $P(C=c)$计算。由此可见，分类的核心是求 $P(X|C=c)$。设特征 X 由如下多个元素组成：

$$X=(X_1,X_2,\cdots,X_n)$$

一般可以比较方便地计算出

$$\prod_{i=1}^{n}P(X_i|C=c)$$

结合特征独立假设就可以证明

$$P(X|C=c)=\prod_{i=1}^{n}P(X_i|C=c)$$

特征独立假设的内容是：在给定样本分类作为条件的情况下，每个属性值的分布都独立于其他属性值的分布。朴素贝叶斯之所以是朴素的，正是因为其模型中使用了特征独立假设。做出此假设有效地简化了计算，使贝叶斯分类器在大型数据库上具有较高的准确性和训练速度。

举例来说，我们希望通过一个人的身高 X_1 和体重 X_2 来判断这个人的性别 C。假设身高 180cm 和 150cm 的人是男生的概率分别是 80%和 20%，体重 80kg 和 50kg 的人是男生的概率分别是 70%和 30%。根据朴素贝叶斯模型，身高 180cm、体重 50kg 的人是男生的概率是 $0.8\times0.3=0.24$，而身高 150cm、体重 80kg 的人是男生的概率只有 $0.7\times0.2=0.14$。可以这样认为，身高和体重这两个特征，独立地贡献了这个人是男生的概率。

朴素贝叶斯模型的表现通常取决于特征独立假设被满足的程度。如上例所述，身高和体重这两个特征并不是完全独立的。这种相关性必然会对模型的准确率造成影响，但是只要相关性不大，我们就可以继续使用朴素贝叶斯模型。实际应用中，不同特征也很少是完全独立的。

2.5.7 集成学习

集成学习是一种机器学习范式。在这种范式中，多个学习者被训练和组合以解决同一个问题，如图 2-41 所示。通过使用多个学习者，集成学习的泛化能力可以比使用单个学习者强得多。如果随机向数千人提出一个复杂的问题，然后汇总他们的答案，在许多情况下，这个汇总的答案比专家的答案更好，这就是群体智慧。

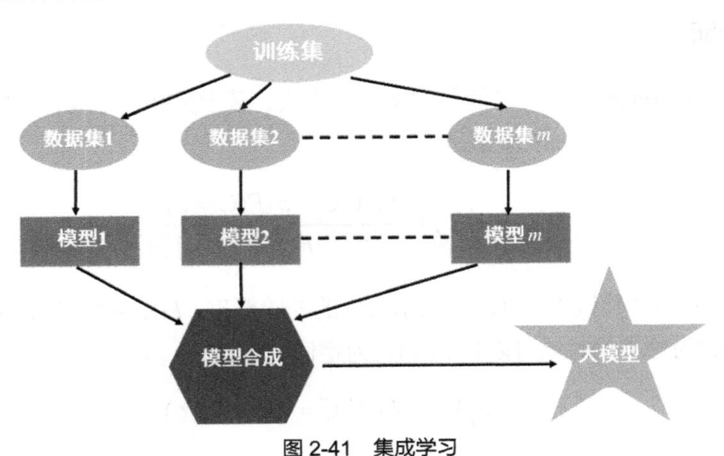

图 2-41　集成学习

集成学习的具体实现方法可以分为 Bagging 和 Boosting 两种。Bagging 方法独立构建数个基本学习器，然后平均它们的预测。Bagging 方法的典型模型有随机森林等。平均而言，组合学习者的预测结果通常比任何单个基本学习者更好，因为它的方差减小了。而 Boosting 方法则按顺序的方式构建基本学习器，逐步减少综合学习器预测的偏差。Boosting 方法的典型模型有 Adaboost、GBDT 以及 XGboost 等。总的来说，Bagging 方法可以减小方差，从而抑制过拟合；而 Boosting 方法着重减小偏差，从而提升模型的容量，但是有可能造成过拟合。

随机森林（Random Forest）算法是 Bagging 方法和 CART 决策树的结合，算法的整体流程如图 2-42 所示。随机森林算法可以用于分类和回归问题。其基本原理是建立多个决策树，并将它们合并在一起，从而获得更准确和稳定的预测。决策树在训练过程中，同时在样本和特征两个层面上进行采样。样本层面上，通过 Bootstrap 抽样（有放回的抽样）确定用于决策树训练的样本子集；特征层面上，决策树的每个节点分裂前，会随机选择部分特征，来计算信息增益。通过对多个决策树的预测结果进行综合，随机森林模型可以降低单个决策树模型的方差，但是对偏差的修正效果不好。因此，随机森林模型要求每个决策树都不能是欠拟合的，即使这个要求可能导致某些决策树过拟合。另外要注意，随机森林中的每个决策树模型都是独立的，因此训练和预测过程可以并行执行。

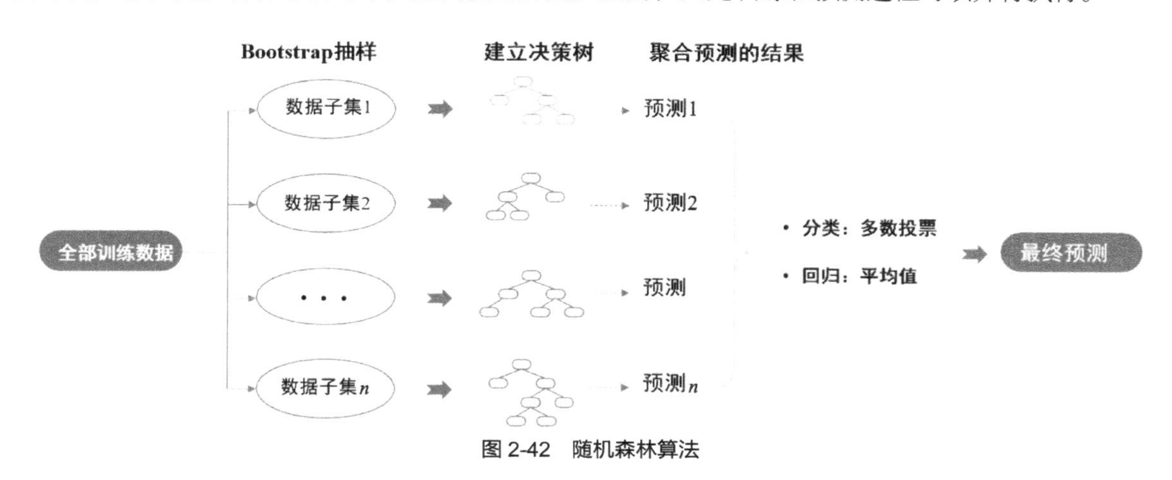

图 2-42 随机森林算法

梯度下降树（Gradient Boosting Decision Tree，GBDT）是 Boosting 方法中的一种。该模型的预测值是所有决策树的结果之和。GBDT 的本质是不断使用新的决策树，学习之前所有决策树的残差，即预测值与真实值之间的误差。如图 2-43 所示，对于某个样本，第一个决策树的预测结果是 20 岁，而样本的真实年龄是 30 岁。预测结果和真实值之间相差 10 岁。如果我们可以用另一个决策树预测出这一差值，就可以改进 20 岁这一预测结果，使之更加接近 30 岁。基于这个思路，我们引入第二个决策树来学习第一个决策树的误差，以此类推。最终，将 3 个学习器的预测结果相加，即可得到真实值 30 岁。GBDT 通过不断修正决策树的偏差来提高准确度，因此允许决策树出现一定的欠拟合。但是 GBDT 无法修正方差，因此一般不允许决策树出现过拟合。这也是 Boosting 和 Bagging 方法最大的区别之一。另外，GBDT 中每个决策树的训练数据都依赖于上一个决策树的输出，因此训练过程无法并行。

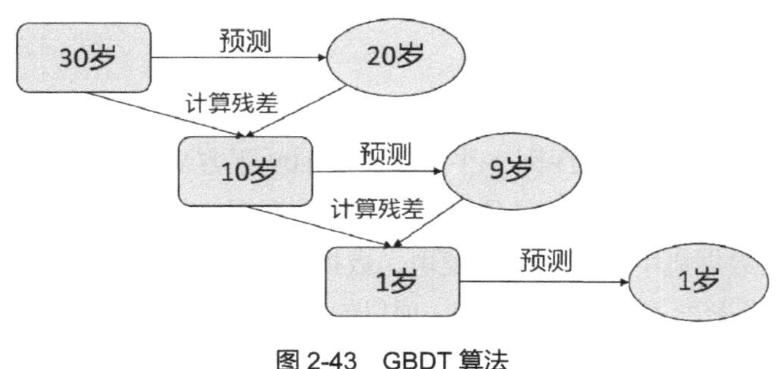

图 2-43 GBDT 算法

2.5.8 聚类算法

K 均值聚类算法（K-Means 算法）是输入聚类个数 K 以及包含 n 个数据对象的数据集，输出满足方差最小的标准的 K 个聚类的一种算法，如图 2-44 所示，最终所获得的聚类满足：同一聚类中的对象相似度较高；而不同聚类中的对象相似度较低。

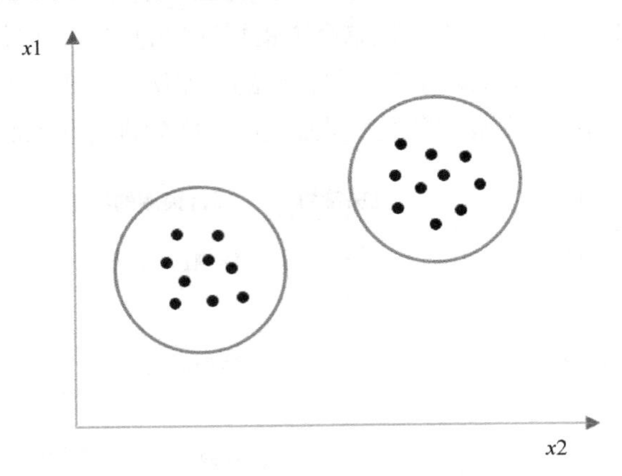

图 2-44　*K*-Means 算法

与 K-Means 算法相比，层次聚类算法在输出聚类的同时，还输出了样本之间的树状关系，如图 2-45 所示，层次聚类算法试图在不同层次对数据集进行划分，从而形成树形的聚类结构。数据集的划分可采用“自底向上”的聚合策略，也可以采用“自顶向下”的拆分策略。聚类的层次被表示成树形图，其中树根表示所有样本的祖先类，叶子是仅有一个样本的聚类。

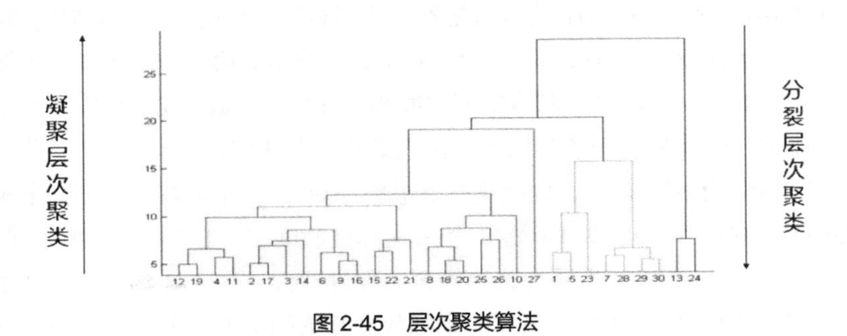

图 2-45　层次聚类算法

2.6 案例详解

在本章的最后，我们以一个案例来回顾机器学习项目的整体流程。假设有一个数据集，给出了某城市销售的 21613 套住房的居住面积（1 平方英尺≈0.09 平方米）和价格，如图 2-46 所示。根据这样的数据，我们希望训练一个模型，来预测该城市其他房屋的价格。

通过分析房屋价格数据集中的数据可以发现，数据中的输入（房屋面积）和输出（价格）都是连续值，因此可以使用监督学习中的回归模型。项目的目标是构建一个模型函数 $h(x)$，使模型无限逼近表达数据集的真实分布的函数。图 2-47 所示的是数据的散点图以及一个可能的模型函数。

x	y
房屋面积/平方英尺	价格/美元
1180	221,900
2570	538,000
770	180,000
1960	604,000
1680	510,000
5420	1,225,000
1715	257,500
1060	291,850
1160	468,000
1430	310,000
1370	400,000
1810	530,000
...	...

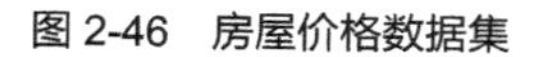

图 2-46 房屋价格数据集

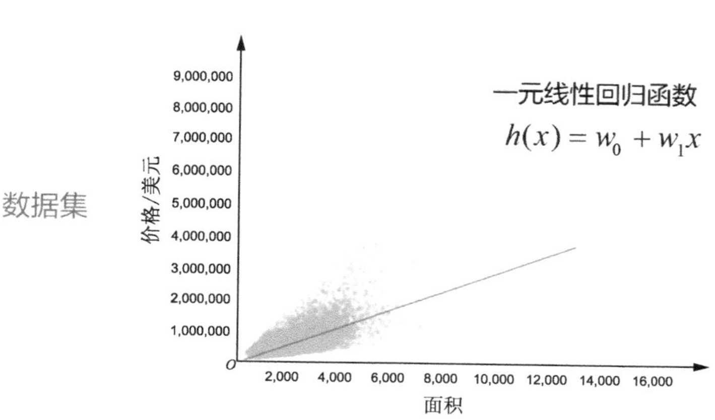

图 2-47 模型假设/平方英尺

线性回归的目标是找到一条最符合数据集的直线，也就是确定模型中的参数$\begin{pmatrix} w_0 \\ w_1 \end{pmatrix}$。为了寻找最佳参数，我们需要构建损失函数，并且找到当损失函数到达最小值时的参数值，损失函数如下：

$$J(w)=\frac{1}{2m}\sum(h(x)-y)^2$$

其中 m 表示样本数量，$h(x)$是预测值，y 是真实值。直观上，损失函数表示所有样本到模型函数之间的误差平方和，如图 2-48 所示。正常情况下，当这一损失函数降低至最小值时，所有样本应该会均匀地分布在拟合直线的两侧，这时的拟合直线就是我们要求的模型函数。

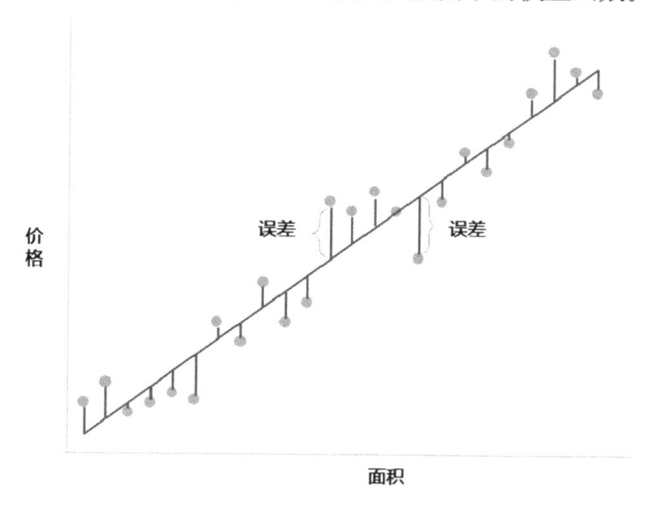

图 2-48 误差的几何意义

前面已经介绍过，梯度下降算法通过迭代法来找到一个函数的最小值。梯度下降算法首先在损失函数上随机选取一个初始点，然后根据负梯度方向，找到损失函数的全局最小值，此时的参数值就是我们要求的最佳参数值，如图 2-49 所示，A 点表示参数 w 被随机初始化后的位置；B 点表示损失函数的全局最小值，也就是最终的参数值；AB 连线表示利用负梯度方向下降形成的轨迹。在每次迭代时，参数 w 的值都会发生变化，导致回归直线也在不断变化。

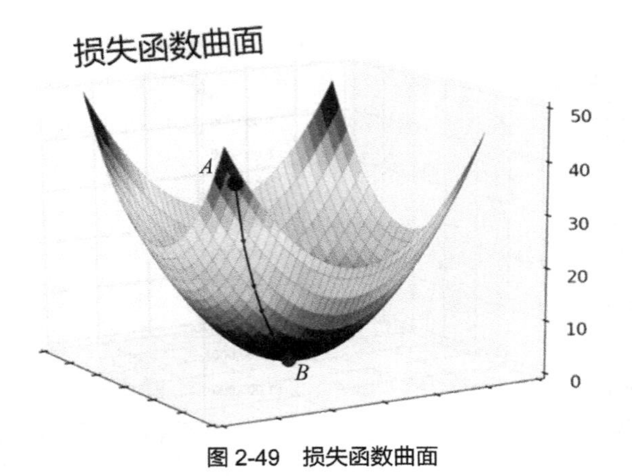

图 2-49　损失函数曲面

图 2-50 所示的是利用梯度下降迭代过程的一个示例。可以观察到随着损失函数曲面上的点逐渐接近最低点，线性回归拟合直线与数据的拟合越来越好。最终我们可以获得最佳的模型函数 $h(x)$=280.62x−43581。

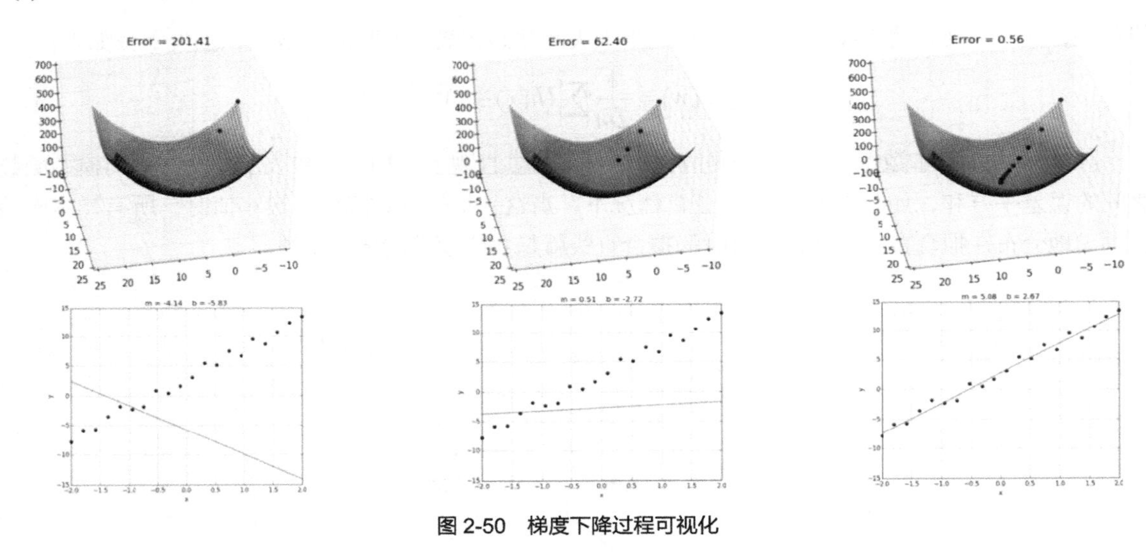

图 2-50　梯度下降过程可视化

模型训练完成后，我们需要使用测试集进行测试，确保模型拥有足够强的泛化能力。如果测试中出现过拟合，我们可以在损失函数中加入正则项并调节超参数。如果是欠拟合，我们可以使用更加复杂的回归模型，如 GBDT 等。这之后还需要对模型重新训练，并且重新使用测试集进行测试，直到模型的泛化能力符合预期为止。需要注意的是，由于项目中使用的是真实的数据，因此同样不能忽视数据清洗与特征选择的作用。

2.7　本章小结

本章主要介绍了机器学习的定义、分类和要解决的主要问题，同时对机器学习的整体流程（数据收集、数据清洗、特征提取与选择、模型训练、模型评估测试、模型部署与整合等）、常见的机器学习算法（线性回归、逻辑回归、决策树、支持向量机、朴素贝叶斯、*K*NN、集成学习、*K*-Means

等）、梯度下降算法、超参数等机器学习的重要知识进行了梳理与讲解；最后通过利用线性回归完成房价预测的案例，为大家呈现了机器学习的整体流程。

2.8 习题

1. 机器学习是人工智能的核心技术，请描述机器学习的定义。

2. 模型的泛化误差可以拆分为方差、偏差以及不可消解的误差。方差与偏差的区别是什么？过拟合模型的方差与偏差具有什么特点？

3. 已知图 2-25 所示的混淆矩阵，计算 F_1 值。

4. 机器学习中，一般将整个数据集拆分成训练集、验证集、测试集三部分。验证集与测试集的区别是什么？为什么要引入验证集？

5. 线性回归模型使用线性函数来拟合数据。对于非线性数据，线性回归模型需要如何处理？

6. 许多分类模型只能处理二分类问题。以 SVM 为例，试给出一种方法，使其能处理多分类问题。

7. 请查阅相关资料回答，SVM 中高斯核函数是如何将特征映射到无穷维空间的？

8. 梯度下降法是不是训练模型的唯一方法？这种方法有哪些局限性？

03

第3章　深度学习概览

深度学习是一种基于神经网络的机器学习模型，在计算机视觉、语音识别、自然语言处理等领域有着突出的优势。本章主要讲述深度学习相关的基本知识，包括深度学习的发展历程、深度学习神经网络的部件、深度学习神经网络的不同类型以及深度学习工程中常见的问题。

3.1　深度学习简介

传统的机器学习中，特征由人工进行选定。特征个数越多，外界向模型传递的信息就越多，模型的表达能力也就越强。但是随着特征个数的增加，算法的复杂度增加，模型搜索空间随之增大。训练数据会在特征空间中显得十分稀疏，影响相似性判断，这一现象称为维度爆炸。更重要的是，如果特征对任务无益，反而可能会干扰学习效果。受限于特征数量，传统的机器学习算法适合小数据量训练。当数据量增大到一定程度以后，再增加数据量也难以提升性能。因此，传统机器学习对计算机硬件需求较小，计算量级有限，一般不需要配用 GPU 和显卡做并行运算。

图 3-1 所示的是传统机器学习的一般流程。在这个过程中，由于特征是人工选择的，因此可解释性很强。但是特征不一定越多越好，获得好的特征是识别成功的关键。具体需要多少个特征，应由学习问题本身来决定。为了避免人工选择特征引入固有偏见，深度学习寻求一种可以自动提取特征的算法。尽管这样削弱了特征的可解释性，但是却提高了模型对不同问题的适应性。此外，深度学习采用“端到端”的学习模型，结合高维的权重参数，可以依赖海量的训练数据获得比传统方法更高的性能。海量的数据对硬件也提出了更高的要求：大量矩阵运算在 CPU 上的处理速度过慢，需要配用 GPU 做并行加速。

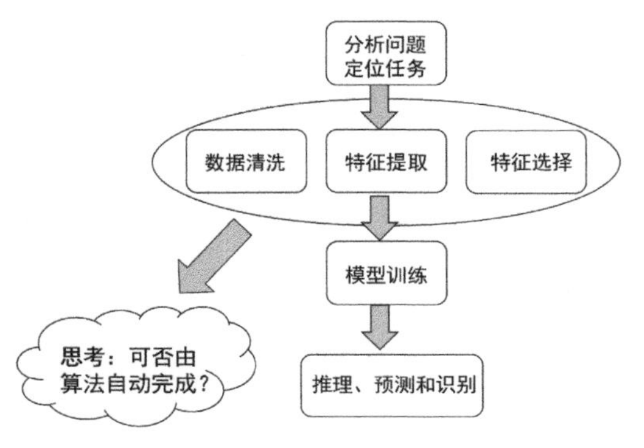

图 3-1　传统机器学习的一般流程

3.1.1　深度神经网络

一般来说，深度学习基于深度神经网络，即多层神经网络。这是一种模拟人类的神经网络而构建的模型。如图 3-2 所示，深度神经网络是感知器的堆叠，而感知器则是对人脑神经元的模拟。图 3-2（b）以及图 3-2（c）中，每个圆形都代表一个神经元。后文中我们将会看到这种设计与人脑神经元的相似之处。在人工神经网络的设计和应用研究中，通常需要考虑 3 个方面的内容，即神经元作用函数、神经元之间的连接形式以及网络的学习（训练）。

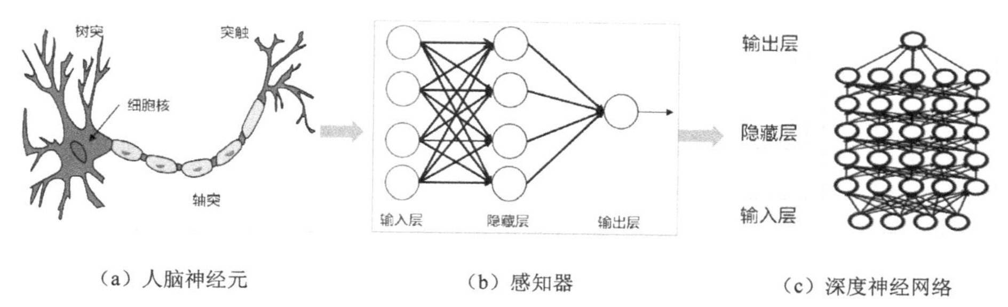

（a）人脑神经元　　（b）感知器　　（c）深度神经网络

图 3-2　人脑神经元与人工神经网络

那么究竟何为神经网络？目前关于神经网络的定义尚不统一。按照美国神经网络学家赫克特·尼尔森（Hecht Nielsen）的观点，神经网络是由多个非常简单的处理单元按照某种方式相互连接而形成的计算机系统，该系统靠其状态对外部输入信息进行动态响应来处理信息。综合神经网络的来源、特点和各种解释，可以简单地表述为：人工神经网络是一种旨在模仿人脑结构及其功能的信息处理系统。人工神经网络反映了人脑功能的若干基本特征，如并行信息处理、学习、联想、模式分类、记忆等。可以说，人工神经网络是由人工神经元互连组成的网络，是从微观结构和功能上对人脑的抽象与简化，是模拟人类智能的一条重要途径。

3.1.2　深度学习的发展历程

深度学习的发展历程也就是神经网络的发展史。从 20 世纪 50 年代开始，随着计算机硬件技术的不断发展，神经网络也从最初的单层发展至多层，最终成为目前人们熟知的深度神经网络。总的来说，神经网络的发展可以被分为 3 个阶段，如图 3-3 所示。

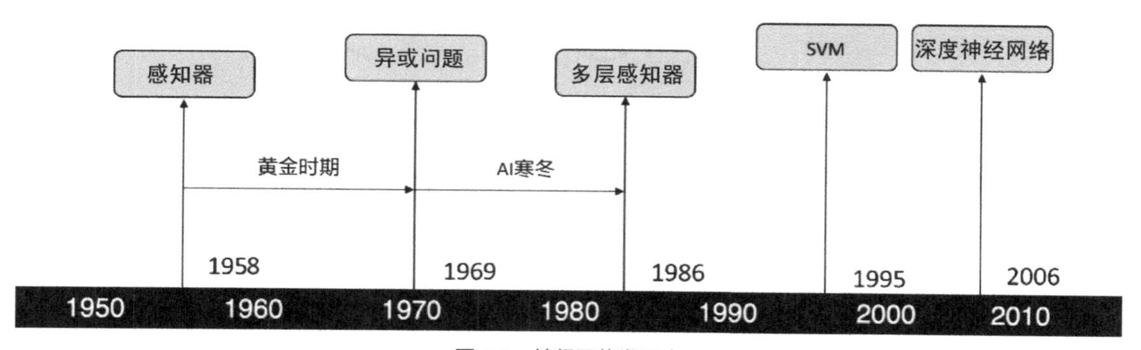

图 3-3　神经网络发展史

1958 年，罗森布拉特（Rosenblatt）发明感知器（Perceptron）算法，标志着神经网络萌芽阶段的开始。但这一时期的机器学习还没有从人工智能的其他研究方向中独立出来，因此感知器算法没有得到长足的发展。1969 年，美国人工智能先驱明斯基（Minsky）质疑感知器只能处理线性分类问题，甚至无法正确处理最简单的异或问题。一番质疑直接宣判了感知器算法的死刑，也为深度学习迎来了近 20 年的寒冬。

1986 年，辛顿（Hinton）提出了多层感知器（Multi Layer Perceptron，MLP），才使局面有所改观。辛顿提出采用 Sigmoid 函数对感知器的输出进行非线性映射，有效地解决了非线性分类和学习的问题。此外，辛顿还发明了适用于训练 MLP 的反向传播（Back Propagation，BP）算法。这一算法及其衍生算法至今仍用于深度神经网络的训练。1989 年，赫克特·尼尔森证明了万能逼近定理。该定理指出，任何闭区间内的连续函数 f，都可以用含有一个隐藏层的 BP 网络来逼近。简而言之，神经网络具有拟合任何连续函数的能力。1995 年，瓦普尼克（Vapnik）和科尔特斯（Cortes）提出了支持向量机（SVM）这是机器学习领域最重要的突破之一。这种算法不但有坚实的理论基础，还有出色的实验结果。1998 年，各种神经网络层出不穷，其中包括我们熟知的卷积神经网络和循环神经网络。但是由于过深的神经网络训练时可能出现梯度消失和梯度爆炸的问题，神经网络又一次退出了人们的视野。

2006 年是深度学习元年。在这一年，辛顿提出了深层神经网络训练中梯度消失问题的解决方案：无监督预训练和有监督微调的结合。2012 年，辛顿课题组提出的 AlexNet 在图像识别顶级比赛 ImageNet 中力压其他方法夺冠，掀起深度学习的高潮。2016 年，谷歌采用深度学习的人工智能程序 AlphaGo 击败围棋世界冠军、职业九段棋手李世石，将深度学习热潮推上一个新的高度。

3.1.3 感知器算法

单层感知器是最简单的神经网络，如图 3-4 所示，输入向量 $\boldsymbol{X}=\left[x_0,x_1,\cdots,x_n\right]^{\mathrm{T}}$ 首先与权值 $\boldsymbol{W}=\left[w_0,w_1,\cdots,w_n\right]^{\mathrm{T}}$ 计算内积，记作 *net*。其中，x_0 一般固定为 1，w_0 称为偏置。对于回归问题，*net* 可以直接作为感知器的输出；不过对于分类问题，还需要使 *net* 经过激活函数 Sgn(*net*)才能作为输出。Sgn 函数在 $x>0$ 区域上取 1，否则取−1。

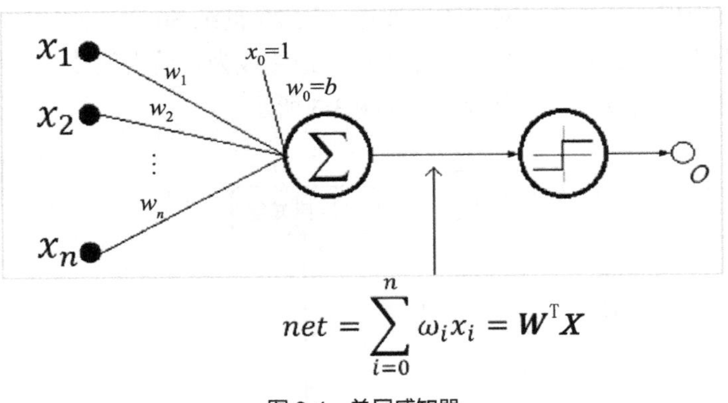

$$net=\sum_{i=0}^{n}\omega_i x_i=\boldsymbol{W}^{\mathrm{T}}\boldsymbol{X}$$

图 3-4　单层感知器

图 3-4 所示的感知器相当于一个分类器。它使用高维 $\boldsymbol{X}$ 向量作为输入，在高维空间中对输入的样本进行二分类。具体地，当 $\boldsymbol{W}^{\mathrm{T}}\boldsymbol{X}>0$ 时，Sgn(*net*)=1，相当于样本被归为正类；否则，Sgn(*net*)=−1，相当于样本被归为负类。这两类的边界就是 $\boldsymbol{W}^{\mathrm{T}}\boldsymbol{X}=0$，一个高维空间中的超平面。

感知器本质上是一种线性模型，只能处理线性分类问题，无法处理非线性数据。如图 3-5 所示，对于逻辑与（AND）和逻辑或（DR）运算，我们都可以轻松地找到一条直线将其正确分类。但是对于异或（XOR）运算，感知器就无能为力了。1969 年，明斯基就是使用这样一个简单的例子证明了感知器的局限性。

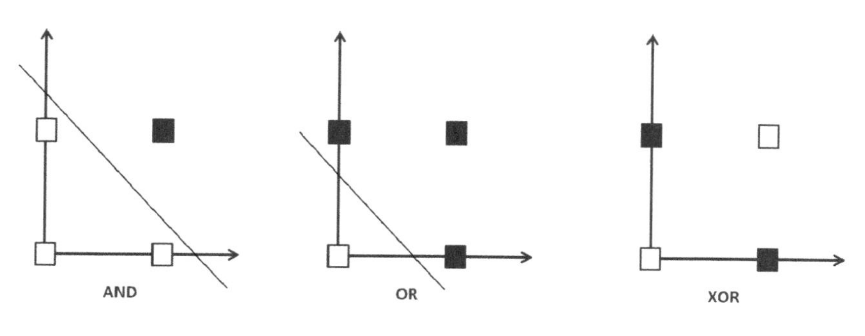

图 3-5　异或问题

为了使感知器可以处理非线性数据，人们发明了多层感知器，也就是前馈神经网络，如图 3-6 所示。前馈神经网络是最简单的一种神经网络，其中各神经元（感知器）分层排列，是目前应用最广泛、发展最迅速的人工神经网络之一。图 3-6 所示的多层感知器中最左侧的 3 个神经元构成整个网络的输入层。输入层的神经元没有计算功能，只是为了表征输入矢量的各分量值。除输入层以外，各层节点表示具有计算功能的神经元，称为计算单元。每层神经元只接收上一层神经元的输出作为输入，并输出给下一层。同一层的神经元之间不互相连接，而且层间信息只能沿一个方向传输。

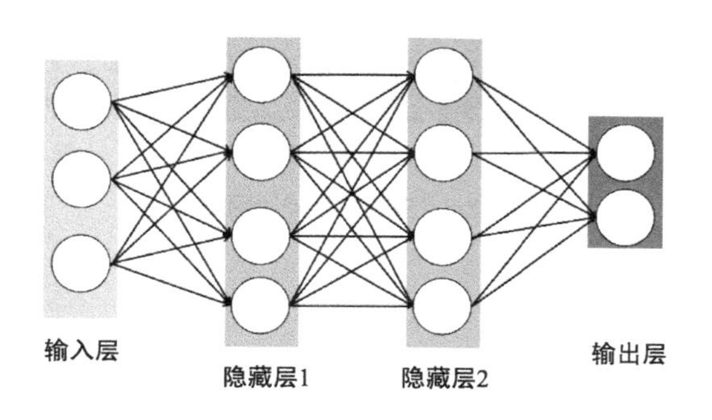

图 3-6　多层感知器

一个非常简单的多层感知器就可以解决异或问题。图 3-7（a）所示的是多层感知器的结构，其中实线表示权重为 1，虚线表示权重为−1，圈内数字表示偏移。例如，对于(0,1)点来说

$$x_1 = 0, x_2 = 1$$

−1.5 这个神经元的输出是

$$\mathrm{sgn}(x_1 + x_2 - 1.5) = \mathrm{sgn}(-0.5) = -1$$

x_1 和 x_2 的系数都是 1，因为−1.5 这个神经元左侧的两条线都是实线。而 0.5 这个神经元的输出是

$$\mathrm{sgn}(-x_1 - x_2 + 0.5) = \mathrm{sgn}(-0.5) = -1$$

x_1 和 x_2 的系数都是−1，因为 0.5 这个神经元左侧的两条线都是虚线。最右侧的神经元输出为

$$\text{sgn}(-1-1+1)=\text{sgn}(-1)=-1$$

等式左边的两个−1 是−1.5 和 0.5 这两个神经元的输出，+1 是输出神经元的偏移。读者可以自行验证对于(0, 0)、(1, 0)、(1, 1)，多层感知器的输出分别是 1、−1、1，与异或运算的结果一致。实际上，−1.5 和 0.5 两个神经元分别对应着图 3-7（b）所示的右上方和左下方两条直线，从而使用线性分类器实现了非线性样本的分类。

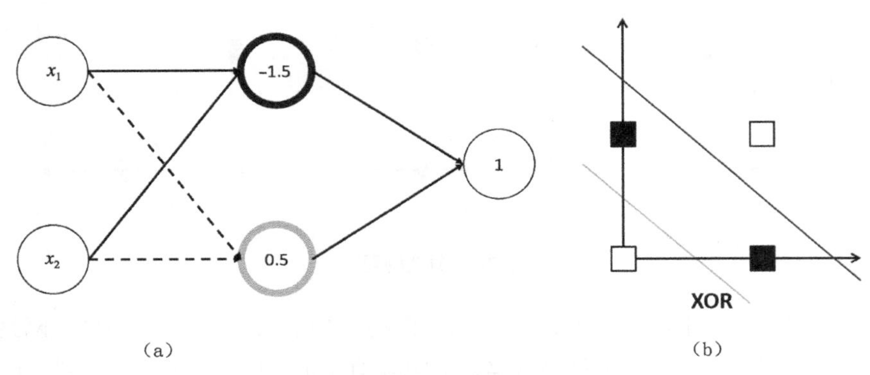

图 3-7 使用多层感知器解决异或问题

随着隐藏层的增加，神经网络的非线性分类能力也逐渐增强，如图 3-8 所示。

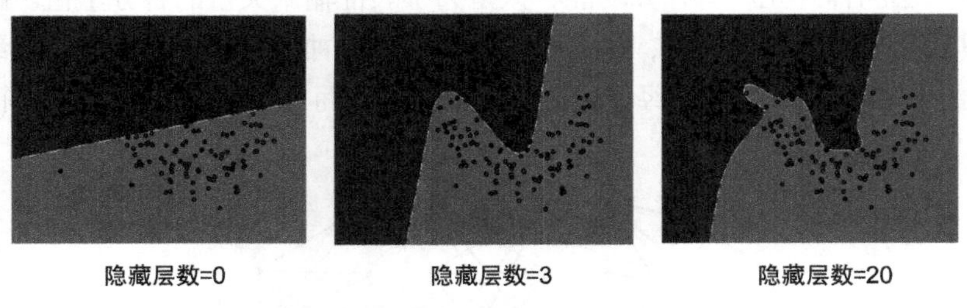

图 3-8 多隐藏层神经网络

3.2 训练法则

机器学习模型训练的核心是损失函数，深度学习也不例外。本节将会围绕深度学习中的损失函数介绍模型训练的法则，包括梯度下降算法和反向传播算法。

3.2.1 损失函数

在训练深度神经网络时，首先要建立一个函数来描述目标分类的错误，这就是损失函数（误差函数）。损失函数反映了感知器目标输出和实际输出之间的误差。最常用的误差函数为均方误差，其公式如下：

$$J(\boldsymbol{w})=\frac{1}{2n}\sum_{x\in X,d\in D}(t_d-o_d)^2$$

其中 $\boldsymbol{w}$ 为模型参数，X 为训练样例集，n 为 X 的大小，D 为输出层神经元的集合，t 为目标输出，

o 为实际输出。尽管等式右边没有直接出现参数 $\boldsymbol{w}$，但是实际输出 o 需要通过模型计算得到，因此依赖于参数 $\boldsymbol{w}$ 的取值。可以看到，一旦训练样例给定，t 和 o 都是常量。损失函数的实际输出随着 $\boldsymbol{w}$ 的变化而变化，所以误差函数的自变量是 $\boldsymbol{w}$。均方误差损失函数的特点是以误差的平方和作为主体，其中误差指目标输出 t 和实际输出 o 的差值。式中比较难以理解的是系数 1/2。后文中将会看到，这个系数的存在可以使损失函数求导时具有更加简洁的形式，也就是刚好和指数 2 抵消为 1。

交叉熵误差是另一种常用的损失函数，其公式如下：

$$J(\boldsymbol{w}) = -\frac{1}{n}\sum_{x\in X, d\in D}(t_d \ln o_d + (1-t_d)\ln(1-o_d))$$

其中符号的含义与均方误差相同。交叉熵误差刻画了两个概率分布之间的距离。一般来说，均方误差损失函数主要用于回归问题，而交叉熵误差损失函数则更多地用于分类问题。训练模型的目标是搜索使损失函数最小的权值向量。但是神经网络模型十分复杂，在数学上尚且没有有效的方法求解析解。因此，我们需要使用梯度下降算法对损失函数最小值求数值解。

3.2.2　梯度下降算法

多元函数 $f(x_1, x_2, \cdots, x_n)$ 在 X 处的梯度为

$$\nabla f(x_1, x_2, \cdots, x_n) = \left[\frac{\partial f}{\partial x_1}, \frac{\partial f}{\partial x_2}, \cdots, \frac{\partial f}{\partial x_n}\right]^{\mathrm{T}}\Bigg|_X$$

梯度向量的方向指向函数增长最快的方向。因此，负梯度向量 $-\nabla f$ 则指向函数下降最快的方向。梯度下降算法的思想就是让损失函数沿着负梯度的方向进行搜索，不断迭代更新参数，最终使损失函数最小化。

训练样例集 X 中的每一个样例记为 $<x, t>$，其中 x 是输入向量，t 为目标输出，o 为实际输出，η 是学习率。图 3-9 所示的是批量梯度下降（Batch Gradient Deseent，BGD）算法的伪代码。

```
Algorithm 1：批量梯度下降算法
  Input：训练样例集 D={<x, t>}，学习率η
  Output：最优参数值 w
1 w ← 绝对值较小的随机向量；
2 repeat
3 |   Δw ← 0̄ ;
4 |   foreach x,t in D do
5 |   |   Δw ← Δw + ∂J/∂w |x,t ;
6 |   end
7 |   w = w − ηΔw ;
8 until 模型收敛或达到最大迭代次数；
9 return w;
```

图 3-9　批量梯度下降算法

批量梯度下降算法是梯度下降直接应用于深度学习的产物，实际上并不常用。这个算法的主要问题在于，每次更新权值都需要计算所有的训练样例，因而收敛速度非常慢。针对这个弊端，一个

常见的梯度下降算法的变体是随机梯度下降（Stochastic Gradient Descent，SGD）算法，也称为增量梯度下降算法。随机梯度下降算法的伪代码如图 3-10 所示。

```
Algorithm 2：随机梯度下降算法
   Input：训练样例集 D={<x, t>}，学习率η
   Output：最优参数值 w
1 w ← 绝对值较小的随机向量；
2 repeat
3 |  x,t ← D 中的任意一个样本；
4 |  Δw ← ∂J/∂w |x,t ；
5 |  w = w − ηΔw ；
6 until 模型收敛或达到最大迭代次数；
7 return w;
```

图 3-10　随机梯度下降算法

随机梯度下降算法每次选择一个样本来更新梯度。这样做的其中一个好处是，在模型训练的过程中，数据集可以进行扩充。这种在收集数据的过程中对模型进行训练的模式称为在线学习。与批量梯度下降算法相比，随机梯度下降算法提高了更新权重的频率，但是走向了另一个极端。训练样例中一般是含有噪声的，批量梯度下降通过对多个样本的梯度取均值，可以减小噪声的影响。但是随机梯度下降在每次更新权值时只考虑单个样本，因此到了精确逼近极值的阶段，梯度往往会在极值附近横冲直撞，难以收敛到极值。

实际工作中最常用的梯度下降算法是小批量梯度下降（Mini-Batch Gradient Descent，MBGD）算法，如图 3-11 所示。针对上述两种梯度下降算法的弊端，小批量梯度下降算法在每次更新权值时使用一小批样本，兼顾了效率和梯度的稳定性。批次大小因具体问题而异，一般取 128。

```
Algorithm 3：小批量梯度下降算法
   Input：训练样例集 D={<x, t>}，学习率η
   Output：最优参数值 w
 1 w ← 绝对值较小的随机向量；
 2 repeat
 3 |  foreach batch in D do // batch 为 D 中的一批样本
 4 |  |  Δw ← 0̄ ；
 5 |  |  foreach x,t in batch do
 6 |  |  |  Δw ← Δw + ∂J/∂w |x,t ；
 7 |  |  end
 8 |  |  w = w − ηΔw ；
 9 |  end
10 until 模型收敛或达到最大迭代次数；
11 return w;
```

图 3-11　小批量梯度下降算法

3.2.3 反向传播算法

应用梯度下降算法需要计算损失函数的梯度。对于传统的机器学习算法，如线性回归和支持向量机，手动计算梯度有时是可行的。但是神经网络的模型函数较为复杂，无法用一个公式来表示损失函数关于全部参数的梯度。为此，辛顿提出了反向传播算法，通过反向传播过程逐层更新权值，有效地加速了神经网络的训练速度。

误差的反向传播方向与正向传播方向相反，如图 3-12 所示。

对于训练样例集 X 中的每一个样例<x, t>，模型给出的输出记为 o。假设损失函数取均方误差：

$$J(\boldsymbol{w})=\frac{1}{2n}\sum_{x\in X,d\in D}(t_d-o_d)^2$$

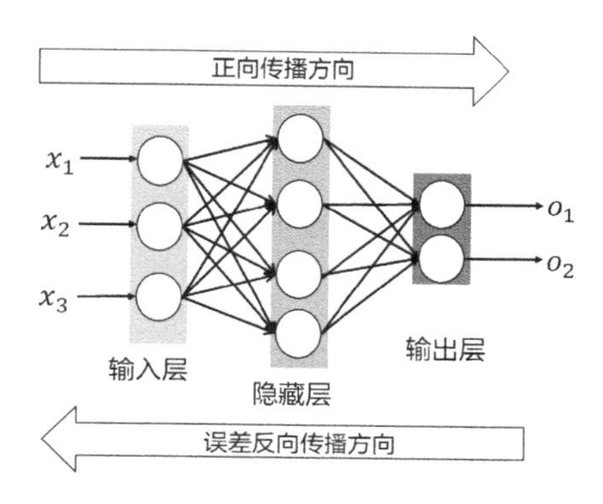

图 3-12　误差的反向传播

设模型中共有 L 层（不计输入层），第 l 层的参数记为 $\boldsymbol{w}_l$。可以这样认为，$J(\boldsymbol{w})$在迭代时不是最小值，是因为 $\boldsymbol{w}$ 和最优参数值之间存在偏差，每一层都不例外。也就是说，损失函数值是由参数值的误差导致的。在正向传播过程中，每一层都会引起一定的误差。这些误差逐层积累，在输出层以损失函数的形式表现出来。在不给定模型函数的情况下，我们不能确定损失函数究竟和参数有什么关系，不过可以确定损失函数和模型输出的关系 $\partial J/\partial o$ 。这是理解反向传播算法的关键一步。

设倒数第二层的输出为 o'，输出层的激活函数为 f，则可以将损失函数展开为

$$J(\boldsymbol{w})=\frac{1}{2m}\sum_{x\in X,d\in D}(t_d-f(\boldsymbol{w}_L o'_d))^2$$

其中 o'_d 只与 $\boldsymbol{w}_1,\boldsymbol{w}_2,\ldots,\boldsymbol{w}_{L-1}$ 有关。可以看出，损失函数可以被拆分成两部分，由 $\boldsymbol{w}_L$ 导致的部分和由其他参数导致的部分。后者通过误差积累，在倒数第二层以输出的形式作用于损失函数。根据上文中得到的 $\partial J/\partial o$ ，可以比较轻松地计算出 $\partial J/\partial o'$ 和 $\partial J/\partial \boldsymbol{w}_L$ 。这样就把损失函数关于输出层参数的梯度计算出来了。不难看出，激活函数的导数值 $f'(\boldsymbol{w}_L o'_d)$ 以权重的形式参与 $\partial J/\partial o'$ 和 $\partial J/\partial \boldsymbol{w}_L$ 的计算。当激活函数的导数值恒小于 1 时（Sigmoid 函数就是这样），$\partial J/\partial o$ 的值就会在反向传播过程中变得越来越小。这种现象称为梯度消失，后文中会有更详细的介绍。

至于其他层参数，可以类似地根据 $\partial J/\partial o'$ 和 $\partial J/\partial o''$ 之间的关系得出。直观来看，反向传播算法就是将误差逐层分配的过程，本质上是应用链式求导法则计算损失函数关于各层参数的算法。

一般地，反向传播算法如图 3-13 所示。

Algorithm 4：反向传播算法

Input：各层参数 $w[1 \text{ to } L]$ 及各层输出 $o[0 \text{ to } L]$

Output：一次迭代后的各层参数 $w[1 \text{ to } L]$

1 $\delta_L \leftarrow \frac{\partial J}{\partial o[L]} \odot f'(w[L]o[L-1])$；

2 for $l \leftarrow L-1$ to 1 do

3 　$\delta_l \leftarrow w[l+1]^{\mathrm{T}}\delta_{l+1} \odot f'(w[l]o[l-1])$；

4 end

5 for $l \leftarrow 1$ to L do

6 　$w[l] \leftarrow w[l]-\eta\delta_l o[l-1]^{\mathrm{T}}$；

7 end

8 return w;

图 3-13　反向传播算法

其中 $\odot$ 表示按元素相乘，f 为激活函数。值得注意的是，第 i 层的输出同时也是第 i+1 层的输入。其中，第 0 层的输出定义为整个网络的输入。另外，当激活函数为 Sigmoid 时，可以证明

$$f'(x)=f(x)(1-f(x))$$

因此算法中的 $f'(o[l-1])$ 也可以写作 $o[l](1-o[l])$。

3.3 激活函数

激活函数（Activation Functions）对于神经网络模型学习和理解非常复杂的非线性函数具有十分重要的作用。激活函数的存在将非线性特征引入神经网络。如果不运用激活函数，无论多少层神经网络都只能表示一个线性函数。而线性函数的复杂性有限，从数据中学习复杂函数映射的能力更小。本节介绍深度学习常用的激活函数及其优缺点，读者可以在自己的项目中按需选择使用。

如图 3-14（a）所示，Sigmoid 函数是前馈神经网络研究早期最常用的激活函数。和逻辑回归模型中的功能类似，Sigmoid 函数可以用于输出层以实现二分类。Sigmoid 函数具有单调连续、易于求导、输出有界等特点，使网络比较容易收敛。但是可以看到，在远离原点的位置，Sigmoid 函数的导数趋近于 0。当网络非常深的时候，反向传播算法会使得越来越多的神经元落入饱和区，从而使得梯度的模越来越小。一般来说，Sigmoid 网络在 5 层之内就会出现梯度退化为 0 的现象，使得网络难以训练。这种现象称为梯度消失。Sigmoid 的另一个缺点是其输出不以 0 为中心。

如图 3-14（b）所示，tanh 函数是 Sigmoid 函数的一个主要替代品。tanh 激活函数修正了 Sigmoid 函数输出不以 0 为中心的缺点，在梯度下降算法中更接近自然梯度，从而降低了所需的迭代次数。但是 tanh 函数保留了与 Sigmoid 类似的易饱和性。

如图 3-14（c）所示，Softsign 函数在一定程度上降低了 tanh 函数和 Sigmoid 函数的易饱和性。但是无论 Softsign、tanh 还是 Sigmoid 激活函数都是比较容易产生梯度消失问题的。在足够远离函数中心点的位置，激活函数的导数总会趋近于 0，导致权值无法更新。

如图 3-14（d）所示，ReLU（Rectified Linear Unit）函数是目前应用最为广泛的激活函数。与 Sigmoid 等激活函数相比，ReLU 函数没有上界，所以神经元永远不会饱和，从而有效地缓解了梯度消失的问题，在梯度下降算法中能够快速收敛。实验表明，在没有无监督预训练时，使用 ReLU 激活函数的神经网络也可以有较好的表现。除此之外，Sigmoid 等函数均需要进行指数运算，因此计算量相当大。而采用 ReLU 激活函数则可以节省很多计算量。尽管 ReLU 函数有许多优点，其缺点也相当明显。由于 ReLU 函数没有上界，训练时容易发散。其次，ReLU 函数在 0 处不可导，导致在某些回归问题中不够平滑。最重要的是，ReLU 函数在负数域取值恒为 0，有可能导致神经元死亡。

如图 3-14（e）所示，Softplus 函数在 ReLU 的基础上进行了修改。尽管 Softplus 函数比 ReLU 函数具有更大的计算量，但是其具有连续的导数，定义的曲面也相对光滑。

Softmax 函数是 Sigmoid 函数在高维情况下的扩展。其函数表达式如下：

$$\sigma(z)_j=\frac{\mathrm{e}_j^z}{\sum_k \mathrm{e}_k^z}$$

Softmax 函数的功能是将一个 K 维的任意实数向量映射成另一个 K 维的概率分布。因此，

Softmax 函数经常用作多分类任务的输出层。

$$f(x)=\frac{1}{1+\mathrm{e}^{-x}} \qquad \tanh x=\frac{\mathrm{e}^{x}-\mathrm{e}^{-x}}{\mathrm{e}^{x}+\mathrm{e}^{-x}} \qquad f(x)=\frac{x}{|x|+1}$$

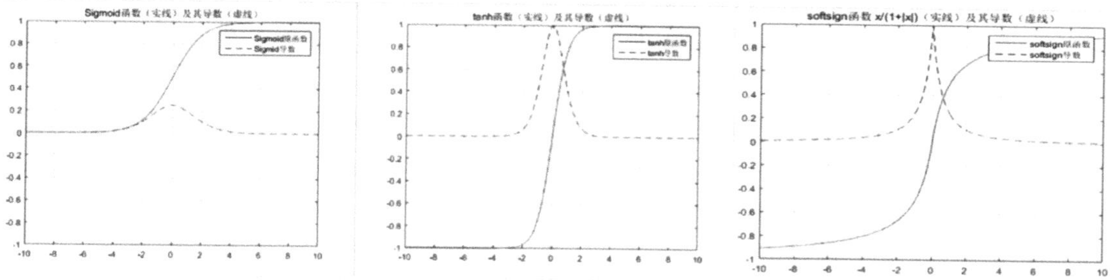

（a）　（b）　（c）

$$y=\begin{cases}x, x\geqslant 0\\ 0, x<0\end{cases} \qquad f(x)=\ln(\mathrm{e}^{x}+1)$$

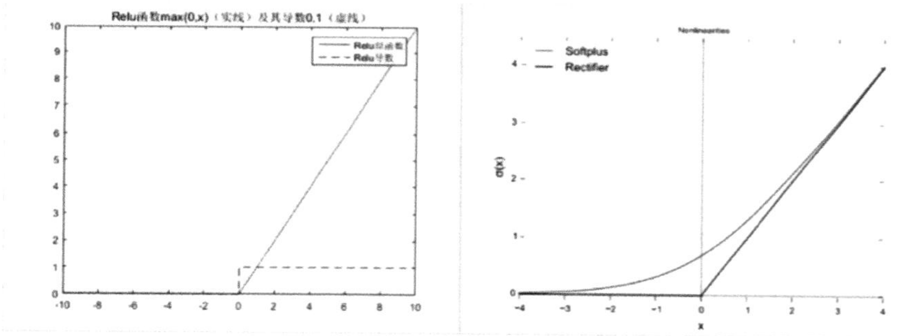

（d）　（e）

图 3-14　激活函数

3.4　正则化

正则化是机器学习中非常重要且非常有效的降低泛化误差的技术。相比传统的机器学习模型，深度学习模型的容量普遍更大，所以也更加容易产生过拟合。为此，研究者提出了很多有效的技术防止过拟合，其中包括以下几种技术。

（1）参数惩罚，如添加 L1、L2 范数约束等。

（2）数据集扩充，如添加噪声、数据变化等。

（3）Dropout。

（4）提前停止训练。

本节将会逐一介绍这些方法。

3.4.1　参数惩罚

许多正则化方法通过对目标函数 J 添加一个参数惩罚项 $Z(\boldsymbol{w})$来限制模型的学习能力：

$$\tilde{J} = J + aZ(\boldsymbol{w})$$

其中 a 是一个非负的惩罚项系数。a 的大小衡量了惩罚项 Z 和标准目标函数 J 对总目标函数的相对贡献。将 a 设为 0 表示不采用正则化；a 越大，对应正则化的力度越大。a 是一个超参数。值得说明的是，深度学习中一般只对模型参数 w 添加约束，而不对偏置项添加约束。这是因为偏置项一般只需要较少的数据就能精确地拟合，添加约束常常会导致欠拟合。

根据 Z 的不同，可以得到不同的正则化方法。本节主要介绍其中的两种：L1 正则化和 L2 正则化。在线性回归模型中，L1 正则化可以得到 Lasso 回归，而 L2 正则化则可以得到岭回归。实际上，所谓的 L1 和 L2 表示范数。向量的 L1 范数定义为

$$\|\boldsymbol{w}\|_1 = \sum_i |\boldsymbol{w}_i|$$

也就是向量中全部元素的绝对值之和。可以证明，L1 范数的梯度为 Sgn($\boldsymbol{w}$)。这样就可以使用梯度下降算法对 L1 正则化的模型进行求解了。

L2 范数就是常见的欧几里得（Enclid）距离：

$$\|\boldsymbol{w}\|_2 = \sqrt{\sum_i \boldsymbol{w}_i^2}$$

由于 L2 范数使用得十分广泛，因此常常忽略脚标，将其简记为$\|\boldsymbol{w}\|$。不过由于 L2 范数的梯度较为复杂，L2 正则化中一般取

$$Z(\boldsymbol{w}) = \frac{1}{2}\|\boldsymbol{w}\|^2$$

可以看出，对 L2 正则化的惩罚项求导后得到的就是 $\boldsymbol{w}$ 本身。因此对 L2 正则化的模型进行梯度下降时，权重更新公式应该变为

$$\boldsymbol{w} = (1-\eta a)\boldsymbol{w} - \eta\nabla J$$

相对于正常的梯度更新公式，相当于参数乘上一个缩减因子，从而限制参数增长。

图 3-15 所示的是 L1 正则化与 L2 正则化之间的区别。图中等高线表示标准目标函数 J，以原点为中心的菱形或圆形表示正则项。参数惩罚的几何意义是：对于特征空间中的任意一点，不仅要考虑该点对应的标准目标函数值，还要考虑对应于该点的正则项的几何图形的大小。不难想象，惩罚项系数 a 越大，菱形或圆形变小的趋势就越强，参数也就越趋近于原点。

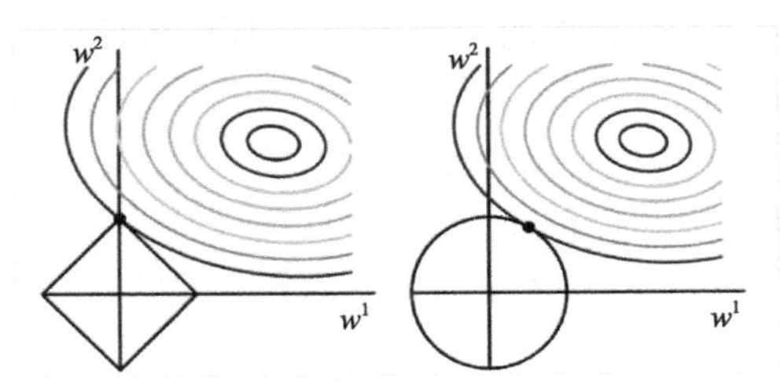

图 3-15　参数惩罚的几何含义

从图 3-15 中可以看出，使 L1 正则化模型稳定的参数有很大概率出现在菱形的角点上。这就意味着，L1 正则化模型的参数很可能是稀疏矩阵。从图中的例子来看，最优参数对应的 w_1 就取 0。因此 L1 正则化可以起到特征选择的作用。

从概率分布的角度进行分析，很多范数约束相当于对参数添加先验分布。其中 L2 范数相当于参数服从高斯先验分布，L1 范数相当于参数服从拉普拉斯先验分布。

3.4.2 数据集扩充

防止过拟合最有效的方法是增加训练集，训练集越大过拟合概率就越小。但是搜集数据（尤其是标注数据）是十分耗时且昂贵的。这时数据集扩充就是一个省时有效的方法，尽管对于不同任务下的数据集，扩充方法一般不太通用。

在目标识别领域，常用的数据集扩充方法有对图片的旋转、缩放等。图片变换的前提是不能改变图片所属的类别。在手写数字识别中，类别 6 和 9 就是旋转后容易混淆的类目，需要特别注意。在语音识别中往往对输入数据添加随机噪声；自然语言识别的常用思路是进行近义词替换。

噪声注入是数据集扩充中常用的方法。噪声注入的对象既可以是输入层，也可以是隐藏层或者输出层。对于 Softmax 分类问题，可以通过标签平滑（Label Smoothing）技术在输出层添加噪声。设分类问题共有 K 个备选类别，数据集提供的标准输出一般以独热编码表示成一个 K 维向量。其中正确类别对应的元素为 1，其余元素为 0。通过添加噪声，可以使正确类别对应的元素为 $1-(k-1)e/k$，其余元素为 e/k，其中 e 表示一个足够小的常量。直观上，Label Smoothing 缩小了正确样本与错误样本的标签值之间的差距，相当于提高了模型训练的难度。对于过拟合的模型，提高问题的难度可以有效缓解过拟合的情况，进而提升模型性能。

3.4.3 Dropout

Dropout 是一类通用并且计算简洁的正则化方法，在 2014 年被提出后广泛使用。简单地说，Dropout 就是在训练过程中随机地丢弃一部分神经元的输出。这些被丢弃的神经元的参数不会更新。通过随机丢弃输出，Dropout 构造了一系列结构各异的子网络，如图 3-16 所示。这些子网络在同一个深度神经网络中以一定方式进行合并，相当于采用了集成学习的方法。在使用模型的过程中，我们希望使用全部训练好的子网络的群体智慧，因此不再进行随机丢弃。

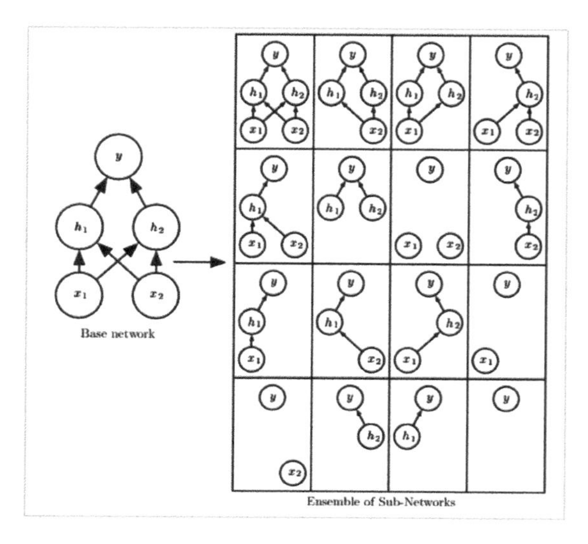

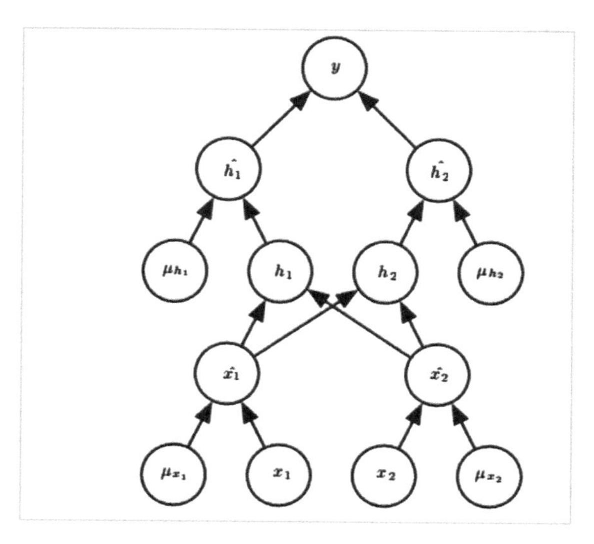

图 3-16　Dropout

相比参数惩罚，Dropout 的计算复杂度更低，实现更简单。在训练过程中，Dropout 的随机过程既不是充分条件也不是必要条件。完全可以构造不变的屏蔽参数，也能够得到足够好的模型。

3.4.4 提前停止训练

允许提前停止训练。定时对验证集数据进行测试，如图 3-17 所示，当发现验证集数据的损失函数开始上升，就可以提前停止训练以避免过拟合。但是提前停止训练也会带来欠拟合的风险。这是因为验证集的样本数量往往不够多，导致停止训练的时机往往不是模型泛化误差最小的时刻。极端情况下，模型在验证集上的泛化误差可能在经历小幅上升之后很快开始下降，而提前停止训练则会导致模型出现欠拟合。

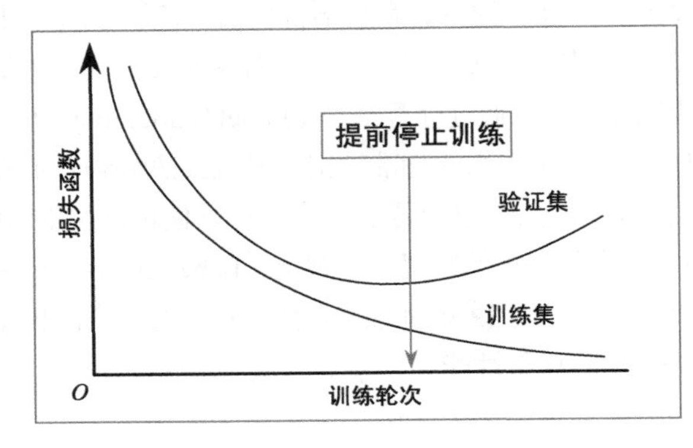

图 3-17　提前停止训练

3.5 优化器

梯度下降算法，有各种不同的改进版本。在面向对象的语言实现中，往往把不同的梯度下降算法封装成一个对象，称为优化器。常见的优化器有 SGD 优化器、动量优化器、Nesterov、Adagrad、Adadelta、RMSprop、Adam、Adamax、Nadam 等。这些优化器主要从算法的收敛速度、收敛至局部极值后算法的稳定性以及超参数的调整难度等方面进行改进。本节将会介绍最常用的几种优化器的设计。

3.5.1 动量优化器

动量优化器是对梯度下降算法的一个最基本的改进，在权重更新公式中加入了动量项，如图 3-18 所示。设第 n 次迭代时权重的变化量为 $d(n)$，则权重更新法则变为

$$d(n) = -\eta\nabla_{w}J + ad(n-1)$$

其中 a 是一个 0 到 1 之间的常数，称为动量。$ad(n-1)$称为动量项。想象一个小球，从一个随机的点开始，沿着误差曲面滚下。普通的梯度下降算法相当于让小球沿着受力曲线运动，但是这并不符合物理规律。实际情况是，小球在向下滚动时会积累动量，从而在下坡方向具有更大的速度。

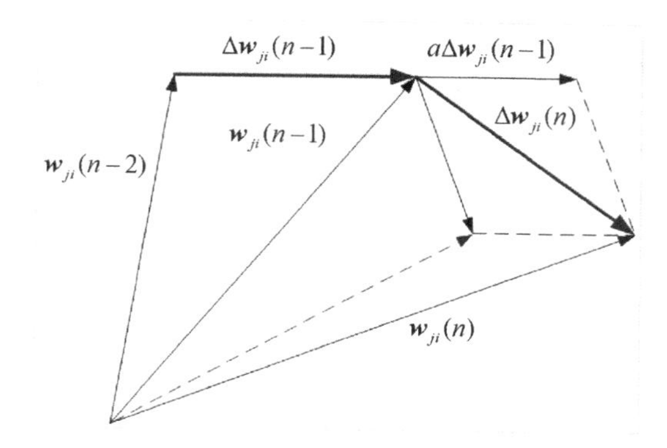

图 3-18　动量项的作用

在梯度方向比较稳定的区域，小球滚动会越来越快。这有助于小球快速冲过平坦区域，加快模型收敛。另外，如图 3-19 所示，动量项修正了梯度的方向，减小了突变。此外，带有惯性的小球更容易滚过一些狭窄的局部极值，使得模型更不容易陷入局部极值点。

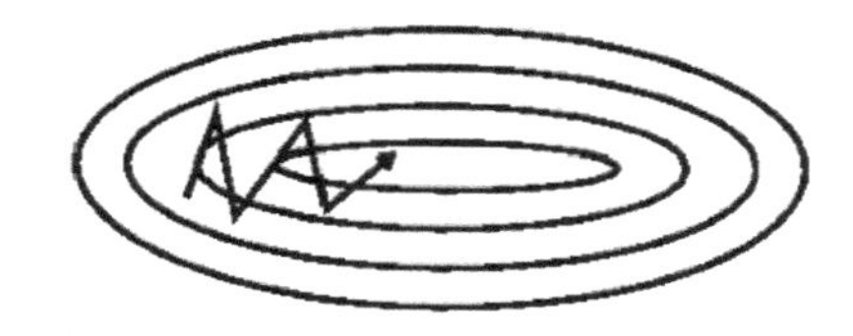

图 3-19　动量项加速模型收敛

动量优化器的缺点在于，动量项可能会使小球冲过最优解，需要额外的迭代才能收敛。其次，动量优化器的学习率和动量 a 仍需手动设置，往往需要较多的实验才能确定合适的值。

3.5.2 Adagrad 优化器

随机梯度下降算法、小批量梯度下降算法以及动量优化器的共同特点是：对于每一个参数都用相同的学习率进行更新。Adagrad 优化器则认为，不同的参数应该设置不同的学习率。Adagrad 优化器的梯度更新公式一般写作

$$\Delta \boldsymbol{w} = -\frac{\eta}{e+\sqrt{\sum_{i=1}^{n} g^2(i)}} g(n)$$

其中 $g(n)$表示第 n 次迭代中代价函数的梯度 $\mathrm{d}J/\mathrm{d}\boldsymbol{w}$，$e$ 为小常数。随着 n 的增加，式中分母逐渐变大，因此权重更新的幅度也逐渐减小，相当于动态地减小了学习率。在模型训练的最初阶段，初始值到损失函数最优解之间的距离很远，因此需要较大的学习率。但是随着更新次数的增加，权重参数越来越接近最优解，所以学习率也随之变慢。Adagrad 优化器的优点是可以自动更新学习率，但缺点也来自于此。由于学习率的更新取决于过去迭代中的梯度，很可能权重参数在距离最优解还很远的时候，学习率已经减小到 0 了。这样就失去了优化的意义。

3.5.3 RMSprop 优化器

RMSprop 优化器是对 Adagrad 优化器的改进。其算法中引入了一个衰减系数，使梯度历史记录在每次迭代中都衰减一定的比例。RMSprop 优化器的梯度更新公式如下：

$$r(n)=br(n-1)+(1-b)g^2(n)$$

$$\Delta \boldsymbol{w}=-\frac{\eta}{e+\sqrt{r(n)}}g(n)$$

其中 b 为衰减因子，e 为小常数。由于衰减因子的作用，r 不一定随着 n 的增加单调递增。这样就解决了 Adagrad 优化器过早结束的问题，适合处理非平稳目标，尤其对循环神经网络效果很好。

3.5.4 Adam 优化器

Adam（Adaptive Moment Estimation）优化器是在 Adagrad、Adadelta 优化器的基础上发展而来的，是目前使用最广泛的优化器。Adam 试图为每个参数计算自适应的学习率，这在复杂的网络结构中非常有用，因为网络的不同部分对权值调整的敏感度不同，非常敏感的部分一般需要更小的学习率。如果人工识别敏感部分并专门为其设置学习率，在实现上是比较困难或烦琐的。更新参数时，Adam 优化器的梯度更新公式与 RMSprop 优化器类似，如下所示：

$$\Delta \boldsymbol{w}=-\frac{\eta}{e+\sqrt{v(n)}}m(n)$$

其中 m 和 v 分别代表梯度历史的一阶矩（均值）和二阶矩（非中心方差）估计。类似于 RMSprop 优化器中提出的衰减公式，可以定义 m 和 v 如下：

$$m(n)=am(n-1)+(1-a)g(n)$$

$$v(n)=bv(n-1)+(1-b)g^2(n)$$

从形式上看，m 和 v 分别是梯度和梯度平方的移动均值。但是这样的定义会导致算法在最初的几次迭代时很不稳定。假设 $m(0)$和 $v(0)$都取 0，当 a 和 b 接近于 1 时，m 和 v 在最初的迭代中将非常接近于 0。为了解决这个问题，实际中使用的是

$$\tilde{m}(n)=\frac{m(n)}{1-a^n}$$

$$\tilde{v}(n)=\frac{v(n)}{1-b^n}$$

虽然 Adam 优化器中的学习率、a、b 都需要人工设置，但是它们的设置难度已经大大降低了。根据实验，一般取 a=0.9，b=0.999，学习率为 0.0001 即可。在实际使用过程中，Adam 优化器将迅速收敛。当算法收敛到饱和时，可以适当降低学习率，其他参数不必调整。一般降低几次学习率之后，就会收敛到满意的极值。

3.6 神经网络类型

从最初的 BP 神经网络开始，人们提出了用于解决各种问题的神经网络。在计算机视觉领域，卷积神经网络是目前使用最广泛的深度模型。在自然语言处理领域，循环神经网络一度大放异彩。本节还将介绍一种基于博弈论的生成式模型——生成对抗网络。

3.6.1 卷积神经网络

卷积神经网络（Convolutional Neural Network，CNN）是一种前馈神经网络。与全连接神经网络不同，卷积神经网络的人工神经元可以响应一部分覆盖范围内的单元，在图像处理方面有出色表现。卷积神经网络中一般包括卷积层（Convolutional Layer）、池化层（Pooling Layer）以及全连接层（Fully Connected Layer）。

20 世纪 60 年代，休布尔（Hubel）和维塞尔（Wiesel）在研究猫脑皮层中用于局部敏感和方向选择的神经元时发现，其独特的网络结构可以有效地降低反馈神经网络的复杂性，继而提出了卷积神经网络。现在，卷积神经网络已经成为众多科学领域的研究热点之一，尤其是模式识别领域。由于该网络避免了对图像的复杂预处理，可以直接输入原始图像，因而得到了极为广泛的应用。

卷积神经网络的名字来源于卷积操作。卷积是一种对图像（或特征图）和滤波矩阵（或称为滤波器、卷积核）做内积的操作。其中，图像是神经网络的输入，特征图是神经网络中各卷积层或池化层的输出。二者的区别在于，特征图中的值是神经元的输出，所以理论上不受限制；而图像中的值对应着 RGB 3 个通道的亮度，取值在 0 到 255 之间。神经网络中的每个卷积层对应着一个或几个滤波矩阵。不同于全连接神经网络，卷积层中的每个神经元不能同时接收上一层的全部神经元输出作为输入，而是只能将上一层的某个局部窗口内的神经元输出作为输入。卷积操作的这种特点称为局部感知。

一般认为，人对外界的认知是从局部到全局的。图像的空间联系也是局部的像素联系较为紧密，而距离较远的像素相关性则较弱。因而每个神经元其实没有必要对全局图像进行感知，只需要进行局部感知，然后在更高层将局部感知到的信息综合起来就能得到全局的信息。这种网络部分联通的思想是受到了生物学中视觉系统结构的启发而设计出来的。视觉皮层的神经元只能响应某些特定区域的刺激，因此也是局部接收信息的。

卷积操作的另一个特点是参数共享。对于输入的图片，可以用一个或者多个卷积核扫描。卷积核中的参数就是模型的权重。一个卷积层中，所有神经元共享同一个卷积核，因此也共享权重。权重共享意味着每一个卷积核在遍历整个图像时，卷积核的参数是固定不变的。比如某个卷积层有 3 个特征卷积核，每个卷积核都会扫描整个图像。在扫描的过程中，卷积核的参数值是固定不变的，即整个图像的所有像素共享了相同的权重。这意味着，在图像某一部分学习到的特征也可以被运用到图像的其他部分或者其他图像，这个性质称为位置不变性。

1. 卷积层

图 3-20 所示的是卷积神经网络的典型结构。最左侧的图像是模型输入。输入图像首先经过一个包含 3 个卷积核的卷积层，得到 3 个特征图。这 3 个卷积核的参数是相互独立的，可以通过反向传播算法优化得到。在卷积运算的过程中，输入图像的一个窗口被映射到特征图上的一个神经元。卷

积运算的目的是提取输入的不同特征。第一个卷积层可能只能提供一些低级的特征，如边缘、线条和角等；更多层的网络可以从低级特征中迭代提取更复杂的特征。

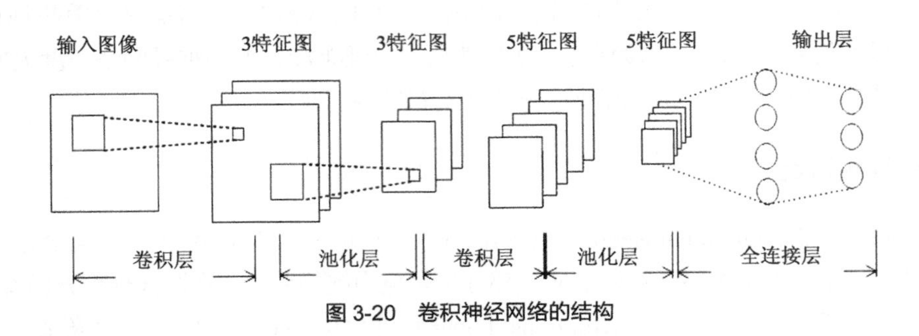

图 3-20　卷积神经网络的结构

考虑图 3-21 所示的卷积运算（Hanbingtao，2017）。在一个五维方阵中，最多可以找到 3 × 3 个不同的区域，使这些区域的形状与卷积核相同。因此特征图的维度是 3 × 3。

如图 3-22 所示，特征图中的每个元素都是由原图的一个区域和卷积核点乘得到的。图 3-22 左边的矩阵中，左上角的 3 × 3 区域是与特征图最左上角元素相关的部分。这部分的每个元素和卷积核的对应元素相乘并求和，就可以得到特征图的第一个元素 4。这里展示的例子没有包含偏置项，即 bias=0。在更一般的卷积运算中，往往需要在点乘操作之后，将结果与偏置项求和，才能作为特征图输出。这里的偏置项和线性回归中的偏置项具有类似的含义。

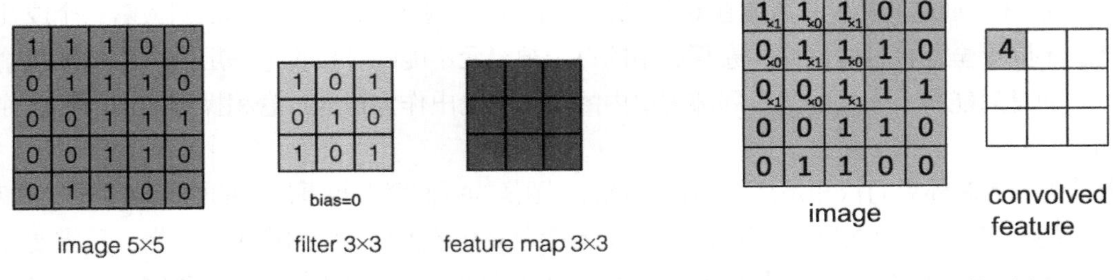

图 3-21　卷积运算示例 1

图 3-22　卷积运算示例 2

卷积层的基本结构就是多通道卷积。如图 3-23 所示，一个卷积层可以包含多个卷积核和偏置项。每个卷积核和偏置项的组合可以将输入张量映射到一个特征图。多通道卷积的含义就是将所有卷积核与偏置项得到的特征图拼接在一起，形成一个三维矩阵作为输出。一般来说，输入输出张量和卷积核都是三维矩阵，3 个维度分别代表宽、高、深。为了将上述的卷积操作拓展到三维，需要规定每个卷积核的深度和输入张量相同。这样就保证了单个卷积核对应的特征图深度为 1。卷积操作对于卷积核的宽和高没有明确要求，不过为了操作方便，一般卷积核的宽和高取相同值。另外，为了使不同的卷积核计算出的特征图能够拼接在一起，需要所有特征图的宽高相同。也就是说，同一个卷积层的所有卷积核必须是相同尺寸的。

卷积层输出的特征图往往需要经过激活。激活函数有时被看作卷积层的一部分。不过由于激活函数和卷积操作之间关系不大，有时也将激活函数单独作为一层来实现。最常用的激活层是线性整流层，即使用 ReLU 激活函数。

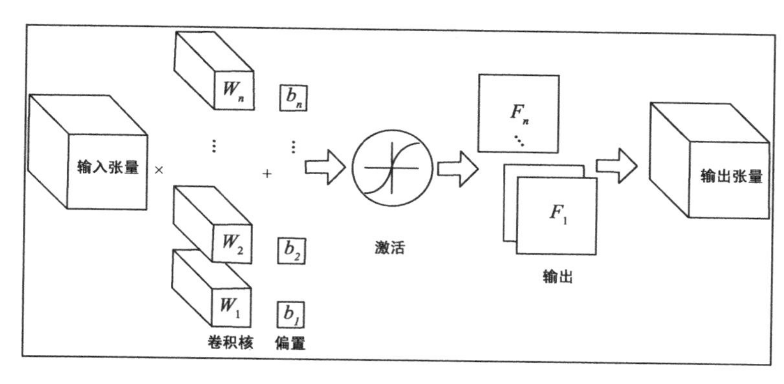

图 3-23　卷积层结构

2. 池化层

池化层合并了附近的单元，减小了特征图的尺寸，起到降维的作用。常用的池化层有最大池化层和平均池化层。如图 3-24 所示，最大池化层就是将特征图切分成几个区域，取每个区域的最大值作为整个区域的表征值。平均池化与最大池化类似，只是每个区域的表征值以该区域的平均值代替。特征图中每个区域的尺寸称为池化窗口尺寸。

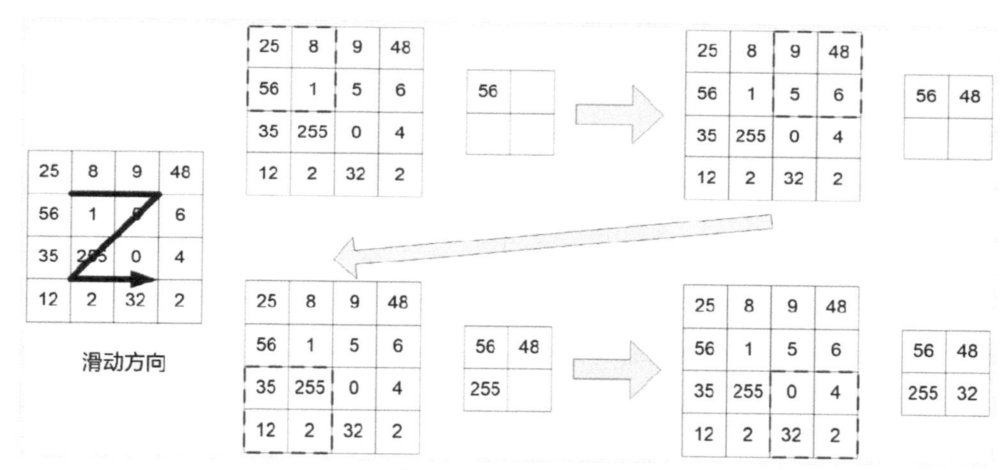

图 3-24　池化运算示例

在实际的卷积神经网络中，基本上都是卷积层和池化层交替互联。池化与卷积类似，都可以提升特征的尺度，相当于提炼上一层的特征。但与卷积操作不同的是，池化层不包含任何参数。此外，池化层不关心每个小区域内元素的排列，只关心这些元素的统计特征。

池化层着重于降低下一层输入数据的尺寸，有效地减少了参数个数，减轻了计算量，同时也防止了过拟合的发生。池化层的另一个作用是可以通过合理设置池化窗口的尺寸和步长，将任意尺寸的输入映射到固定长度的输出。设输入尺寸为 $a \times a$，假设池化窗口的尺寸为 $a/4$，步长为 $a/4$。如果 a 是 4 的倍数，则池化窗口的尺寸和步长相等，不难求出池化层的输出尺寸为 4×4。当 a 是一个不被 4 整除的足够大的整数时，池化窗口的尺寸总比步长大 1，而且可以证明池化层的输出尺寸仍为 4×4。池化层的这一特征可以使卷积神经网络适用于任意尺寸的输入图像。

3. 全连接层

全连接层一般作为卷积神经网络的输出。在模式识别领域，常见的任务是分类或回归。例如，判断图片中物体所属的类别，或者给图片中的物体评分。对于这些问题，使用特征图作为输出显然是不合适的，因此需要将特征图映射到一个符合要求的向量。这一操作往往涉及特征图的向量化，也就是将特征图中的每个神经元以固定的顺序排列成向量。

3.6.2 循环神经网络

循环神经网络（Recurrent Neural Networks，RNN）是一种通过隐藏层节点周期性连接，来捕捉序列化数据中动态信息的神经网络，可以对序列化数据进行分类。和其他前向神经网络不同，循环神经网络可以保存序列化数据中的上下文状态。循环神经网络不再局限于传统神经网络在空间上的边界，而是可以在时间序列上有所延拓。直观上讲，就是本时刻的记忆单元和下一时刻的记忆单元的节点间可以相连。循环神经网络广泛应用在和序列有关的场景，如视频、音频以及句子等。

图 3-25 所示的是一个循环神经网络的经典结构。图中 $x(t)$表示输入序列在时间节点 t 的取值，$s(t)$表示记忆单元在时间节点 t 的状态，$o(t)$表示隐藏层在时间节点 t 的输出，U、V 以及 W 分别表示模型权重。可以看出，隐藏层更新不仅取决于当前输入 $x(t)$，还取决于上一个时间节点的记忆单元状态 $s(t-1)$，即 $s(t)=f(Ux(t)+Ws(t-1))$，其中 f 表示激活函数。循环神经网络的输出层与多层感知器一致，此处不再赘述。

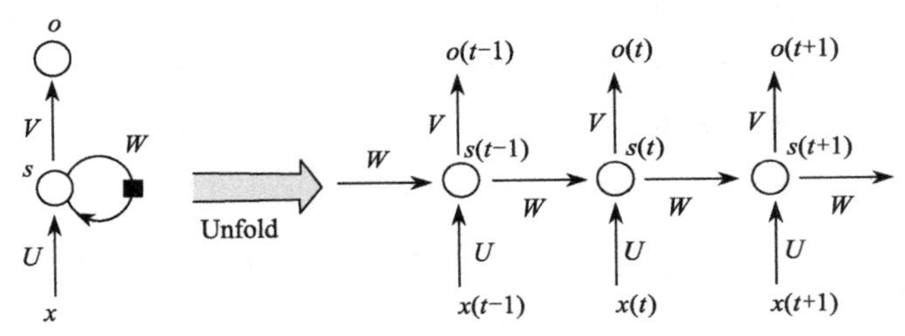

图 3-25 循环神经网络结构

图 3-26 所示的是多种不同的循环神经网络的结构。图 3-26（a）所示的是普通的 BP 神经网络，不涉及时间序列。图 3-26（b）所示的是一种生成式模型，可以根据单个输入生成符合特定要求的序列。图 3-26（c）所示的是可用于序列整体分类或回归任务的模型，也是最经典的循环神经网络结构。图 3-26（d）、图 3-26（e）所示的是可用于序列翻译的模型。其中图 3-26（d）所示的结构也称为编码器-解码器结构。

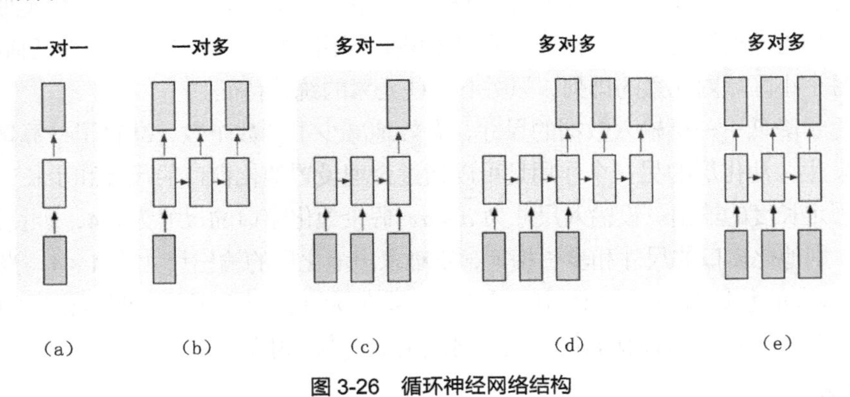

图 3-26 循环神经网络结构

循环神经网络依赖于时序反向传播（Back Propagation Trough Time，BPTT）算法求解，这是传统反向传播算法在时间序列上的一种拓展。传统的 BP 算法只考虑不同隐藏层之间的误差传播，而 BPTT 算法还需要考虑不同时间节点上同一隐藏层内部的误差传播。具体来说，记忆单元在 t 时刻的误差由两部分组成：隐藏层在 t 时刻传播而来的分量，以及记忆单元在 t+1 时刻传播而来的分量。这两个分量在单独传播时的计算方法与传统 BP 算法相同。当传播到记忆单元时，两个分量的和会作为记忆单元在 t 时刻的误差。根据隐藏层和记忆单元在 t 时刻的误差，很容易计算出参数 U、V、W 在 t 时刻的梯度。反向遍历完所有时间节点后，对每个参数 U、V、W 都会得到 T 个梯度，其中 T 表示总时间长度。这 T 个梯度的和就是参数 U、V、W 的总梯度。得到每个参数的梯度之后，就可以很容易地使用梯度下降算法求解了。

循环神经网络还存在许多问题。由于记忆单元每次都会接收来自自身的上一个时刻的输出，因此深度全连接神经网络中容易出现的梯度消失和梯度爆炸等问题同样困扰着循环神经网络。另外，记忆单元在某一时刻 t 的状态无法长时间存在。每经历一个时刻，记忆单元状态都需要经过激活函数的映射。对于一个较长的序列，当循环至序列末尾时，序列开头的输入可能早已弥散在激活函数的映射中了。也就是说循环神经网络长时间记忆的信息会衰减。

但是在很多任务中我们希望模型可以保存长时间的记忆信息，如推理小说开头埋下的伏笔可能到结尾才能解答。但在记忆单元容量有限的情况下，循环神经网络势必不能记住整个序列中的全部信息。因此我们希望记忆单元可以选择性地记住重点信息，长短时记忆（Long Short Term Memay，LSTM）网络可以做到这一点。如图 3-27 所示，长短时记忆网络的核心是 LSTM 块，替代了循环神经网络中隐藏层的功能。LSTM 块包含输入门、遗忘门以及输出门 3 个计算单元，使 LSTM 网络可以选择性地记忆、遗忘以及输出。这样就实现了选择性记忆的功能。值得注意的是，相邻 LSTM 块之间有两条线相连，分别代表 LSTM 网络的细胞状态和隐藏状态。

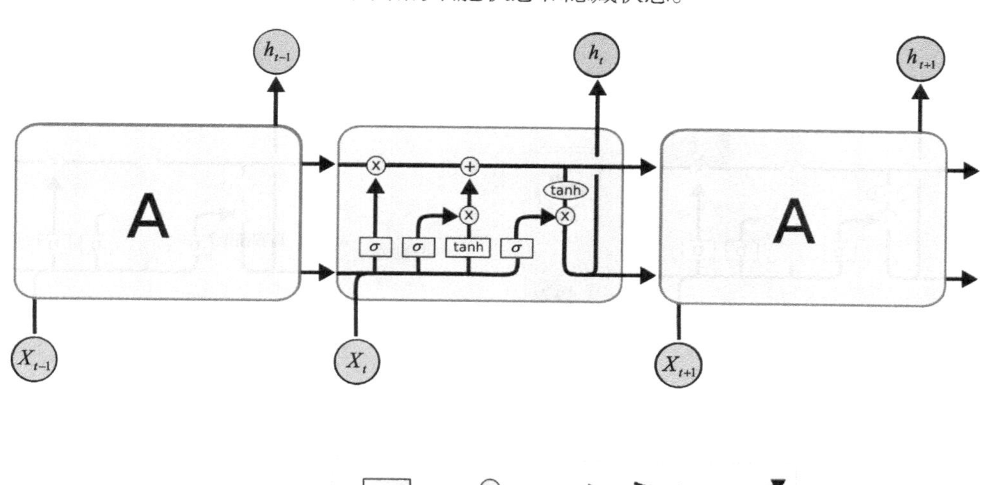

图 3-27　长短时记忆网络

如图 3-28 所示，门控循环单元（Gate Recurrent Unit，GRU）是 LSTM 网络的一种变体，将遗忘门和输入门合并成为更新门。同时，GRU 将 LSTM 网络的细胞状态和隐藏状态合并成为单一的隐藏状态。GRU 模型比标准的 LSTM 模型要简单，是一种非常流行的模型。

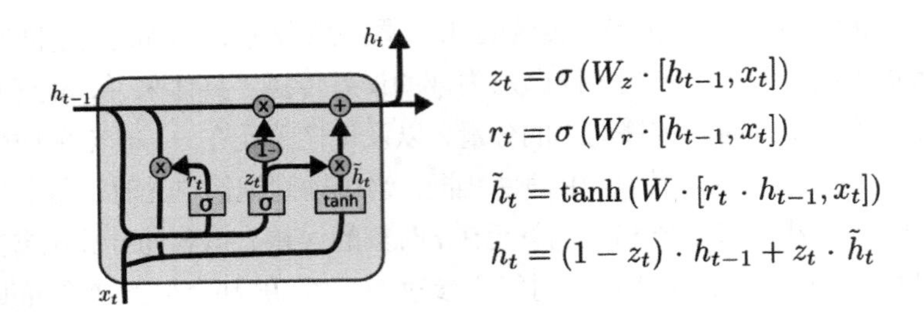

图 3-28　门控循环单元

3.6.3　生成对抗网络

生成对抗网络（Generative Adversarial Networks，GAN）是一种框架，可用于图像生成、语义分割、文字生成、数据增强、聊天机器人、信息检索和排序等场景。在生成对抗网络出现之前，深度生成模型通常需要马尔可夫链或近似极大似然估计，容易产生很多难以计算的概率问题。通过对抗过程，GAN 同时训练生成器 G 和判别器 D，二者进行博弈。判别器 D 的目标是判断一个样本是真实的，还是生成器 G 生成的；生成器 G 的目的是生成一个判别器 D 无法分辨的样本。训练 GAN 采用成熟的 BP 算法。

如图 3-29 所示，生成器的输入是噪声 z。z 服从一个人为选取的先验概率分布，如均匀分布、高斯分布等。采用一定的网络结构，可以将输入空间映射到样本空间。判别器的输入是真实样本 x 或伪造样本 $G(z)$，输出是样本的真伪。判别器的设计可以采用任何分类模型，常用作判别器的模型有卷积神经网络和全连接神经网络。举例来说，我们可能希望生成一张主体为猫的图片，使图像尽可能真实。判别器的目标是判断图像是否真实。

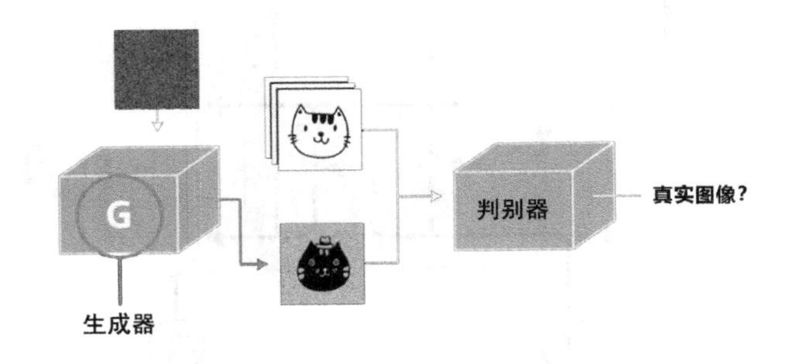

图 3-29　生成对抗网络结构

生成对抗网络的目标函数是

$$G = \min_G \max_D E_{x \sim P_{data}}[\log D(x)] + E_{z \sim P_z}[\log(1 - D(G(z)))]$$

目标函数由两部分组成。其中第一部分只与判别器 D 有关。在输入真实样本时，判别器 D 的输出越接近 1，则第一部分的值越大。第二部分同时与生成器 G 和判别器 D 有关。在输入为随机噪声的情况下，生成器 G 可以生成一个样本。判别器 D 接收这个样本作为输入，输出越接近 0，第二部分的值越大。由于判别器 D 的目标是最大化目标函数，就需要在第一项中输出 1，在第二项中输出 0，也就是将样本正确分类。生成器的目标虽然是最小化目标函数，但是目标函数的第一项与生成器无关，因此生成器只能尽可能使第二项变小。为了使第二项尽可能小，生成器需要输出一个使判别器输出为 1 的样本，也就是尽可能使判别器无法区分真伪。

GAN 自 2014 年首次提出至今，已经衍生出超过 200 个变种，在许多生成问题中得到了广泛的应用。但是原始的 GAN 同样存在着一些问题，如训练过程的不稳定性。前面介绍的全连接神经网络、卷积神经网络以及循环神经网络，其训练过程都是通过优化参数，使代价函数最小化。GAN 的训练有所不同，主要是因为生成器 G 和判别器 D 之间存在对抗关系，不容易达到平衡。一般的训练过程是：交替训练 D 和 G，直到 $D(G(z))$基本稳定在 0.5 左右，这时二者达到纳什均衡（Nash Equilibrium），训练宣告结束。但是在有些情况下，模型很难达到纳什均衡，甚至可能发生模式崩溃等问题。因此，如何改进 GAN 以提高模型的稳定性一直是学术界研究的热点。总的来说，GAN 的确存在着一些问题，但是这并不影响 GAN 在生成模型中的重要地位。

3.7 常见问题

深度学习模型十分复杂，在训练过程中可能会遇到各种问题。本节对其中的常见问题加以总结，以便读者在遇到这些问题时可以缩短问题定位和解决的时间。

3.7.1 数据不平衡问题

数据不平衡是指在分类任务的数据集中，各个类别的样本数目不一定均匀。数据不平衡问题主要出现在预测的类别里有一个或者多个类别的样本量非常少的情况下。例如，在 4251 张训练图片中，可能有超过 2000 个类别只包含一张图片，还有一些类别中有 2～5 张图片。这种情况下，模型无法充分地考察每个类别，这会影响到模型的性能。缓解数据不平衡问题的方法主要有随机欠采样、随机过采样以及合成采样。

随机欠采样是指随机删除观测数量足够多的类别中的样本。这种方法可以节省运行时间，而且当训练集很大时，可以解决存储问题。但是在删除样本的过程中，一些包含着重要信息的样本可能也被丢弃了；剩余的样本可能存在偏差，不能准确地代表类别中的大多数。因此使用随机欠采样可能在实际的测试集上得到不精确的结果。

随机过采样是指对于不平衡的类别，使用复制现有样本的方法增加观测数量。与随机欠采样不同，这种方法不会带来信息损失，因此在实际测试集上的表现一般优于随机欠采样。但是由于新增样本和原有样本是相同的，因此加大了过拟合的可能性。

合成少数过采样（Synthetic Minority Oversampling Technique，SMOTE）要求我们用合成方法实现对不平衡类别的观测，与现有的使用最近邻分类的方法很类似。SMOTE 首先从少数类别中选择一个数据子集，接着根据这个数据子集合成新的样本。这些合成的样本被添加进原来的数据集。这种方法的优点在于不会损失有价值的信息；通过随机采样生成的合成样本，也可以有效地缓解过拟合的问题。但是对于高维数据，SMOTE 的表现往往不是很好。另外，当生成合成性实例时，SMOTE 并不会把来自其他类的实例考虑进来，这导致了类重叠的增加，并且会引入额外的噪声。

3.7.2 梯度消失与梯度爆炸

当网络层数足够多时，模型参数在反向传播过程中的梯度可能会变得很小或很大，相应地称为梯度消失或梯度爆炸。本质上，这两种问题都源于反向传播公式。假设模型一共有三层，每层只有一个神经元，则反向传播公式可以写作

$$\delta_1 = \delta_3 f'_2(o_1)\boldsymbol{w}_3 f'_1(o_0)\boldsymbol{w}_2$$

其中 f 为激活函数，这里以 Sigmoid 函数为例。随着网络层数增加，公式中 $f(o)\boldsymbol{w}$ 出现的次数也会增加。根据均值不等式可以得到 $f'(x)=f(x)(1-f(x))$ 的最大值为 1/4，因此当 $\boldsymbol{w}$ 不大于 4 时，$f(o)\boldsymbol{w}$ 必然小于 1。多个小于 1 的项连乘，最终必然导致 δ_1 趋近于 0。这就是梯度消失的成因。梯度爆炸与之类似，主要发生在 $\boldsymbol{w}$ 很大的情况下。这时多个大于 1 的项连乘，最终导致 δ_1 非常大。

其实梯度消失和梯度爆炸问题都是因为网络太深、网络权值更新不稳定造成的，本质上是因为梯度反向传播中的连乘效应。应对梯度消失的方法主要有预训练、使用 ReLU 激活函数、使用 LSTM 神经网络、使用残差模块等。（2015 年 ImageNet 大规模视觉识别挑战赛（ImageNet Large Scale Visual Recognition Challenge，ILSVRC）冠军 ResNet 通过在模型中引入残差模块，将模型深度提高至 152 层。作为对比，2014 年的冠军 GoogLeNet 的模型深度只有 27 层。）应对梯度爆炸的主要方案是梯度剪切。梯度剪切的思想是设置一个梯度阈值，强行将超过阈值的梯度限制在这一范围内，防止梯度过大。

3.7.3 过拟合问题

过拟合是指模型在训练集上表现优异，而在测试集上表现较差的问题。导致过拟合的原因可能有很多，如特征维度过高、模型假设过于复杂、参数过多、训练数据过少、噪声过多等。不过本质上，过拟合问题都是因为模型过度拟合了训练集，而没有考虑到泛化能力。以至于模型可以较好地预测训练集，但是对新数据的预测结果差。

对于训练数据太少导致的过拟合，可以考虑获取更多的数据。一种方法是从数据源头获取更多数据，但是这种途径往往耗时费力。更常见的做法是数据增强。

如果是模型过于复杂引发的过拟合，有多种方法可以加以抑制。最简单的方法是调整模型的超参数、减少网络的层数与神经元个数等，从而限制网络的拟合能力。还可以考虑向模型中加入正则化技术，相关内容前面已经有所介绍，此处不再赘述。

3.8 本章小结

本章主要介绍了神经网络的定义与发展、感知器机器训练法则、常见的神经网络（CNN、RNN、GAN）等知识，附带介绍了神经网络在人工智能工程中常见的问题以及解决办法。

3.9 习题

1. 深度学习是由机器学习引申出来的一个新的研究方向。深度学习与传统机器学习的区别有哪些？

2. 1986 年，多层感知器的提出结束了机器学习历史上的第一次寒冬。为什么多层感知器可以解决异或问题？激活函数在其中的作用是什么？

3. Sigmoid 激活函数是神经网络研究早期被广泛使用的一种激活函数，它存在哪些问题？tanh 激活函数是否解决了这些问题？

4. 正则化方法在深度学习模型中应用广泛，它的目的是什么？Dropout 是如何实现正则化的？

5. 优化器是模型训练算法的封装，常见的优化器有 SGD、Adam 等。试比较不同优化器的性能差异。

6. 参照示例，补全图 3-22 中的卷积运算结果。

7. 循环神经网络可以保存序列化数据中的上下文状态，这样的记忆功能是如何实现的？处理长序列时可能遇到什么问题？

8. 生成对抗网络是一种深度生成网络框架，请简述其训练原理。

9. 梯度消失和梯度爆炸是深度学习中常见的问题。它们的产生原因是什么？需要如何避免？

04 第4章　深度学习开发框架

本章首先介绍目前深度学习常用的开发框架及其特点，同时细致介绍其中的代表性框架 TensorFlow，意在使读者们在概念上理解了 AI 后，能通过实践，加深对概念的理解，并解决实际问题。之后，本章将介绍华为开发的 MindSpore 框架，该框架具有目前许多框架无法超越的优越性。

4.1　深度学习开发框架简介

4.1.1　PyTorch 介绍

PyTorch 是由 Facebook 发布的深度学习开发框架，它是一个机器学习科学计算包，前身是 Torch。Torch 是一个有大量机器学习算法支持的科学计算框架，是一个与 NumPy 类似的张量（Tensor）操作库，其特点是特别灵活，但因其采用了小众的编程语言 Lua，所以流行度不高，于是就有了基于 Python 的 PyTorch。

PyTorch 有如下特点。

1. Python 优先

PyTorch 不是简单地在整体 C++框架上绑定 Python。PyTorch 从细粒度上直接支持 Python 的访问。可以像使用 NumPy 或 SciPy 那样轻松地使用 PyTorch。这不仅降低了 Python 用户的理解门槛，也能保证代码基本跟原生的 Python 一致。

2. 动态神经网络

动态神经网络是现在很多主流框架如 TensorFlow 1.x 都不支持的。TensorFlow 1.x 运行必须提前建好静态计算图，然后通过 feed 和 run 方法重复执行建好的图。但是 PyTorch 却不需要这么麻烦，PyTorch 的程序可以在执行时动态构建并调整计算图。

3. 易于调试

PyTorch 在运行时可以生成动态图，开发者可以在调试器中停掉解释器并查看某个节点的输出。

同时，PyTorch 提供了支持 CPU 和 GPU 的张量，可以极大地加速计算。

4.1.2　MindSpore 介绍

基于友好、高效和灵活这 3 个设计理念，华为开发了 MindSpore 的核心架构，核心架构分为 4 层：最上层是 MindSpore 原生的计算图表达；第二层是并行的 Pipeline 执行层，主要功能是优化深度图计算以及融合算子；第三层主要包括按需协同分布式架构、通信库以及调度和分布式部署基础框架；最底层是执行高效层。MindSpore 的核心架构支持自动微分、自动并行、自动调优的特点，支撑了符合华为的设计理念的全场景 API：开发友好、运行高效、部署灵活。

AI 框架的核心、编程范式的决定性因素之一就是 AI 框架采用的自动微分技术。深度学习模型是通过前向、反向计算来进行训练的，以图 4-1 所示的数学表达式为例，这个公式的前向计算对应的是图 4-1（b）中粗箭头处的计算过程，得到前向计算的输出 f 后，通过链式法则来进行反向计算得到 x、y 的微分值。算法工程师设计模型时，只涵盖前向计算，而反向计算由框架具备的自动微分技术来实现。

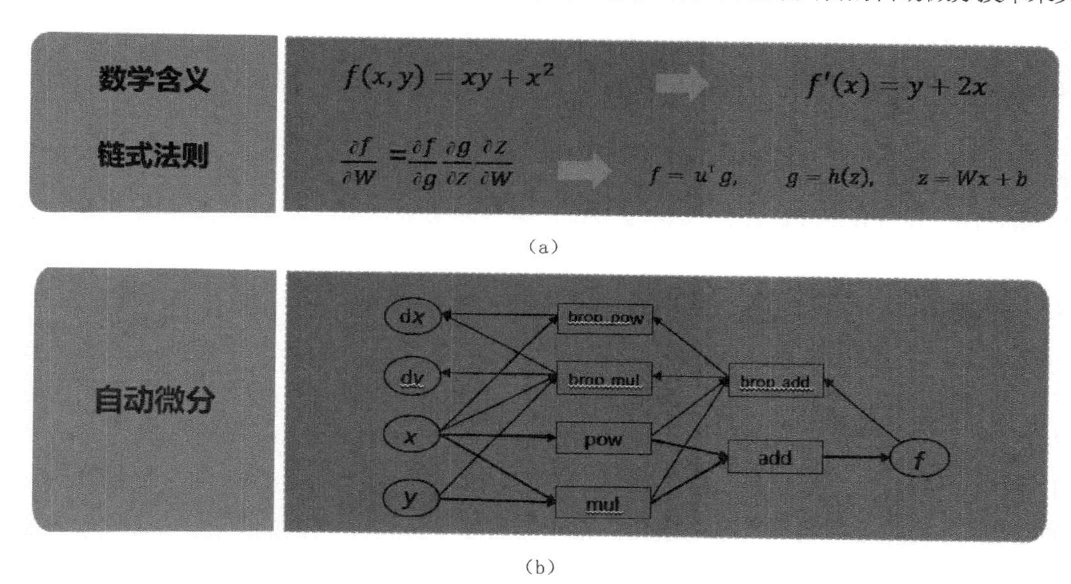

（a）

（b）

图 4-1　数学表达式

此外，随着 NLP 领域模型的扩增，Bert(340M)、GPT-2(1542M)等超大模型训练内存开销超过了单卡容量，需要把模型切分到多卡执行。当前业界主要采用手动模型并行的方法，这就需要设计模型切分，感知集群拓扑，开发难度很高，同时难以保证高性能，难以调优。

MindSpore 使用自动整图切分，按算子输入/输出数据维度切分整图，融合数据并行与模型并行；使用集群拓扑感知调度，通过感知集群拓扑，自动调度子图执行，实现通信开销最小。它能够保持单机代码逻辑实现模型并行，模型并行的开发效率与手动并行相比提高了 10 倍。

当前，超强芯片算力下模型执行面临着巨大的挑战：内存墙问题、交互开销大、数据供给难。部分在主机上执行，部分在终端设备上执行，交互开销甚至远大于执行开销，导致加速器占用率低。

MindSpore 使用面向芯片的深度图优化技术，同步等待少，最大化“数据-计算-通信”的并行度，将数据+计算整图下沉到昇腾 AI 处理器。

MindSpore 还使用了 On-Device 执行方法去中心化，通过梯度数据驱动的自适应图切分优化，实现去中心化的自主 AllReduce 算子，梯度聚合步调一致，计算与通信充分流水。

同时，使用端-边-云按需协同分布式架构，统一模型中间表示（Intermediate Representation，IR）带来一致性的部署体验，通过软硬协同的图优化技术屏蔽场景差异。端云协同联邦元学习（Federal Meta Learning）策略打破端云界限，实现多设备协同模型实时更新。

4.1.3 TensorFlow 介绍

TensorFlow 是谷歌发布的深度学习框架，它是谷歌开源的第二代用于数字计算的软件库。TensorFlow 框架可以很好地支持深度学习的各种算法，支持多种计算平台，系统稳定性较高。

TensorFlow 具有以下特点。

1. 支持多平台

Python 开发环境的各种平台都能支持 TensorFlow。但是，要访问一个受支持的 GPU，TensorFlow 需要依赖其他软件，比如 NVIDIA CUDA 工具包和 cuDNN。

2. 支持 GPU

TensorFlow 支持一些特定的 NVIDIA GPU，这些 GPU 兼容满足特定性能标准的相关 CUDA 工具包版本。

3. 支持分布式计算

TensorFlow 支持分布式计算，允许在不同的进程上计算图的部分，这些进程可能位于完全不同的服务器上。

4. 支持多语言

TensorFlow 的主要编程语言是 Python。也可以使用 C++、Java 和 Go，但不保证稳定性，许多针对 C#、Haskell、Julia、Rust、Ruby、Scala、R（甚至 PHP）的第三方绑定也是如此。谷歌最近发布了针对移动设备优化的 TensorFlowLite，用于在 Android 上运行 TensorFlow 应用程序。

5. 灵活可扩展

使用 TensorFlow 的一个主要优势是：它拥有模块化、可扩展、灵活的设计。开发人员只需修改少量代码，就能轻松地在 CPU、GPU 或 TPU 处理器之间移植模型。Python 开发人员可以使用 TensorFlow 的原始、低级的 API（或核心 API）来开发自己的模型，可以使用高级 API 来开发内置模型。TensorFlow 有许多内置库和分布式库，而且可以叠加一个高级深度学习框架（如 Keras）来充当高级 API。

6. 运算性能强

TensorFlow 能在谷歌 TPU 上获得最佳性能，但它还努力在各种平台上实现高性能，这些平台不仅包括服务器和桌面系统，还包括嵌入式系统和移动设备。

TensorFlow 的分布式部署可以使 TensorFlow 在不同计算机系统上运行。小到智能手机，大到计算机集群，都可以立刻生成训练模型。Windows 环境搭建在单 GPU 的条件下，绝大多数深度学习框架都依赖于 cuDNN，因此只要硬件计算能力或者内存分配差异不大，最终训练速度不会相差太大。但是对于大规模深度学习来说，巨大的数据量使得单机很难在有限的时间内完成训练。而 TensorFlow 支持分布式训练。

TensorFlow 被认为是深度学习中最好用的库之一，学习 TensorFlow 可以降低深度学习的开发难度。开源性方便大家维护更新 TensorFlow，提升 TensorFlow 的效率。

GitHub 上 Star（被标星，即收藏）数量第三的 Keras 被封装成为了 TenserFlow 2.0 的高级接口，使得 TensorFlow 2.0 更灵活，更易调试。

TensorFlow 1.0 中，在创建了张量之后，不能直接返回结果，而是需要创建会话（session），包含图（Graph）的概念，而且需要执行 session.run 才能运行。这种风格更像是硬件编程语言 VHDL。与 PyTorch 等一些简单的框架相比，TensorFlow 1.0 徒增了以上概念，开发人员使用起来非常困扰。TensorFlow 1.0 调试困难、API 混乱、入门困难。而且 TensorFlow 1.0 入了门以后使用起来依旧困难，导致很多开发人员转向了 PyTorch。

4.2 TensorFlow 2.0 基础

4.2.1 TensorFlow 2.0 简介

TensorFlow 2.0 的核心功能是动态图机制 Eager Execution，这种机制允许用户像正常编程一样去编写、调试模型，使 TensorFlow 更易于学习和应用。TensorFlow 2.0 支持更多平台、更多语言，通过标准化 API 的交换格式和提供准线改善组件之间的兼容性。2.0 版本删除了已弃用的 API 并减少重复的 API 数，避免给用户造成混淆。TensorFlow 2.0 会提供 TensorFlow 1.x 的兼容性模块。tf.contrib 模块退出历史舞台，其中有维护价值的模块被移到别的地方，剩余的被删除。

4.2.2 张量介绍

TensorFlow 中最基础的数据结构就是张量（Tensor）。所有数据都被封装在张量中。

张量被定义为一个多维数组。其中，零阶张量是标量，一阶张量是向量，二阶张量是矩阵。在 TensorFlow 中，张量通常分为常量张量和变量张量。

4.2.3 TensorFlow 2.0 Eager Execution

Tensor Flow 1.0 采用静态图机制，通过图（Graph，也称计算图）将计算的定义和执行分隔开，这是一种声明式（Declarative）的编程模型。在静态图机制下，需要先构建一个图，然后开启会话，再载入数据才能得到执行结果。

静态图机制在分布式训练、性能优化和部署方面有很多优势。但是在调试时确实非常不方便，类似于对编译好的 C 语言程序进行调用，此时我们无法对其进行内部的调试，因此有了基于动态图（AutoGraph）的 Eager Execution。

Eager Execution 是一种命令式编程环境，和原生 Python 一致。当执行某个操作时立即返回结果。TensorFlow 2.0 默认启用 Eager Execution。

4.2.4 TensorFlow 2.0 AutoGraph

Eager Execution 对于用户而言直观且灵活（运行一次性操作更容易、更快），但这可能会牺牲性能和可部署性。

要获得最佳性能并使模型可在任何地方部署，可以使用装饰器@tf.function 从程序中构建图，使得 Python 代码更高效。

tf.function 的一个很酷的功能就是 AutoGraph，它可以将函数中的 TensorFlow 操作构建为一个 Graph，这个函数就可以在 Graph 模式下执行。这样就可以看成函数被封装成了一个 Graph 的

TensorFlow 操作。

4.3 TensorFlow 2.0 模块介绍

4.3.1 常见模块介绍

TensorFlow 2.0 的 tf 模块下的函数用于完成一些常见的运算操作。

比如 tf.abs（计算绝对值）、tf.add（逐元素的相加）、tf.concat（张量的拼接）等，其中的大部分操作 NumPy 也能够实现。

tf 模块下还包含以下模块。

（1）tf.errors：TensorFlow 错误的异常类型。

（2）tf.data：实现对数据集的操作。例如，使用 tf.data 创建的输入管道读取训练数据。该模块还支持从内存（如 NumPy）方便地输入数据。

（3）tf.gfile：实现对文件的操作。该模块下的函数可以实现文件 I/O 的操作以及文件的复制、重命名等。

（4）tf.image：实现对图像的操作。该模块下的相关函数包含图像处理的功能，类似于 OpenCV，有着图像亮度、饱和度、反相、裁剪、改变大小、图像格式转换（RGB 格式向 HSV、YUV、YIQ、Gray、格式的转换）旋转、Sobel 边缘检测等一系列功能，相当于一个小型的 OpenCV 图像处理包。

（5）tf.keras：调用 Keras 工具的一个 Python API。该模块是一个比较大的模块，里面包含了网络的各种操作。

（6）tf.nn：神经网络的功能支持模块。这是最常用到的一个模块，用于构建经典的卷积网络。该模块下面还包含了 rnn_cell 子模块，用于构建循环神经网络。该模块下的常用函数包括：平均池化 avg_pool()、批标准化 batch_normalization()、添加偏置 bias_add()、二维卷积 conv2d()、随机丢弃神经网络单元 dropout()、relu 激活层 relu()、sigmoid 激活后的交叉熵 sigmoid_cross_entropy_with_logits()、softmax 激活层 softmax()。

4.3.2 Keras 接口

TensorFlow 2.0 推荐使用 Keras 构建网络，常见的神经网络都包含在 keras.layer 模块中。

Keras 是一个用于构建和训练深度学习模型的高阶 API。它可用于快速设计原型、高级研究和生产。Keras 具有以下 3 个主要优势。

1. 方便用户使用

Keras 具有针对常见用例做出优化的简单而一致的界面。它可以针对用户错误提供切实可行的清晰反馈。

2. 模块化和可组合

将可配置的构造块连接在一起就可以构建 Keras 模型，并且几乎不受限制。

3. 易于扩展

可以编写自定义构造块以表达新的研究创意，并且可以创建新层、损失函数并开发先进的模型。

Keras 的常用模块如下所示。

1. tf.keras.layers

tf.keras.layers 命名空间中提供了大量常见网络层的类接口，如全连接层、激活函数层、池化层、卷积层、循环神经网络层等。对于这些网络层类，只需要在创建时指定网络层的相关参数，并调用__call__方法即可完成前向计算。在调用__call__方法时，Keras 会自动调用每层的前向传播逻辑，这些逻辑一般实现在类的 call 函数中。

2. 网络容器

对于常见的网络，需要手动调用每层的类实例完成前向传播运算，当网络层数变得较深时，这部分代码显得非常臃肿。可以通过 Keras 提供的网络容器 Sequential 将多个网络层封装成一个大的网络模型，只需要调用网络模型的实例一次即可完成数据从第一层到最末层的顺序运算。

4.4 TensorFlow 2.0 开发基本步骤

4.4.1 环境搭建

TensorFlow 2.0 开发环境的搭建方法如下。

1. Windows 环境搭建

- 操作系统：Windows 10。
- Python 开发环境：Anaconda 3（适配 Python 3 的版本）自带 pip 软件。

安装 TensorFlow：打开 Anaconda Prompt，就可以直接使用 pip 命令进行安装。

如图 4-2 所示，在 Anaconda Prompt 中输入如下命令。

```
pip install tensorflow
```

```
(base) C:\Users\ThinkPad>pip install tensorflow
Requirement already satisfied: tensorflow in d:\vs\anaconda3_64\lib\site-packages (1.14.0)
Requirement already satisfied: astor>=0.6.0 in c:\users\thinkpad\appdata\roaming\python\python36\site-packages (from ten
sorflow) (0.8.0)
Requirement already satisfied: keras-preprocessing>=1.0.5 in c:\users\thinkpad\appdata\roaming\python\python36\site-pack
ages (from tensorflow) (1.1.0)
Requirement already satisfied: six>=1.10.0 in d:\vs\anaconda3_64\lib\site-packages (from tensorflow) (1.11.0)
Requirement already satisfied: keras-applications>=1.0.6 in c:\users\thinkpad\appdata\roaming\python\python36\site-packa
ges (from tensorflow) (1.0.8)
Requirement already satisfied: grpcio>=1.8.6 in d:\vs\anaconda3_64\lib\site-packages (from tensorflow) (1.23.0)
Requirement already satisfied: gast>=0.2.0 in d:\vs\anaconda3_64\lib\site-packages (from tensorflow) (0.3.2)
Requirement already satisfied: tensorflow-estimator<1.15.0rc0,>=1.14.0rc0 in c:\users\thinkpad\appdata\roaming\python\py
thon36\site-packages (from tensorflow) (1.14.0)
Requirement already satisfied: termcolor>=1.1.0 in c:\users\thinkpad\appdata\roaming\python\python36\site-packages (from
 tensorflow) (1.1.0)
```

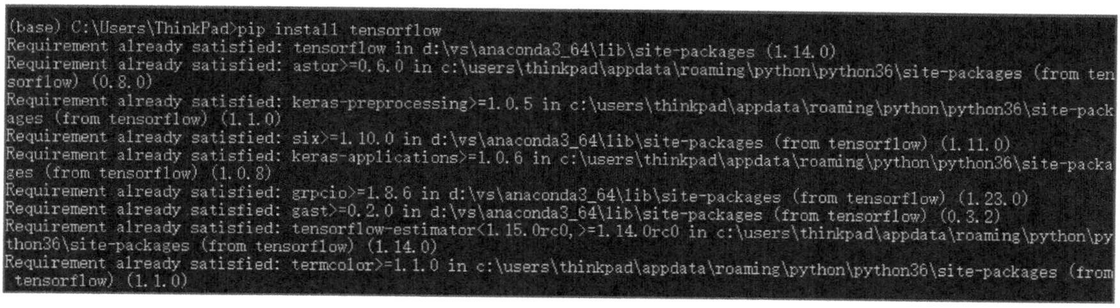

图 4-2　安装命令

2. Linux 环境搭建

在 Linux 下最简单的安装方式是使用 pip 安装；如果安装速度比较慢，可以换国内清华镜像，在终端执行如下命令。

```
pip install pip -U
pip config set global.index-url https://pypi.tuna.tsinghua.edu.cn/simple
```

最后用 pip 安装命令。

```
pip install tensorflow==2.0.0
```

4.4.2 开发流程

TensorFlow 2.0 的开发流程主要分为以下 5 步。

（1）数据准备：包括数据探索、数据处理两部分。

（2）构造网络：包括定义网络结构、定义损失函数、选择优化器、定义模型评价指标几部分。

（3）模型训练与验证。

（4）模型保存。

（5）模型恢复与调用。

接下来将基于一个实际项目——MNIST 手写数字识别，阐述上述流程。

手写数字识别是常见的图像识别任务，计算机从手写体数字图片中识别数字，与印刷体不同的是，不同的人的手写体风格迥异，大小不一，这大大增加了计算机识别手写体数字任务的难度，此项目应用深度学习和 TensorFlow 框架对 MNIST 数据集进行手写数字识别。

1. 数据准备

下载 MNIST 数据集。

MNIST 数据集由训练集和测试集两部分组成。

训练集包括 60000 个手写体图片以及对应标签。

测试集包括 10000 个手写体图片以及对应标签。

数据集示例如图 4-3 所示。

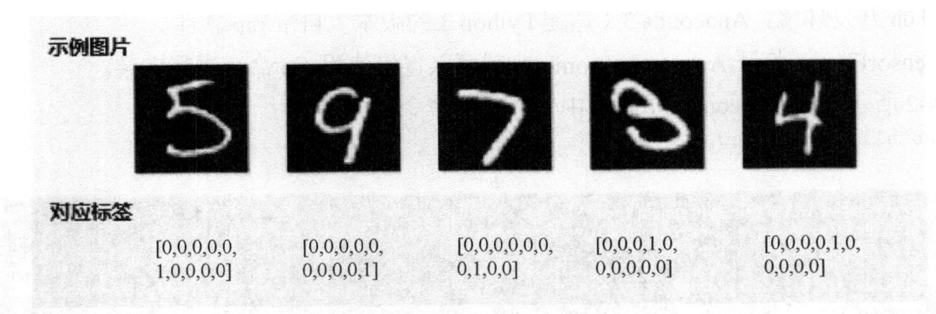

图 4-3 数据集示例

2. 构造网络

本项目使用 Softmax 回归模型。Softmax 函数又称作归一化指数函数，它是二分类函数 Sigmoid 在多分类上的推广，图 4-4 所示的是 Softmax 的计算方法。

建立模型的过程是构造网络的核心过程。设计图 4-5 所示的模型运算过程，定义模型的输出是如何根据输入计算的，建立模型。

TensorFlow 实现 Softmax 回归模型的核心代码如图 4-6 所示。

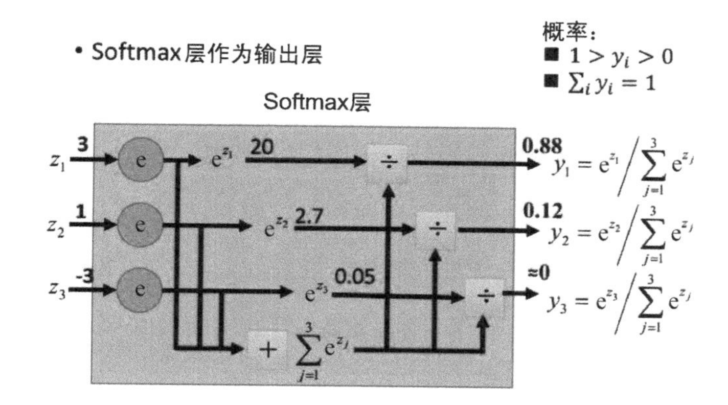

图 4-4　Softmax 的计算方法

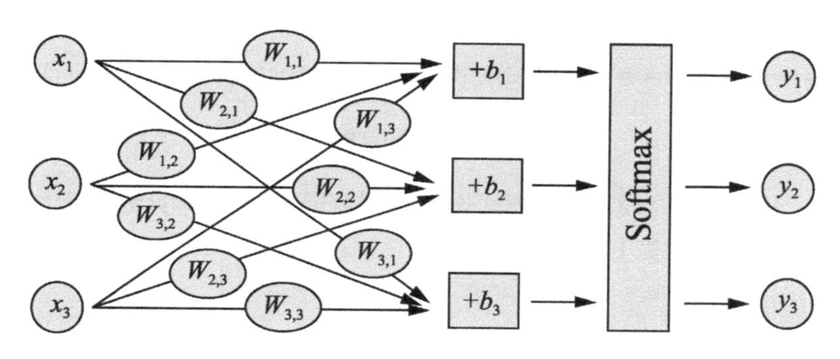

图 4-5　模型运算过程

```
## 导入tensorflow
import tensorflow as tf
## 用操作符号变量定义输入变量
"""
其中x并不是一个特定的值，而是一个占位符(placeholder),在tensorflow运行计算时会输入这个值。
为了运算，每张输入图片都会展平为784维的向量，这时张量的形状为[None, 784],None表示此张量
的第一个维度,可以是任意长度。
"""
x = tf.placeholder(tf.float32, [None, 784])
"""
用可修改的Variable表示权重值w和偏置量b，初始值都设为0
"""
w = tf.Variable(tf.zeros([784,10]))
b = tf.Variable(tf.zeros([10]))
"""
用tf.matmul(x,w)表示x乘以w，Softmax回归方程为y=softmax(wx+b)
"""
y = tf.nn.softmax(tf.matmul(x,w) + b)
```

图 4-6　Softmax 实现代码

建立模型主要确定以下两部分内容。

损失函数：在机器学习或深度学习中，通常需要定义损失函数来表示一个模型是否合适，这个指标被称为成本（cost）或损失（loss），然后尽量最小化损失函数，此项目中使用了交叉熵损失函数。

优化器：定义损失函数后，需要通过优化器对损失函数进行优化，以便寻找到最优的参数，使得损失函数的值最小。而在寻找机器学习最优参数的优化器中，使用较多的就是基于梯度下降的优

化器。

3. **模型训练和验证**

将全部训练数据分批或者全量迭代训练。本项目中，直接用 model.fit 进行训练，将训练数据全量迭代训练 5 次，如图 4-7 所示。其中 Epoch 表示训练迭代次数。

```
# 使用 fit 方法使模型对训练数据拟合
model.fit(mnist.train.images, mnist.train.labels, epochs=5)

Epoch 1/5
55000/55000 [==============================] - 4s 74us/sample - loss: 0.3043 - categorical_accuracy: 0.9110
Epoch 2/5
55000/55000 [==============================] - 4s 73us/sample - loss: 0.1460 - categorical_accuracy: 0.9569
Epoch 3/5
55000/55000 [==============================] - 4s 79us/sample - loss: 0.1104 - categorical_accuracy: 0.9669
Epoch 4/5
55000/55000 [==============================] - 4s 74us/sample - loss: 0.0881 - categorical_accuracy: 0.9722
Epoch 5/5
55000/55000 [==============================] - 4s 73us/sample - loss: 0.0767 - categorical_accuracy: 0.9760
```

图 4-7　训练过程

如图 4-8 所示，用测试集对模型进行测试验证，并将预测结果与真实结果对比，找出预测正确的标签，进而计算出模型在测试集上的准确率。

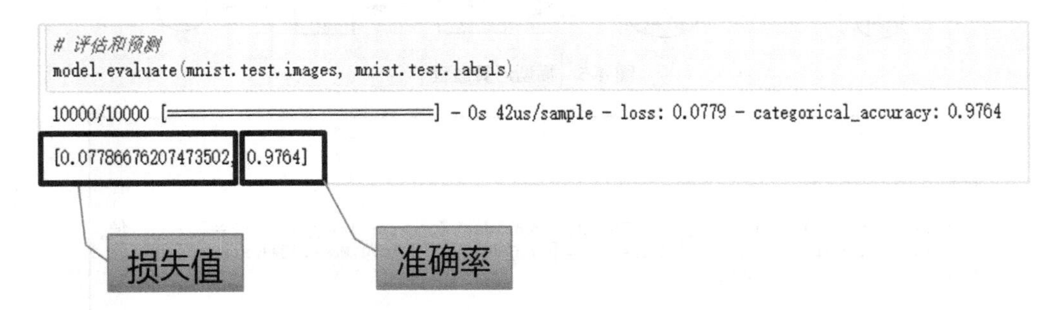

图 4-8　测试验证

4.5　本章小结

本章介绍了目前 AI 领域的常用开发框架及其特点，特别是 TensorFlow 框架的模块构成和开发基本步骤。在此基础上，提供一个实际项目，以此介绍了 TensorFlow 的函数、模块在实际案例中的运用。读者可以根据本章内容的指引安装环境，运行示例项目，在此过程后，会对 AI 有更深刻的了解。

4.6　习题

1. AI 的应用范围越来越广，当前 AI 的主流开发框架都有哪些？它们各有何特点？

2. TensorFlow 作为 AI 代表性的开发框架，用户众多。在其维护期间，最主要的一次变化就是从 TensorFlow 1.0 到 TensorFlow 2.0 的版本变动，请简述它们之间的区别。

3. TensorFlow 有众多模块满足用户实际需求，请描述 3 个 TensorFlow 的常见模块。
4. 与其他框架相比，Keras 框架作为前端框架有着一定的特殊性。请简述 Keras 接口的特征。
5. 请根据本章的指引，尝试自行配置一个人工智能开发框架。

05 第5章　华为AI开发框架MindSpore

本章将主要讲述华为 AI 开发框架 MindSpore：首先介绍 MindSpore 的结构以及设计思路；接下来通过分析 AI 开发框架的问题与难点，介绍 MindSpore 的特性；最后通过基于 MindSpore 的开发与应用来进一步介绍这一开发框架。

5.1　MindSpore 开发框架简介

MindSpore 是端-边-云全场景按需协同的华为自研 AI 开发框架，提供全场景统一 API，为全场景 AI 的模型开发、模型运行、模型部署提供端到端能力。

MindSpore 采用端-边-云按需协同分布式架构、微分原生编程新范式以及 AI Native 新执行模式，实现更好的资源效率、安全可信，同时降低行业 AI 开发门槛、释放昇腾 AI 处理器算力、助力普惠 AI。

5.1.1　MindSpore 架构

MindSpore 架构总体分为开发态、运行态、部署态，可以部署的处理器包括 CPU、GPU、昇腾 AI 处理器（Ascend 310、Ascend 910）等，如图 5-1 所示。

MindSpore
全场景统一API
自动微分　自动并行　自动调优
MindSpore IR 计算图表达
On-Device执行　Pipeline并行　深度图优化
端 边 云按需协同分布式架构（部署、调度、通信等）
开发态 友好：AI 算法即代码
运行态 高效：面向Ascend优化　支持GPU
部署态 灵活：全场景按需协同
处理器：CPU、GPU、昇腾AI处理器

图 5-1　MindSpore 的总体架构

开发态提供全场景统一的 API（Python API），向用户提供统一的模型训练、推理、导出接口，以及统一的数据处理、增强、格式转换接口。

开发态包含计算图高级别优化（Graph High Level Optimization，GHLO），包含硬件无关的优化（如死代码消除等）、自动并行和自动微分等功能。这些功能也支撑了全场景统一 API 的设计理念。

运行态的 MindSpore IR 有原生的计算图表达，提供统一的中间表示，MindSpore 基于此 IR 进行编译器传递（Pass）优化。

运行态包含硬件相关的优化、并行的 Pipeline 执行层，以及算子融合、Buffer 融合等软硬件结合相关的深度优化，这些特点支持了自动微分、自动并行、自动调优等功能。

部署态采用端-边-云按需协同分布式架构，部署、调度、通信都在同一层，可以实现全场景按需协同。

简单来说，MindSpore 实现了开发友好（AI 算法即代码）、运行高效（支持昇腾 AI 处理器和 GPU 优化）、部署灵活（全场景按需协同）的一体化。

5.1.2 MindSpore 的设计理念

针对业界 AI 开发者所面临的开发门槛高、运行成本高、部署难度大等挑战，MindSpore 提出对应的 3 项技术创新：新编程范式、新执行模式、新协同模式，以帮助开发者更简单、更高效地实现 AI 应用的开发和部署。

1. 新编程范式

新编程范式这一设计理念是针对开发态的挑战提出的。

对于开发态的挑战有以下几点。

（1）技能要求高。要求开发人员具有 AI、计算机系统、软件等相关理论知识和较强的数学功底，因此开发门槛很高。

（2）黑盒调优难。AI 算法的黑盒性、不可解释性导致调优调参难度比较大。

（3）并行规划难。在技术趋势的影响下，数据量越来越大，模型也越来越大，并行计算不可避免，并行规划严重依赖技术人员的经验，要求技术人员既要懂数据、模型，也要懂分布式系统架构等。

新编程范式的 AI 算法即代码，降低了 AI 的开发门槛，基于数学原生表达的 AI 编程新范式让算法专家聚焦 AI 创新和探索，如图 5-2 所示。

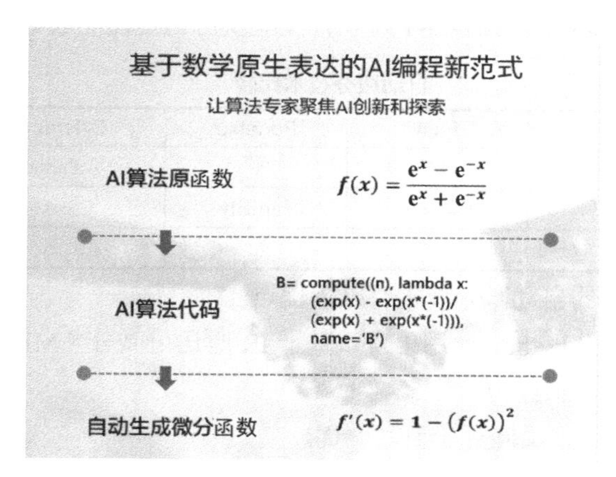

图 5-2 MindSpore 新编程范式

（1）自动微分技术。

自动微分是深度学习框架的灵魂。一般而言，自动微分是指一种自动求某个函数的导数的方法。在机器学习中，这些导数可以更新权重。在更广泛的自然科学中，这些导数也能用于各种后续计算。自动微分的发展历程如图 5-3 所示。

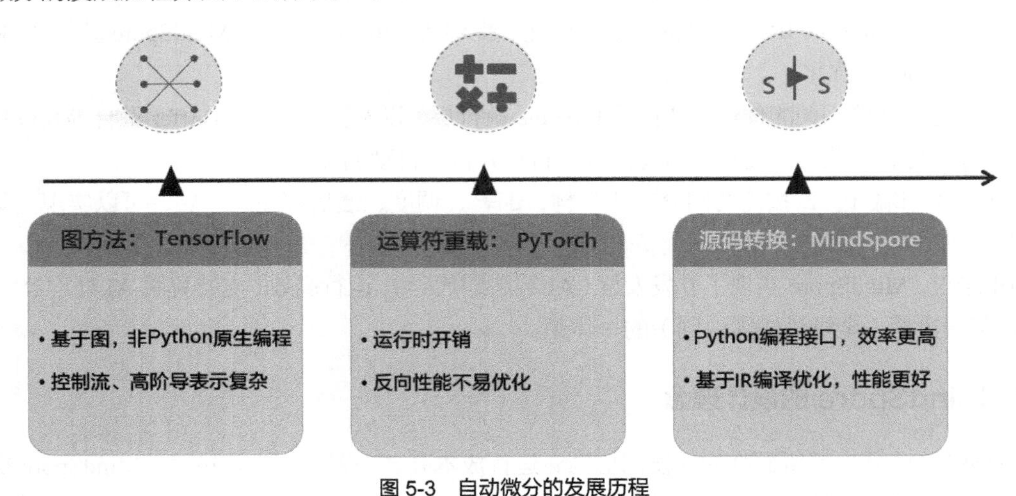

图 5-3　自动微分的发展历程

在自动微分的发展历程中，有以下 3 种自动微分技术。

① 基于静态计算图的转换：将网络在编译时转换为静态计算图，然后将链式求导规则应用于计算图，并实现自动微分，如 TensorFlow，能利用静态编译技术对网络性能进行优化，然而搭建网络或调试非常复杂。

② 基于动态计算图的转换：以运算符重载的方式记录网络在前向执行时的操作轨迹，然后将链式求导规则应用于动态生成的计算图，并实现自动微分，如 PyTorch。该技术使用非常便捷，但性能上难以做到极致的优化。

③ 基于源码的转换：该技术以函数式编程框架为基础，以即时（Just In Time，JIT）编译的方式在中间表达（编译过程中程序的表达形式）上做自动微分变换，支持复杂控制流场景、高阶函数和闭包。MindSpore 的自动微分技术即基于源码的转换。它又支持对自动控制流的自动微分，所以它与 PyTorch 一样，构建模型非常方便。同时 MindSpore 能对神经网络做静态编译优化，因此其性能也非常优秀。自动微分技术的比较如表 5-1 所示，性能及可编程性比较如图 5-4 所示。

表 5-1　自动微分技术比较

自动微分流派	General	Fast	Portable	Differentiable	典型框架
Graph	No	√	√	Partially	TensorFlow
OO	√	Partially	Partially	√	PyTorch
SCT	√	√	√	√	MindSpore

简单来说，MindSpore 的自动微分技术有以下优点。

① 可编程性方面：采用 Python 通用语言，基于 IR 原语可微分（MindSpore IR 中每个原语操作可以对应为基础代数中的基础函数）。

② 性能方面：编译优化，反向算子自动调优。

③ 调试方面：有丰富的可视化接口，支持动态执行。

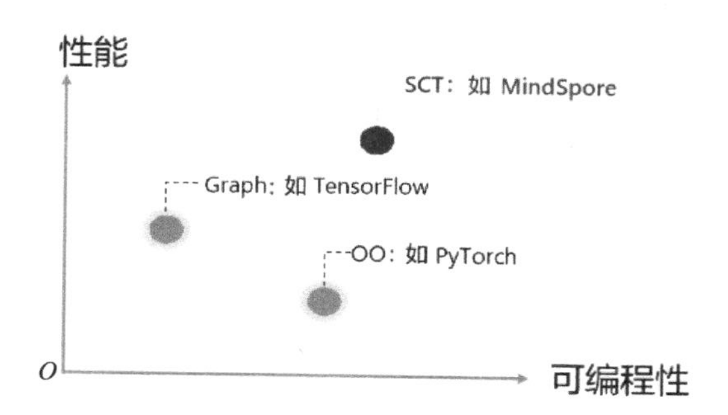

图 5-4　自动微分技术性能及可编程性比较

（2）自动并行。

如今的深度学习模型往往因为体量巨大而必须做并行化，当前采用手动模型并行，需要设计模型切分，感知集群拓扑，开发难度高；手动并行难以保证高性能，难以调优。

MindSpore 能自动并行按照串行写的代码，自动实现分布式并行训练，并且保持高性能。

一般而言，并行训练可以分为模型并行与数据并行。数据并行比较好理解，每个样本可以独立地完成前向传播，最后汇总传播结果。相比之下，模型并行就比较复杂了，需要我们以“并行思维”这样的逻辑手动编写所有需要并行的部分。

MindSpore 提供了一项关键创新技术——自动整图切分，如图 5-5 所示，按算子输入/输出数据维度切分整图，即把图中每个算子都切分到集群而完成并行运算。该技术融合了数据并行与模型并行。通过集群拓扑感知调度感知集群拓扑，自动调度子图执行，实现通信开销最小。

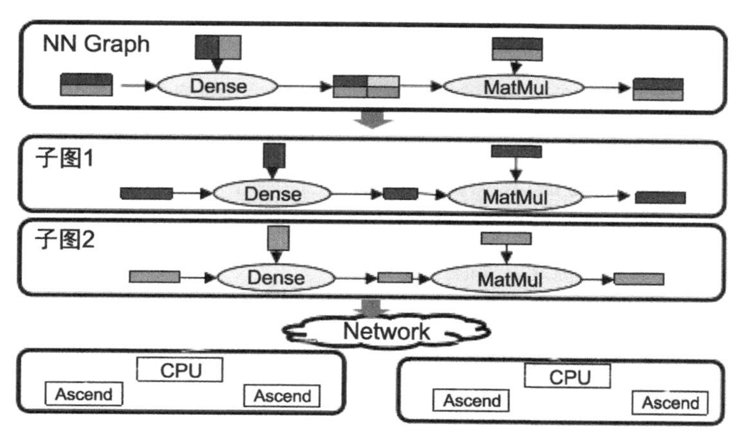

图 5-5　自动整图切分

MindSpore 自动并行的目标是构建一种融合了数据并行、模型并行和混合并行的训练方式。它会自动选择一种代价最小的模型切分方式，实现自动分布式并行训练。

MindSpore 切分算子细粒度方式非常复杂，但作为开发者，并不需要关心底层实现，只要顶层 API 计算高效就行了。

总体来说，新编程范式不但实现了 AI 算法即代码，降低了 AI 开发门槛，而且可以实现高效的开发与调试，例如，可以高效地完成自动微分，实现一行代码自动并行、一行代码完成调试与运行切换等。

一个开发者实现自然语言处理领域的经典算法 Transformer，采用 MindSpore 框架实现，在开发调试的过程中，可以做到动静结合，调试过程透明简易，从最终的结构上来看，MindSpore 框架上代码量有 2000 行，比 TensorFlow 的 2500 行要少 20%左右，但是在效率上有 50%以上的提升。

2. 新执行模式

新执行模式这一设计理念是针对运行态的挑战提出的。

对于运行态的挑战有以下几点。

（1）AI 计算的复杂性和算力的多样性：CPU 核、矩阵计算单元（Cube Unit）、向量计算单元（Vector Unit）；标量、向量、张量的运算；混合精度计算；稠密矩阵、稀疏矩阵计算，这些不同类型的算力。

（2）多卡运行的情况下，随着节点增加，性能难以线性增加，并行控制开销大。

新执行模式采用 Ascend Native 的执行引擎：提出 On-Device 执行，如图 5-6 所示，采用整图卸载执行，深度图优化，充分发挥昇腾 AI 处理器的大算力。

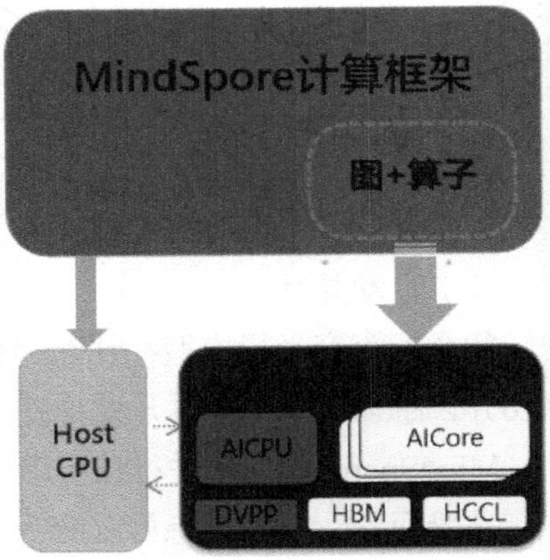

图 5-6 On-Device 执行

On-Device 执行的技术核心有如下两个。

（1）整图下沉执行，充分发挥昇腾 AI 处理器的大算力。该技术针对超强芯片算力下模型执行面对的挑战：内存墙问题、交互开销大、数据供给难。部分在主机上执行，部分在终端设备上执行，交互开销甚至远大于执行开销，导致加速器占用率低。MindSpore 通过面向芯片的深度图优化技术，同步等待少，最大化“数据-计算-通信”的并行度，将数据+计算整图下沉到昇腾 AI 处理器，提供一个最好的、最优的效果。最终效果相比主机侧的图调度方式，训练性能提升 10 倍。

（2）基于数据驱动的大规模分布式梯度聚合。该技术针对超强芯片算力下分布式梯度聚合的挑战：ResNet 50 单迭代 20ms 时间下中心控制的同步开销和频繁同步的通信开销。传统方法需要 3 次同步完成 AllReduce，数据驱动方法自主 AllReduce，无控制开销。

MindSpore 通过梯度数据驱动的自适应图切分优化，实现去中心化的自主 AllReduce 算法，梯度聚合步调一致，计算与通信充分流水，如图 5-7 所示。

图 5-8 所示的是计算机视觉中的一个例子：采用神经网络 ResNet 50 V1.5，在 ImageNet 2012 数据集上训练，按各自最佳的批大小（Batch Size）进行训练，可以看到采用 MindSpore 框架在 Ascend 910 上的速度远高于其他框架+其他主流的训练卡。

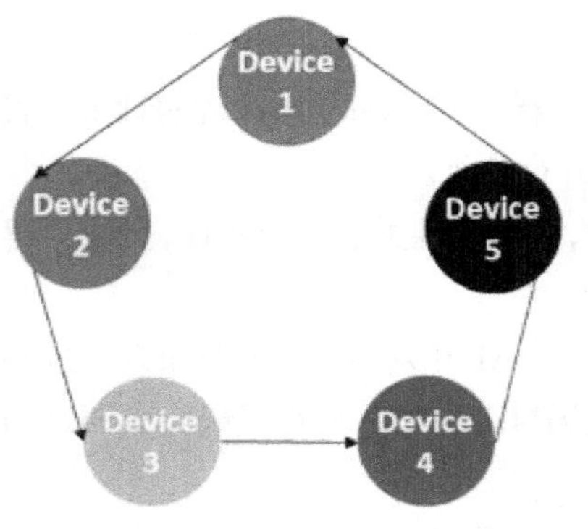

图 5-7 去中心化的自主 AllReduce 算法

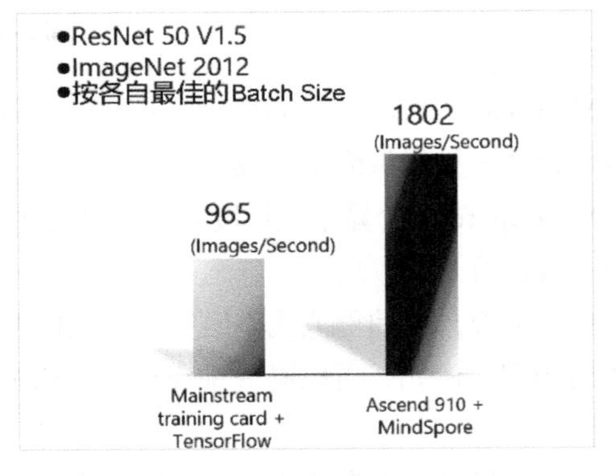

图 5-8 MindSpore 与 TensorFlow 对比

3. 新协同模式

新协同模式这一设计理念是针对部署态的挑战提出的。

对于部署态的挑战有以下几点。

（1）端、边、云等不同的应用场景有不同的需求、目标与约束。例如，手机端可能更希望模型轻量化，而云端可能更要求较高的精度。

（2）不同的硬件的精度和速度也不相同，如图 5-9 所示。

图 5-9　部署态挑战

（3）硬件架构多样性导致全场景下部署差异性和性能不确定性，训练推理分离导致模型孤立。

新协同模式下，可以全场景按需协同，得到更好的资源效率和隐私保护，安全可信，实现一次开发，多次部署。模型可大可小、可以灵活部署，带来一致的开发体验。

MindSpore 关于新协同模式有以下 3 项关键技术。

（1）统一模型的 IR 应对不同语言场景上的差异，自定义的数据结构可以全部兼容，带来一致性的部署体验。

（2）框架底层的硬件同样是华为所研发的，软硬协同的图优化技术可以屏蔽场景差异。

（3）端云协同联邦元学习策略打破了端云界限，可以实现多设备协同模型的实时更新。

这 3 项关键技术最终的效果是：在统一架构下，全场景模型部署性能一致，个性化模型精度显著提升，如图 5-10 所示。

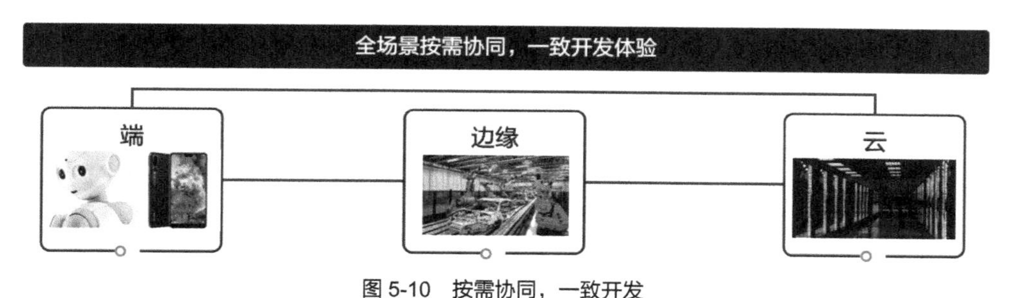

图 5-10　按需协同，一致开发

MindSpore 愿景与价值是提供一个能够高效开发、性能卓越、部署灵活的 AI 计算平台，帮助行业降低 AI 开发门槛，释放昇腾 AI 处理器的算力，助力普惠 AI，如图 5-11 所示。

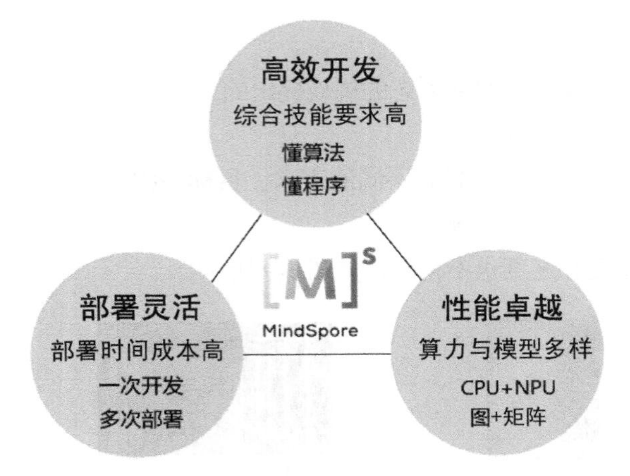

图 5-11 MindSpore 愿景与价值

5.1.3 MindSpore 的优点

MindSpore 具有如下优点。

1. 开发态友好

（1）自动微分，网络+算子统一编程，函数式、算法原生表达，反向网络算子自动生成。

（2）自动并行，模型自动切分实现最优效率的模型并行。

（3）自动调优，动态图+静态图同一套代码。

2. 运行态高效

（1）On-Device 执行，充分发挥昇腾 AI 处理器的大算力。

（2）Pipeline 优化，最大化提升并行性能。

（3）深度图优化，自适应 AI Core（达芬奇架构，详见第 6 章）的算力和精度。

3. 部署态灵活

（1）端、边、云按需协同计算，更好地保护隐私。

（2）端、边、云统一架构，实现一次开发，按需部署。

4. 与业界开源框架对等

MindSpore 与业界开源框架并列，支持 CPU、GPU 等硬件，优先服务好自研芯片和云服务。

5. 向上

MindSpore 具备对接第三方框架能力，通过 Graph IR 对接第三方框架（训练前端对接、推理模型对接），开发者可扩展。

6. 向下

MindSpore 具备对接第三方芯片能力，助力开发者扩展 MindSpore 应用场景，繁荣 AI 生态。

5.2　MindSpore 开发与应用

5.2.1　环境搭建

搭建 MindSpore 开发环境要求安装 3.7.5 或以上版本 Python，MindSpore 支持 CPU、GPU、Ascend 910 等硬件平台，支持 Ubuntu 等操作系统，安装方式可选安装包直接安装或源码编译安装等，如图 5-12 所示。

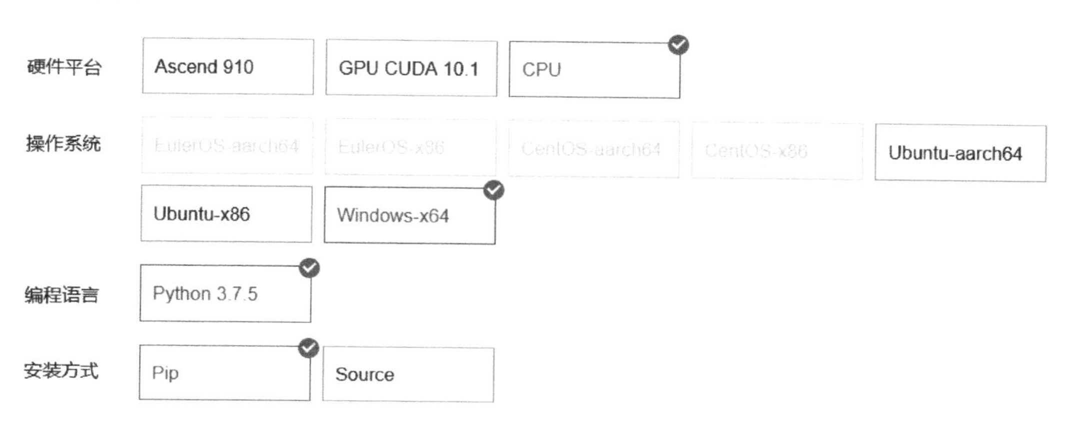

图 5-12　MindSpore 的安装方式

现在以 CPU 环境 Ubuntu 18.04 系统安装为例，介绍一下安装步骤。MindSpore CPU 版本对系统的要求与软件的依赖如表 5-2 所示。

表 5-2　MindSpore 要求和软件依赖

项目	要求
版本号	MindSpore master
操作系统	-Ubuntu 18.04 × 86_64 -Ubuntu 18.04 aarch64
可执行文件安装依赖	- Python 3.7.5 - 其他依赖项参见 requirements.txt（见图 5-13）
源码编译及安装依赖	编译依赖： - Python 3.7.5 - wheel 0.32.0 或以上版本 - GCC 7.3.0 - CMake 3.14.1 或以上版本 - patch 2.5 或以上版本 安装依赖： -与可执行文件安装依赖相同

GCC 7.3.0 可以直接通过 apt 命令安装。

若环境中已经安装了 Python，确保将 Python 添加到环境变量中，还可以通过命令“Python--Version”查看 Python 的版本是否符合要求。

1. pip 安装包直接安装方式

使用如下 pip 命令安装 MindSpore。

```
pip install -y MindSpore-cpu
```

请将 pip 添加到环境变量中，以保证可以通过 pip 直接安装 Python 相关的工具包。如果 pip 没有在当前环境中安装，可以在其官方网站上进行下载安装。requirements.txt 内容如图 5-13 所示。

```
numpy >= 1.17.0, <= 1.17.5
protobuf >= 3.8.0
asttokens >= 1.1.13
pillow >= 6.2.0
scipy >= 1.3.3
easydict >= 1.9
sympy >= 1.4
cffi >= 1.13.2
wheel >= 0.32.0
decorator >= 4.4.0
setuptools >= 40.8.0
matplotlib >= 3.1.3          # for ut test
opencv-python >= 4.1.2.30    # for ut test
sklearn >= 0.0               # for st test
pandas >= 1.0.2              # for ut test
bs4
astunparse
packaging >= 20.0
pycocotools >= 2.0.0         # for st test
tables >= 3.6.1              # for st test
```

图 5-13 requirements.txt 中的内容

在联网状态下，安装 whl 包时会自动下载 requirements.txt 中的依赖项，其余情况需自行安装。

2. 源码编译安装方式

使用源码编译方式安装 MirdSpore 的步骤如下。

（1）从代码仓下载源码的命令如下。

```
git clone https://gitee.com/MindSpore/MindSpore.git
```

（2）在源码根目录下执行如下命令编译 MindSpore。

```
bash build.sh -e cpu -z -j4
```

① 在执行上述命令前，需保证可执行文件 cmake 和 patch 所在路径已加入环境变量 PATH。

② build.sh 中会执行命令“git clone”获取第三方依赖库的代码，请提前确保 git 的网络设置正确可用。

③ 如果编译机性能较好，可在执行中增加参数“-j{线程数}”来增加线程数量。如“bash build.sh -e cpu -z -j12”。

（3）执行如下命令安装 MindSpore。

```
chmod +x build/package/MindSpore-{version}-cp37-cp37m-linux_{arch}.whl
pip install build/package/MindSpore-{version}-cp37-cp37m-linux_{arch}.whl
```

（4）执行如下命令，如果没有提示“No module named 'MindSpore'”等加载错误的信息，则说明安装成功。

```
python -c 'import MindSpore'
```

5.2.2 MindSpore 相关组件及概念

1. 组件

MindSpore 中常用的一些组件及描述如表 5-3 所示。

表 5-3 MindSpore 的组件及描述

组件	描述
Tensor	数据存储
model_zoo	常用网络模型的定义
communication	数据加载模块，包含 dataloader、dataset 的定义和一些图像、文本等数据的处理功能
dataset	数据集处理模块，如数据读取、数据预处理
common	Tensor、Parameter、dtype 及 Initializer 的定义
context	Context 类的定义，设置模型运行的参数，如切换 graph 和 pynative 模式
akg	自动微分和自定义算子库
nn	MindSpore 神经网络单元、损失函数、优化器的定义
ops	基本算子定义以及反向算子的注册
train	训练模型相关及 summary 功能模块
utils	utilities，主要是参数校验（框架内部使用）

在 MindSpore 中，最基础的数据结构同样是张量（Tensor）。常见的张量操作有如下几种。

```
asnumpy()
size()
dim()
dtype()
set_dtype()
tensor_add(other: Tensor)
tensor_mul(ohter: Tensor)
shape()
__str__#转换为字符串
```

这些张量操作基本上可以见名知义，如 asnumpy()表示转换为 NumPy 数组，tensor_add()表示张量相加等。

2. 编程概念：Operation

MindSpore 中的常用 Operation 有如下几种。

（1）array：Array 相关的算子，包括如下算子。

```
-ExpandDims   - Squeeze
-Concat       - OnesLike
-Select       - StridedSlice
-ScatterNd    ...
```

（2）math：数学计算相关的算子，包括如下算子。

```
-AddN         - Cos
-Sub          - Sin
-Mul          - LogicalAnd
-MatMul       - LogicalNot
-RealDiv      - Less
-ReduceMean   - Greater
...
```

（3）nn：网络类算子，包括如下算子。

```
-Conv2D        - MaxPool
-Flatten       - AvgPool
-Softmax       - TopK
-ReLU          - SoftmaxCrossEntropy
-Sigmoid       - SmoothL1Loss
-Pooling       - SGD
-BatchNorm     - SigmoidCrossEntropy
...
```

（4）control：控制类算子，包括如下算子。

```
ControlDepend
```

3. **编程概念：Cell**

（1）Cell 定义了执行计算的基本模块。Cell 的对象可以直接执行。

① __init__，初始化参数（Parameter）、子模块（Cell）、算子（Primitive）等组件，并进行初始化的校验。

② construct，定义执行的过程。图模式下，会被编译成图来执行。有一些语法限制。

③ bprop（可选），自定义模块的反向。没有定义这个函数时，会采用自动微分，计算 construct 部分的反向。

（2）MindSpore 中预定义的 Cell 主要有：常用损失函数（如 SoftmaxCrossEntropyWithLogits、MSELoss）、常用优化器（如 Momentum、SGD、Adam）、常用网络包装函数（如 TrainOneStepCell、WithGradCell）等。

4. **编程概念：MindSporeIR**

（1）MindSporeIR 是一种简洁、高效、灵活的基于图的函数式 IR，可以表示自由变量、高阶函数、递归等函数式语义。

（2）每个图代表一个函数定义，图由 ParameterNode、ValueNode、ComplexNode（CNode）组成。

5.2.3 用 MindSpore 实现手写数字识别

1. **概述**

下面我们通过一个实际样例，带领大家体验 MindSpore 的基础功能。对一般用户而言，完成整个样例实践需要 20～30 分钟。这是一个简单、基础的应用流程，其他高级、复杂的应用可以基于这个基本流程进行扩展。

本样例会实现一个简单的图片分类应用，其整体流程如下。

（1）处理需要的数据集，这里使用了 MNIST 数据集。

（2）定义一个网络，这里使用 LeNet 网络。

（3）定义损失函数和优化器。

（4）加载数据集并进行训练，训练完成后，查看结果及保存模型文件。

（5）加载保存的模型，进行推理。

（6）验证模型，加载测试集和训练后的模型，验证结果精度。

2. **准备环节**

在动手进行实践之前，要确保已经正确安装了 MindSpore。如果没有安装 MindSpore，可以参考

5.2.1 小节进行安装。同时需要掌握 Python 编程基础和概率、矩阵等基础数学知识。

那么接下来，就开始 MindSpore 的体验之旅吧。

（1）下载 MNIST 数据集。

本样例中用到的 MNIST 数据集由 10 类 28×28 的灰度图片组成，训练集包含 60000 张图片，测试集包含 10000 张图片。

MNIST 数据集的下载页面提供 4 个数据集的下载链接，其中前 2 个文件是训练数据，后 2 个文件是测试结果。

将数据集下载并解压到本地，这里将数据集解压后分别存放到工作区的./MNIST_Data/train 和./MNIST_Data/test 路径下。

数据集的目录结构如下。

```
└─MNIST_Data
    ├─test
    │      t10k-images.idx3-ubyte
    │      t10k-labels.idx1-ubyte
    └─train
           train-images.idx3-ubyte
           train-labels.idx1-ubyte
```

为了方便样例使用，我们在样例脚本中添加了自动下载数据集的功能。

（2）导入 Python 库和模块。

在使用前，导入需要的 Python 库。

目前使用到 os 库，为方便理解，其他需要的库，我们在具体使用到的时候再说明。

```
import os
```

（3）配置运行时信息。

在正式编写代码前，先了解 MindSpore 运行时所需要的硬件、后端等基本信息。

可以通过 context.set_context()来配置运行时需要的信息，譬如运行模式、后端、硬件等信息。

导入 context 模块，配置运行时需要的信息，其示例代码如下。

```
import argparse
from MindSpore import context

if __name__ == "__main__":
    parser = argparse.ArgumentParser(description='MindSpore LeNet Example')

parser.add_argument('--device_target',type=str,default="Ascend",choices=['Ascend','GPU','CPU
'],help='device where the code will be implemented(default:Ascend)')
    args = parser.parse_args()
    context.set_context(mode=context.GRAPH_MODE,device_target=args.device_target,enable_
mem_reuse=False)
    ...
```

在样例中我们配置样例运行时使用图模式。根据实际情况配置硬件信息，譬如代码运行在 Ascend AI 处理器上，则--device_target 选择 Ascend，代码运行在 CPU、GPU 上时同理。详细参数说明请参见 context.set_context()接口说明。

3. 数据处理

数据集对于训练非常重要，好的数据集可以有效地提高训练的精度和效率。在加载数据集前，我们通常会对数据集进行一些处理。

我们定义一个函数 create_dataset()来创建数据集。在这个函数中，我们定义好如下需要进行的数据增强和处理操作。

① 定义数据集。

② 定义进行数据增强和处理所需要的一些参数。

③ 根据参数，生成对应的数据增强操作。

④ 使用映射函数 map()，将数据操作应用到数据集。

⑤ 对生成的数据集进行处理。

对数据集进行处理的示例代码如下。

```
import MindSpore.dataset as ds
import MindSpore.dataset.transforms.c_transforms as C
import MindSpore.dataset.transforms.vision.c_transforms as CV
from MindSpore.dataset.transforms.vision import Inter
from MindSpore.common import dtype as mstype

def create_dataset(data_path,batch_size=32,repeat_size=1,
                   num_parallel_workers=1):
    """ create dataset for train or test
    Args:
        data_path:Data path
        batch_size:The number of data records in each group
        repeat_size:The number of replicated data records
        num_parallel_workers:The number of parallel workers
    """
    # define dataset
    mnist_ds = ds.MnistDataset(data_path)

    # define operation parameters
    resize_height,resize_width = 32,32
    rescale = 1.0 / 255.0
    shift = 0.0
    rescale_nml = 1 / 0.3081
    shift_nml = -1 * 0.1307 / 0.3081

    # define map operations
    resize_op = CV.Resize((resize_height,resize_width),interpolation=Inter.LINEAR)  #
resize images to (32,32)
    rescale_nml_op = CV.Rescale(rescale_nml,shift_nml)  # normalize images
    rescale_op = CV.Rescale(rescale,shift)  # rescale images
    hwc2chw_op  =  CV.HWC2CHW()    #  change  shape  from  (height,width,channel)  to
(channel,height,width) to fit network.
    type_cast_op = C.TypeCast(mstype.int32)  # change data type of label to int32 to fit
network

    # apply map operations on images
    mnist_ds  =  mnist_ds.map(input_columns="label",operations=type_cast_op,num_parallel_
workers=num_parallel_workers)
    mnist_ds  =  mnist_ds.map(input_columns="image",operations=resize_op,num_parallel_
workers=num_parallel_workers)
    mnist_ds = mnist_ds.map(input_columns="image",operations=rescale_op,num_parallel_
workers=num_parallel_workers)
    mnist_ds = mnist_ds.map(input_columns="image",operations=rescale_nml_op,num_parallel_
workers=num_parallel_workers)
    mnist_ds  =  mnist_ds.map(input_columns="image",operations=hwc2chw_op,num_parallel_
```

```
workers=num_parallel_workers)

    # apply DatasetOps
    buffer_size = 10000
    mnist_ds = mnist_ds.shuffle(buffer_size=buffer_size)  # 10000 as in LeNet train script
    mnist_ds = mnist_ds.batch(batch_size,drop_remainder=True)
    mnist_ds = mnist_ds.repeat(repeat_size)

    return mnist_ds
```

说明如下。

batch_size：每组包含的数据个数，现设置每组包含 32 个数据。

repeat_size：数据集复制的数量。

先进行 shuffle 和 batch 操作，再进行 repeat 操作，这样能保证 1 个时期（epoch）内数据不重复。

MindSpore 支持多种数据处理和增强的操作，各种操作往往组合使用。

4. 定义网络

这里我们选择相对简单的 LeNet 网络。LeNet 网络不包括输入层的情况下，共有 7 层：2 个卷积层、2 个下采样层（池化层）、3 个全连接层。每层都包含不同数量的训练参数，如图 5-14 所示。

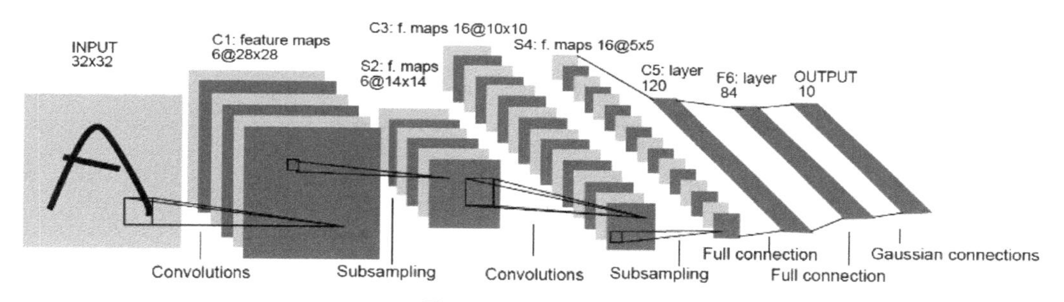

图 5-14 LeNet-5 结构

我们需要对全连接层以及卷积层进行初始化。

MindSpore 支持 TruncatedNormal、Normal、Uniform 等多种参数初始化方法，具体可以参考 MindSpore API 的 MindSpore.common.initializer 模块说明。本样例使用 TruncatedNormal 参数初始化方法。

对全连接层以及卷积层进行初始化的示例代码如下。

```
import MindSpore.nn as nn
from MindSpore.common.initializer import TruncatedNormal

def weight_variable():
    """
    weight initial
    """
    return TruncatedNormal(0.02)

def conv(in_channels,out_channels,kernel_size,stride=1,padding=0):
    """
    conv layer weight initial
    """
    weight = weight_variable()
    return    nn.Conv2d(in_channels,out_channels,_size=kernel_size,stride=stride,padding=
```

```
padding weight_init=weight,has_bias=False,pad_mode="valid")
    def fc_with_initialize(input_channels,out_channels):
        """
        fc layer weight initial
        """
        weight = weight_variable()
        bias = weight_variable()
        return nn.Dense(input_channels,out_channels,weight,bias)
```

使用 MindSpore 定义神经网络需要继承 MindSpore.nn.Cell。Cell 是所有神经网络（如 Conv2d 等）的基类。

神经网络的各层需要预先在__init__()方法中定义，然后通过定义 construct()方法来完成神经网络的前向构造。按照 LeNet 的网络结构，定义网络各层的示例代码如下。

```
class LeNet5(nn.Cell):
    """
    Lenet network structure
    """
    #define the operator required
    def __init__(self):
        super(LeNet5,self).__init__()
        self.batch_size = 32
        self.conv1 = conv(1,6,5)
        self.conv2 = conv(6,16,5)
        self.fc1 = fc_with_initialize(16 * 5 * 5,120)
        self.fc2 = fc_with_initialize(120,84)
        self.fc3 = fc_with_initialize(84,10)
        self.relu = nn.ReLU()
        self.max_pool2d = nn.MaxPool2d(kernel_size=2,stride=2)
        self.flatten = nn.Flatten()

    #use the preceding operators to construct networks
    def construct(self,x):
        x = self.conv1(x)
        x = self.relu(x)
        x = self.max_pool2d(x)
        x = self.conv2(x)
        x = self.relu(x)
        x = self.max_pool2d(x)
        x = self.flatten(x)
        x = self.fc1(x)
        x = self.relu(x)
        x = self.fc2(x)
        x = self.relu(x)
        x = self.fc3(x)
        return x
```

5. 定义损失函数及优化器

（1）损失函数及优化器的概念。

损失函数：又叫目标函数，用于衡量预测值与实际值的差异。深度学习通过不停地迭代来缩小损失函数的值。定义一个好的损失函数，可以有效地提高模型的性能。

优化器：用于最小化损失函数，从而在训练过程中改进模型。

定义了损失函数后，可以得到损失函数关于权重的梯度。梯度用于指示优化器优化权重的方向，以提高模型性能。

（2）定义损失函数。

MindSpore 支持的损失函数有 SoftmaxCrossEntropyWithLogits、L1Loss、MSELoss 等。这里使用 SoftmaxCrossEntropyWithLogits 损失函数，使用它的示例代码如下。

```
from MindSpore.nn.loss import SoftmaxCrossEntropyWithLogits
```

在__main__函数中调用定义好的损失函数，示例代码如下。

```
if __name__ == "__main__":
    ...
    #define the loss function
    net_loss = SoftmaxCrossEntropyWithLogits(is_grad=False,sparse=True,reduction='mean')
    ...
```

（3）定义优化器。

MindSpore 支持的优化器有 Adam、AdamWeightDecay、Momentum 等。这里使用流行的 Momentum 优化器，其示例代码如下。

```
if __name__ == "__main__":
    ...
    #learning rate setting
    lr = 0.01
    momentum = 0.9
    #create the network
    network = LeNet5()
    #define the optimizer
    net_opt = nn.Momentum(network.trainable_params(),lr,momentum)
...
```

6. 训练网络

（1）配置模型保存。

MindSpore 提供了回调（callback）机制，可以在训练过程中执行自定义逻辑，这里以使用框架提供的 ModelCheckpoint 和 LossMonitor 为例。

ModelCheckpoint 可以保存网络模型和参数，以便进行后续的微调（fine-tuning）操作，LossMonitor 可以监控训练过程中 loss 的变化。

```
from MindSpore.train.callback import ModelCheckpoint,CheckpointConfig

if __name__ == "__main__":
    ...
    # set parameters of check point
    config_ck = CheckpointConfig(save_checkpoint_steps=1875,keep_checkpoint_max=10)
    # apply parameters of check point
    ckpoint_cb = ModelCheckpoint(prefix="checkpoint_lenet",config=config_ck)
    ...
```

（2）配置网络训练。

通过 MindSpore 提供的 model.train()接口可以方便地进行网络的训练。这里把 epoch_size 设置为 1，即对数据集进行 1 个迭代的训练。

```
from MindSpore.nn.metrics import Accuracy
from MindSpore.train.callback import LossMonitor
from MindSpore.train import Model
...
def train_net(args,model,epoch_size,mnist_path,repeat_size,ckpoint_cb):
    """define the training method"""
    print("============== Starting Training ==============")
```

```
    #load training dataset
    ds_train = create_dataset(os.path.join(mnist_path,"train"),32,repeat_size)
    model.train(epoch_size,ds_train,callbacks=[ckpoint_cb,LossMonitor()],dataset_
sink_mode=False)
...

if __name__ == "__main__":
    ...
    epoch_size = 1
    mnist_path = "./MNIST_Data"
    repeat_size = epoch_size
    model = Model(network,net_loss,net_opt,metrics={"Accuracy":Accuracy()})
    train_net(args,model,epoch_size,mnist_path,repeat_size,ckpoint_cb)
    ...
```

其中，在 train_net()方法中，我们加载了之前下载的训练集，mnist_path 是 MNIST 数据集路径。

7. 运行并查看结果

使用以下命令运行脚本。

```
python lenet.py --device_target=CPU
```

说明如下。

lenet.py：根据教程编写的脚本文件。

--device_target CPU：指定运行硬件平台，参数为 CPU、GPU 或者 Ascend。

训练过程中会打印 loss 值。loss 值会波动，但总体来说 loss 值会逐步减小。每个人运行的 loss 值有一定随机性，不一定完全相同。训练过程中 loss 打印示例如下。

```
epoch:1 step:262,loss is 1.9212162
epoch:1 step:263,loss is 1.8498616
epoch:1 step:264,loss is 1.7990671
epoch:1 step:265,loss is 1.9492403
epoch:1 step:266,loss is 2.0305142
epoch:1 step:267,loss is 2.0657792
epoch:1 step:268,loss is 1.9582214
epoch:1 step:269,loss is 0.9459006
epoch:1 step:270,loss is 0.8167224
epoch:1 step:271,loss is 0.7432692
...
```

训练完后，即保存模型参数文件，示例如下。

```
checkpoint_lenet-1_1875.ckpt
```

说明如下。

checkpoint_lenet-1_1875.ckpt：指保存的模型参数文件。名称及具体含义为 checkpoint_{网络名称}-{第几个 epoch}_{第几个 step}.ckpt。

8. 验证模型

在得到模型参数文件后，运行模型对测试集进行推理，验证模型的泛化能力。

使用 model.eval()接口读入测试集。

使用保存的训练好的模型进行推理。

验证模型的示例代码如下。

```
from MindSpore.train.serialization import load_checkpoint,load_param_into_net
...
def test_net(args,network,model,mnist_path):
```

```
    """define the evaluation method"""
    print("============== Starting Testing ==============")
    #load the saved model for evaluation
    param_dict = load_checkpoint("checkpoint_lenet-1_1875.ckpt")
    #load parameter to the network
    load_param_into_net(network,param_dict)
    #load testing dataset
    ds_eval = create_dataset(os.path.join(mnist_path,"test"))
    acc = model.eval(ds_eval,dataset_sink_mode=False)
    print("============ Accuracy:{}==========".format(acc))

if __name__ == "__main__":
    ...
    test_net(args,network,model,mnist_path)
```

说明如下。

load_checkpoint()：通过该接口加载模型参数文件，返回一个参数字典。

checkpoint_lenet-1_1875.ckpt：之前保存的模型参数文件的名称。

load_param_into_net()：通过该接口把参数加载到网络中。

使用如下运行命令，运行代码脚本。

```
python lenet.py --device_target=CPU
```

验证模型示例代码的运行结果示例如下。

```
============== Starting Testing ==============
========== Accuracy:{'Accuracy':0.9742588141025641} ===========
```

可以在打印信息中看出模型的精确度数据，样例中模型的精确度达到 97.4%，说明模型质量良好。

5.3 本章小结

本章主要介绍了华为自研的深度学习框架 MindSpore。首先介绍了 MindSpore 设计理念的 3 项技术创新，即新编程范式、新执行模式、新协同模式，以及开发态友好、运行态高效、部署态灵活等优点。最后介绍了 MindSpore 的开发与应用，以一个图片分类应用的实际例子说明 MindSpore 的开发步骤。

因为目前 MindSpore 还处在版本的快速迭代更新当中，具体操作请以官方最新资料为准。

5.4 习题

1. MindSpore 是端-边-云全场景按需协同的华为自研 AI 计算框架，提供全场景统一 API，为全场景 AI 的模型开发、模型运行、模型部署提供端到端能力。MindSpore 架构的特性主要有哪些？

2. 针对业界 AI 开发者所面临的开发门槛高、运行成本高、部署难度大等挑战，MindSpore 提出了对应的哪 3 项技术创新，以帮助开发者更简单、更高效地实现 AI 应用的开发和部署？

3. 超强芯片算力下模型执行的挑战：内存墙问题、交互开销大、数据供给难；部分在 Host 执行，部分在 Device 执行，交互开销甚至远大于执行开销，导致加速器占用率低等。对此，MindSpore 的应对方案是什么？

4. 采用 MindSpore 实现 MNIST 手写数字识别。

06 第6章　华为Atlas人工智能计算解决方案

本章主要围绕华为昇腾 AI 处理器及华为 Atlas 人工智能计算解决方案进行介绍，聚焦昇腾 AI 处理器的软、硬件架构以及华为全栈全场景 AI 解决方案。

6.1　昇腾 AI 处理器的硬件架构

6.1.1　昇腾 AI 处理器硬件的逻辑架构

昇腾 AI 处理器硬件的逻辑架构主要包括 4 大模块：系统控制 CPU（Control CPU）、AI 计算引擎（包括 AI Core 和 AI CPU）、多层级的片上系统缓存（Cache）或缓冲区（Buffer）、数字视觉预处理模块（Digital Vision Pre-Processing，DVPP）等，如图 6-1 所示。下面将重点介绍 AI 计算引擎的 AI Core，即达芬奇架构。

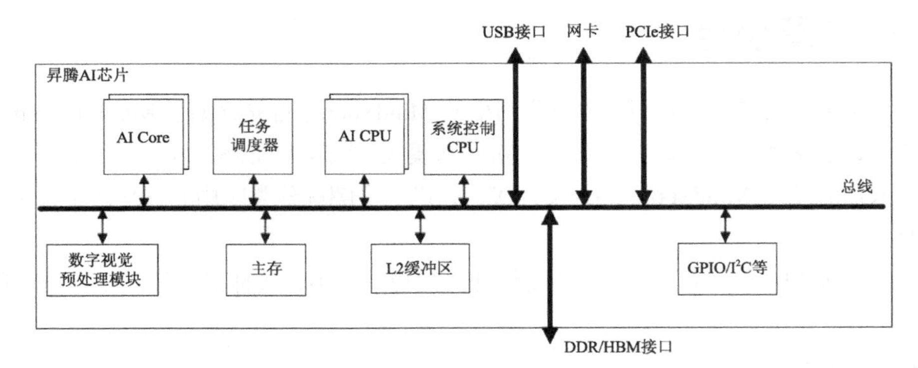

图 6-1　昇腾 AI 处理器硬件的逻辑架构

6.1.2　达芬奇架构

达芬奇架构是专门为提升 AI 算力所研发的架构，是昇腾 AI 处理器的 AI 计算引擎，也是昇腾 AI 处理器的核心。

达芬奇架构主要由 3 部分组成：计算单元、存储系统和控制单元。

（1）计算单元包含 3 种基础计算资源：矩阵计算单元、向量计算单元和标量计算单元。

（2）存储系统包括 AI Core 的片上存储单元和相应的数据通路。

（3）控制单元对整个计算过程提供了指令控制，相当于 AI Core 的司令部，负责整个 AI Core 的运行。

达芬奇架构如图 6-2 所示。

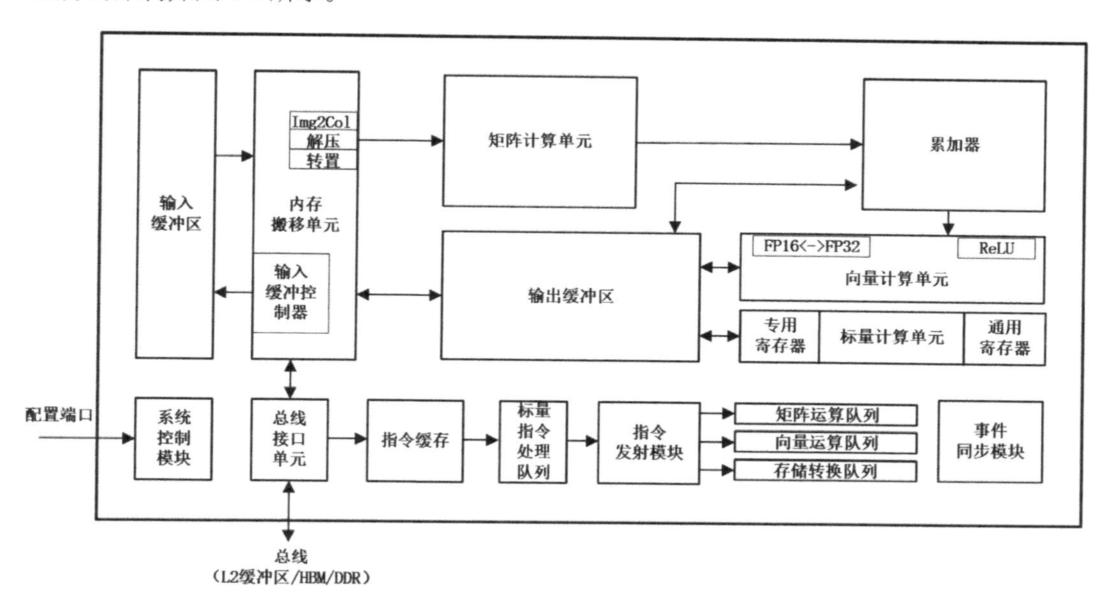

图 6-2 达芬奇架构

1. 计算单元

达芬奇架构共有 3 种基础计算单元：矩阵计算单元、向量计算单元和标量计算单元（Scalar Unit），分别对应矩阵、向量和标量这 3 种常见的计算模式，如图 6-3 所示。

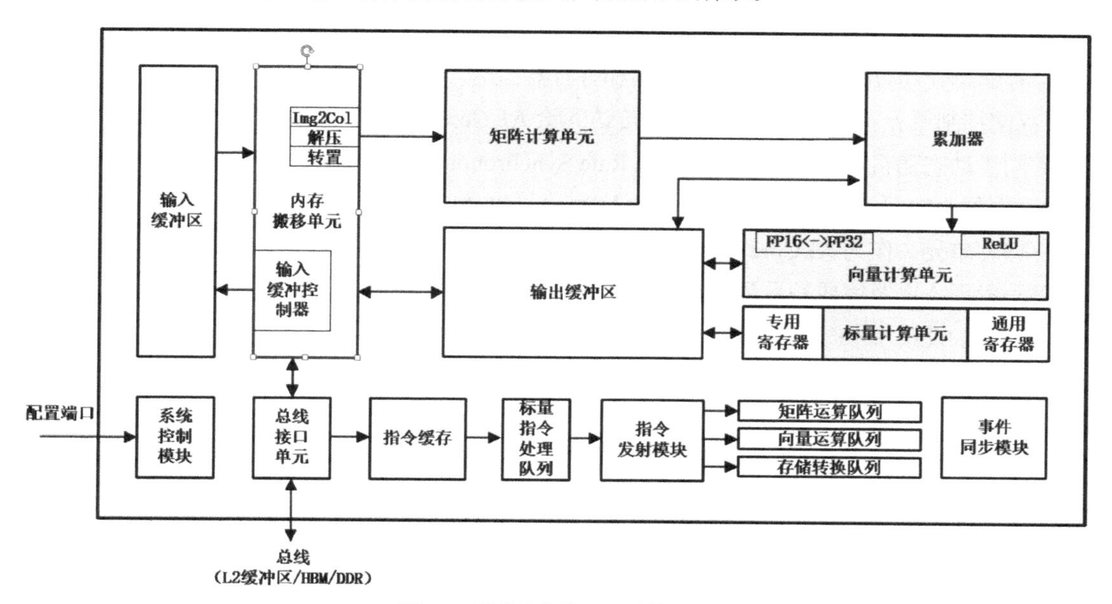

图 6-3 达芬奇架构——计算单元

矩阵计算单元：矩阵计算单元和累加器主要的功能是完成矩阵相关运算。一拍完成一个 FP16 的 16×16 与 16×16 矩阵乘（4096）；如果输入数据是 Int 8 类型，则一拍完成 16×32 与 32×16 矩阵乘（8192）。

向量计算单元：实现向量和标量，以及双向量之间的计算，功能覆盖各种基本的计算类型和许多定制的计算类型，如 FP16、FP32、Int32、Int8 等数据类型的计算。

标量计算单元：相当于一个微型 CPU，控制整个 AI Core 的运行，完成整个程序的循环控制、分支判断，可以为矩阵和向量提供数据地址和相关参数的计算，以及基本的算术运算。

2. 存储系统

存储单元和相应的数据通路构成了达芬奇架构的存储系统，如图 6-4 所示。

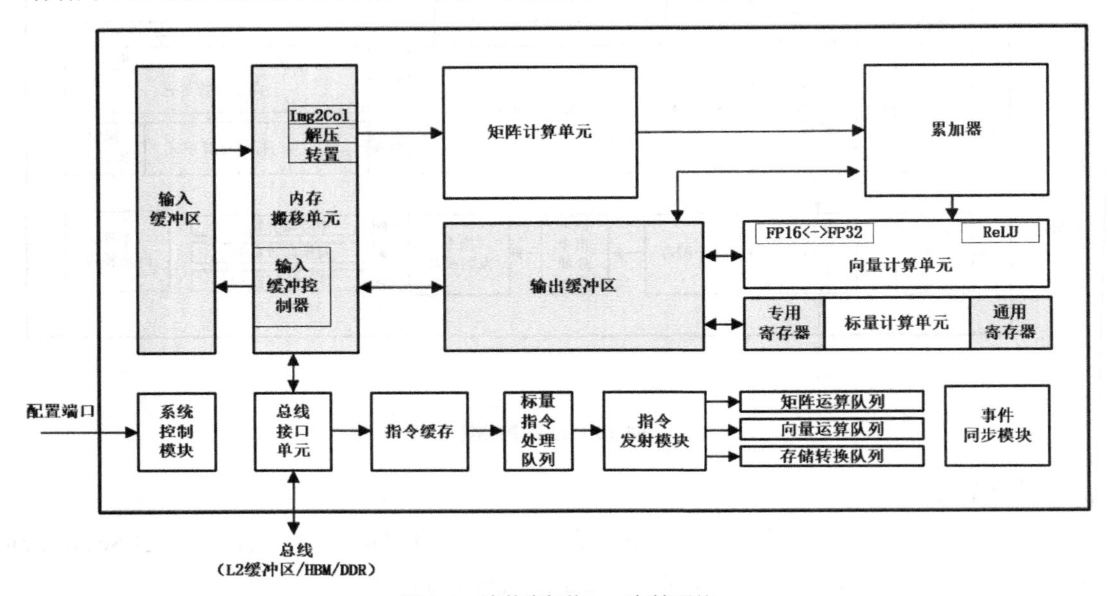

图 6-4　达芬奇架构——存储系统

（1）存储单元由存储控制单元、缓冲区和寄存器组成。

① 存储控制单元：通过总线接口可直接访问除 AI Core 之外的更低层级的缓存，也可以直通到双倍速率同步动态随机存储器（Double Data Rate Synchronous Dynamic Random Access Memory，DDR SDRAM，简称 DDR）或高带宽存储器（High Bandwidth Memory，HBM）直接访问内存。其中还设置了内存搬移单元，作为 AI Core 内部数据通路的传输控制器，负责 AI Core 内部数据在不同缓冲区之间的读写管理，以及完成一系列的格式转换操作，如填充、Img2Col、转置、解压缩等。

② 输入缓冲区：用来暂时保留需要频繁使用的数据，不需要每次都通过总线接口到 AI Core 的外部读取，从而在减少总线上数据访问频次的同时也降低了总线上数据产生拥堵的风险，达到节省功耗、提高性能的效果。

③ 输出缓冲区：用来存放神经网络中每层计算的中间结果，从而在进入下一层计算时方便获取数据。相比较之下，通过总线读取数据的带宽低、延迟大，通过输出缓冲区可以大大提升计算效率。

④ 寄存器：AI Core 中的各类寄存器资源主要是标量计算单元在使用。

（2）数据通路是指 AI Core 在完成一次计算任务时，数据在 AI Core 中的流通路径。

达芬奇架构数据通路的特点是多进单出，主要是考虑到神经网络在计算过程中，输入的数据类型繁多并且数量巨大，可以通过并行输入的方式来提高数据流入的效率。与此相反，将多种输入数据处理完成后往往只生成输出特征矩阵，数据类型相对单一，单输出的数据通路可以节约芯片硬件资源。

3. 控制单元

控制单元的主要组成部分包括系统控制模块、指令缓存、标量指令处理队列、指令发射模块、矩阵执行队列和事件同步模块，如图 6-5 所示。

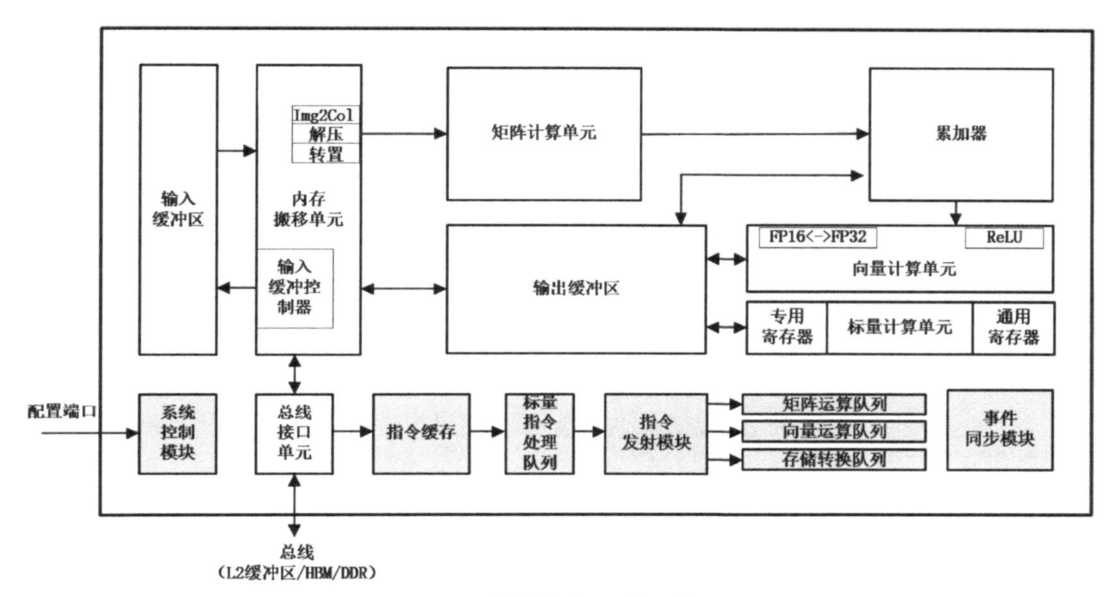

图 6-5　达芬奇架构——控制单元

（1）系统控制模块：控制任务块（AI Core 最小计算任务粒度）的执行进程，在任务块执行完成后，系统控制模块会进行中断处理和状态申报。如果执行过程出错，会把执行的错误状态报告给任务调度器。

（2）指令缓存：在指令执行的过程中，可以提前预取后续指令，并一次读入多条指令进入缓存，提升指令执行效率。

（3）标量指令处理队列：指令被解码后便会被导入标量队列中，实现地址解码与运算控制，这些指令包括矩阵计算指令、向量计算指令以及存储转换指令等。

（4）指令发射模块：读取标量指令队列中配置好的指令地址和参数解码，然后根据指令类型分别发送到对应的指令执行队列中，而标量指令会驻留在标量指令处理队列中进行后续执行。

（5）指令执行队列：指令执行队列由矩阵运算队列、向量运算队列和存储转换队列组成，不同的指令进入相应的运算队列，队列中的指令按进入顺序执行。

（6）事件同步模块：时刻控制每条指令流水线的执行状态，并分析不同流水线的依赖关系，从而解决指令流水线之间的数据依赖和同步的问题。

6.2 昇腾 AI 处理器的软件架构

6.2.1 昇腾 AI 处理器软件的逻辑架构

昇腾 AI 处理器的软件栈主要分为 4 个层次和 1 个辅助工具链。4 个层次分别为 L3 应用使能层、L2 执行框架层、L1 芯片使能层和 L0 计算资源层。工具链主要提供了工程管理、编译调测、流程编排、日志管理和性能分析工具等辅助能力。这些主要组成部分在软件栈中的功能和作用相互依存，承载着数据流、计算流和控制流，如图 6-6 所示。

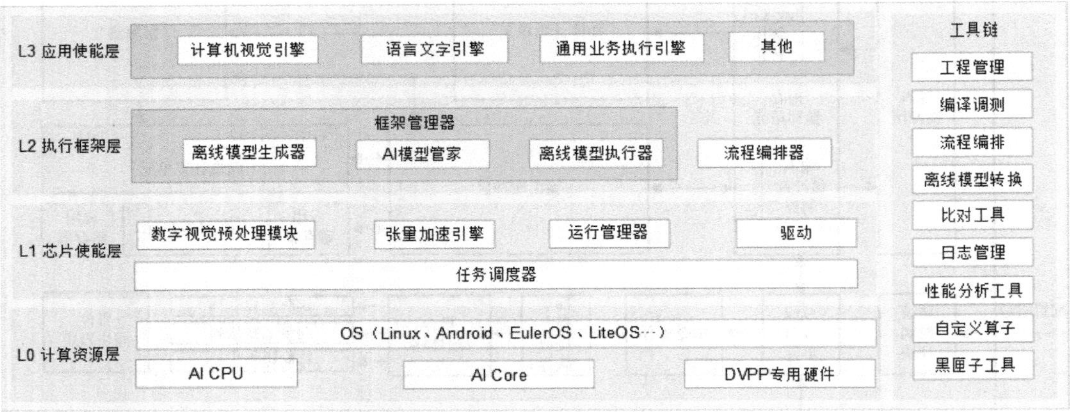

L3 应用使能层
计算机视觉引擎
语言文字引擎
通用业务执行引擎
其他
L2 执行框架层
框架管理器
离线模型生成器
AI模型管家
离线模型执行器
流程编排器
L1 芯片使能层
数字视觉预处理模块
张量加速引擎
运行管理器
驱动
任务调度器
L0 计算资源层
OS（Linux、Android、EulerOS、LiteOS…）
AI CPU
AI Core
DVPP专用硬件
工具链
工程管理
编译调测
流程编排
离线模型转换
比对工具
日志管理
性能分析工具
自定义算子
黑匣子工具

图 6-6 昇腾 AI 处理器软件的逻辑架构

1. L3 应用使能层

L3 应用使能层是应用级封装，它面向特定的应用领域，提供不同的处理算法，为各领域提供具有计算和处理能力的引擎，它还可以直接使用 L2 执行框架层提供的框架调度能力，通过通用框架生成相应的神经网络来实现具体的引擎功能。

L3 应用使能层包含计算机视觉引擎、语言文字引擎以及通用业务执行引擎等。

（1）计算机视觉引擎：面向计算机视觉领域，提供一些视频或图像处理的算法封装，专门用来处理计算机视觉领域的算法和应用。

（2）语言文字引擎：面向语音及其他领域，提供一些语音、文本等数据的基础处理算法封装等，可以根据具体应用场景提供语言文字处理功能。

（3）通用业务执行引擎：提供通用的神经网络推理能力。

2. L2 执行框架层

L2 执行框架层是框架调用能力和离线模型生成能力的封装。L3 应用使能层将应用算法开发完并封装成引擎后，L2 执行框架层会根据相关算法的特点进行适合深度学习框架的调用（如 Caffe 或 TensorFlow），从而得到相应功能的神经网络，再通过框架管理器生成离线模型（Offline Model，OM）。

L2 执行框架层包含框架管理器和流程编排器。

（1）框架管理器中包含离线模型生成器（Offline Model Generator，OMG）、离线模型执行器（Offline Model Executor，OME）和离线模型推理接口，支持模型的生成、加载、卸载和推理计算执行。

在线框架一般使用主流深度学习开源框架（如 Caffe、TensorFlow 等），通过离线模型的转换和加载，在昇腾 AI 处理器上进行加速运算。

而离线框架是指对于昇腾 AI 处理器，L2 执行框架层提供了神经网络的离线生成和执行能力，可以脱离深度学习开源框架（如 Caffe、TensorFlow 等）使得离线模型具有同样的能力（主要是推理能力）。

① 离线模型生成器负责将 Caffe 或 TensorFlow 等框架训练好的模型转换为昇腾 AI 处理器支持的离线模型。

② 离线模型执行器负责加载和卸载离线模型，并将加载成功的模型文件转换为可执行在昇腾 AI 处理器上的指令序列，完成执行前的程序编译工作。

（2）流程编排器：向开发者提供用于深度学习计算的开发平台，包含计算资源、运行框架以及相关配套工具等，让开发者可以便捷高效地编写在特定硬件设备上运行的人工智能应用程序，负责对模型的生成、加载和运算的调度。

L2 执行框架层将神经网络的原始模型转化成可在昇腾 AI 处理器上运行的离线模型后，离线模型执行器将离线模型传送给 L1 芯片使能层进行任务分配。

3. L1 芯片使能层

L1 芯片使能层是离线模型通向昇腾 AI 处理器的桥梁。在收到 L2 执行框架层生成的离线模型后，针对不同的计算任务，L1 芯片使能层会通过加速库（Library）给离线模型计算提供加速功能。

L1 芯片使能层是最接近底层计算资源的一层，负责给硬件输出算子层面的任务。L1 芯片使能层主要包含数字视觉预处理模块、张量加速引擎、运行管理器、驱动以及任务调度器。

在 L1 芯片使能层中，以芯片的张量加速引擎为核心，张量加速引擎支持在线和离线模型的加速计算，包含标准算子加速库和自定义算子的能力。张量加速引擎中包含了标准算子加速库，这些算子经过优化后具有良好的性能。算子在执行过程中与位于算子加速库上层的运行管理器进行交互，同时运行管理器与 L2 执行框架层进行通信，提供标准算子加速库接口给 L2 执行框架层调用，让具体网络模型能找到优化后的、可执行的、可加速的算子进行功能上的最优实现。如果 L1 芯片使能层的标准算子加速库中无 L2 执行框架层所需要的算子，这时可以通过张量加速引擎编写新的自定义算子来支持 L2 执行框架层的需要，因此张量加速引擎通过提供标准算子库和自定义算子的能力为 L2 执行框架层提供了功能完备的算子。

在张量加速引擎下面是任务调度器，根据相应的算子生成具体的计算核函数后，任务调度器会根据具体的任务类型处理和分发相应的计算核函数到 AI CPU 或者 AI Core 上，通过驱动激活硬件运行。任务调度器本身运行在一个专属的 CPU 核上。

数字视觉预处理（Digital Vision Pre-Processing，DVPP）模块是一个面向图像视频领域的多功能封装体。在遇到需要进行常见图像或视频预处理的场景时，该模块为上层提供了使用底层专用硬件的各种数据预处理能力。

4. L0 计算资源层

L0 计算资源层是昇腾 AI 处理器的硬件算力基础，它提供计算资源，并执行具体的计算任务。

在 L1 芯片使能层完成算子对应任务的分发后，具体计算任务的执行由 L0 计算资源层启动。

L0 计算资源层包含操作系统、AI CPU、AI Core 和 DVPP 专用硬件模块。

AI Core 是昇腾 AI 处理器的算力核心，主要完成神经网络的矩阵相关计算。而 AI CPU 完成控制算子、标量和向量等通用计算。如果输入的数据需要进行预处理操作，DVPP 专用硬件模块会被激活并专门用来执行图像和视频数据的预处理，在特定场景下为 AI Core 提供满足计算需求的数据格式。

AI Core 主要负责大算力的计算任务，AI CPU 主要负责较为复杂的计算和执行控制功能，而 DVPP 硬件则负责实现数据预处理功能，操作系统的作用是使得三者之间紧密辅助，组成一个完善的硬件系统，为昇腾 AI 处理器的深度神经网络计算提供了执行上的保障。

5. 工具链

工具链是一套支持昇腾 AI 处理器，并可以方便程序员进行开发的工具平台，提供了自定义算子的开发、调试和网络移植、优化及分析功能的支撑。另外在面向程序员的编程界面，提供了一套桌面化的编程服务，极大降低了深度神经网络相关应用程序的开发门槛。

工具链中包括工程管理、编译测试、流程编排、离线模型转换、比对工具、日志管理、性能分析工具、自定义算子等。因此，工具链为在此平台上的应用开发和执行提供了多层次和多功能的便捷服务。

6.2.2 昇腾 AI 处理器神经网络软件流

昇腾 AI 处理器神经网络软件流是深度学习框架到昇腾 AI 处理器之间的一座桥梁，为神经网络从原始模型到中间计算图表征，再到独立执行的离线模型提供了快速转化的捷径。

昇腾 AI 处理器神经网络软件流主要能完成一个神经网络应用离线模型的生成、加载和执行等功能。昇腾 AI 处理器神经网络软件流聚集了流程编排器、数字视觉预处理模块、张量加速引擎、框架管理器、运行管理器和任务调度器等功能模块，进而形成了一个完整的功能集群。

昇腾 AI 处理器神经网络软件流如图 6-7 所示。

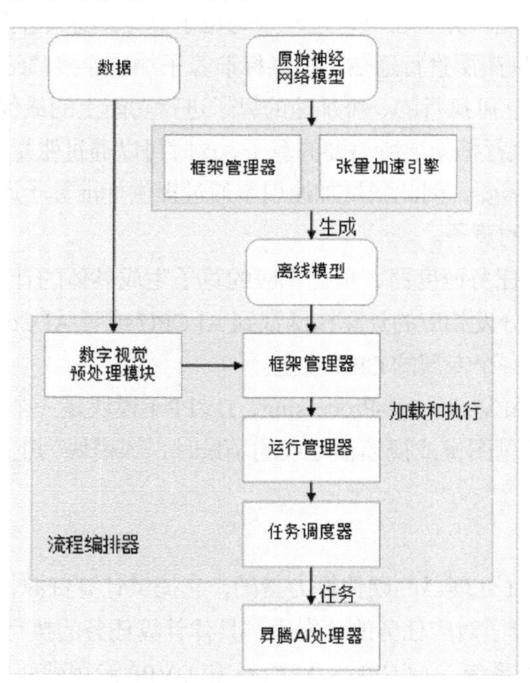

图 6-7　昇腾 AI 处理器神经网络软件流

（1）流程编排器：负责完成神经网络在昇腾 AI 处理器上的落地与实现，统筹整个神经网络生效的过程，控制离线模型的加载和执行过程。

（2）数字视觉预处理模块：在输入之前进行一次数据处理和修饰，以满足计算的格式需求。

（3）张量加速引擎：作为神经网络算子兵工厂，为神经网络模型源源不断地提供功能强大的计算算子。

（4）框架管理器：专门将原始神经网络模型打造成昇腾 AI 处理器支持的形态，并且将塑造后的模型与昇腾 AI 处理器相融合，引导神经网络运行并高效发挥出性能。

（5）运行管理器：为神经网络的任务下发和分配提供各种资源管理通道。

（6）任务调度器：作为一个硬件执行的任务驱动者，为昇腾 AI 处理器提供具体的目标任务；运行管理器和任务调度器联合互动，共同组成了神经网络任务流通向硬件资源的大坝系统，实时监控和有效分发不同类型的执行任务。

整个神经网络软件为昇腾 AI 处理器提供一个软硬件结合且功能完备的执行流程，助力相关 AI 应用的开发，下面将分别介绍与神经网络相关的几个功能模块。

6.2.3　昇腾 AI 处理器软件流各功能模块介绍

1. 张量加速引擎

神经网络构造中，算子组成了不同应用功能的网络结构。而张量加速引擎（Tensor Boost Engine，TBE）作为算子的兵工厂，为基于昇腾 AI 处理器运行的神经网络提供算子开发能力，用 TBE 语言编写的 TBE 算子来构建各种神经网络模型。同时，TBE 对算子也提供了封装调用能力，在 TBE 中有一个优化过的神经网络 TBE 标准算子库，开发者可以直接利用标准算子库中的算子实现高性能的神经网络计算。除此之外，TBE 也提供了 TBE 算子的融合能力，为神经网络的优化开辟了一条独特的路径。

TBE 提供了基于 TVM（Tensor Virtual Machine）开发自定义算子的能力，用户通过 TBE 语言和自定义算子编程开发界面，可以完成相应神经网络算子的开发。TBE 包含特定域语言（Domain-Specific Language，DSL）模块、调度（Schedule）模块、IR（Intermediate Representation，中间表示）模块、编译器传递模块以及代码生成（CodeGen）模块，TBE 的结构如图 6-8 所示。

TBE 算子开发分为计算逻辑编写和调度开发，其中特定域语言模块提供了算子计算逻辑的编写接口，直接基于特定域语言编写算子的计算过程和调度过程。算子的计算过程描述算子的计算方法和步骤，而调度过程描述完成数据切块和数据流向的规划。算子每次计算都按照固定数据形状进行处理，这就需要提前针对在昇腾 AI 处理器中的不同计算单元上执行的算子进行数据形状切分，如矩阵计算单元、向量计算单元以及 AI CPU 上执行的算子对输入数据形状的需求各不相同。

张量加速引擎
特定域语言模块
调度模块
分块　融合
IR 模块
编译器传递模块
代码生成模块

图 6-8　TBE 的结构

定义完算子的基本实现过程后，需要启动调度模块中的分块（Tiling）子模块，对算子中的数据按照调度描述进行切分，同时指定好数据的搬运流程，确保在硬件上的执行达到最优。除了数据形状切分之外，TBE 的算子融合和优化能力也是由调度模块中的融合（Fusion）子模块提供的。

编写完算子后，需要生成中间表示来进一步优化，而中间表示模块通过类似 TVM 的 IR 格式来进行中间表示的生成。在中间表示生成后，需要将模块针对各种应用场景进行编译优化，优化的方式有双缓冲（Double Buffer）、流水线（Pipeline）同步、内存分配管理、指令映射、分块适配矩阵计算单元等。

在算子经过编译器传递模块的处理后，由代码生成模块生成类 C 代码的临时文件，这个临时代码文件可以通过编译器生成算子的实现文件，并可以被离线模型执行器直接加载和执行。

综上所述，一个完整的自定义算子通过 TBE 中的各个子模块完成整个开发流程，从特定域语言模块提供算子计算逻辑和调度描述构成算子原型后，由调度模块进行数据切分和算子融合，进入中间表示模块生成算子的中间表示。编译器传递模块以中间表示进行内存分配等编译优化，最后由代码生成模块产生类 C 代码供编译器直接编译。TBE 在算子的定义过程中不但完成了算子的编写，而且还完成了相关的优化，提升了算子的执行性能。

TBE 的 3 种应用场景如图 6-9 所示。

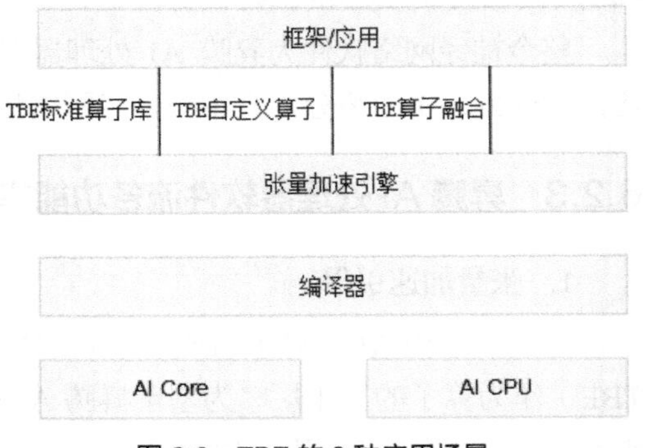

图 6-9　TBE 的 3 种应用场景

（1）一般情况下，通过深度学习框架中的标准算子实现的神经网络模型已经通过 GPU 或者其他类型的神经网络处理器做过训练。如果将这个神经网络模型继续运行在昇腾 AI 处理器上时，希望在尽量不改变原始代码的前提下，使其发挥最大性能。因此 TBE 提供了一套完整的 TBE 算子加速库，库中的算子功能与神经网络中的常见标准算子保持了一一对应关系，并且由软件栈提供了编程接口供调用算子使用，为上层深度学习中各种框架或者应用提供了加速的同时尽量避免了开发昇腾 AI 处理器底层的适配代码。

（2）如果在神经网络模型构造中出现了新的算子，TBE 中提供的标准算子库将无法满足开发需求。此时需要通过 TBE 语言进行自定义算子的开发，这种开发方式和 GPU 上利用 CUDA C++的方式相似，可以实现更多功能的算子，灵活编写各种网络模型。编写完成的算子会交给编译器进行编译，最终执行在 AI Core 或 AI CPU 上发挥出芯片的加速能力。

（3）在合适的场景下，TBE 提供的算子融合能力会提升算子的性能，让神经网络算子可以基于不同层级的缓冲器进行多级别的缓存融合，昇腾 AI 处理器在执行融合后的算子时片上显著提升资源利用率。

综上所述，由于 TBE 在提供算子开发能力的同时也提供了标准算子调用以及算子融合优化的能力，昇腾 AI 处理器在实际的神经网络应用中，可以满足功能多样化的需求，构建网络的方法也会更加方便灵活，融合优化能力也会更好地提高运行性能。

2. 流程编排器

（1）流程编排器（Matrix）的功能简介。

昇腾 AI 处理器对网络执行层次进行划分，将特定功能的执行操作看作基本执行单位——计算引擎（Engine）。每个计算引擎在流程编排过程中都会对数据完成基本的操作功能，如对图片进行分类处理等。计算引擎由开发者进行自定义来完成所需要的具体功能。

通过流程编排器的统一调用，整个深度神经网络应用一般包括 4 个引擎：数据引擎、预处理引擎、模型推理引擎以及后处理引擎，如图 6-10 所示。

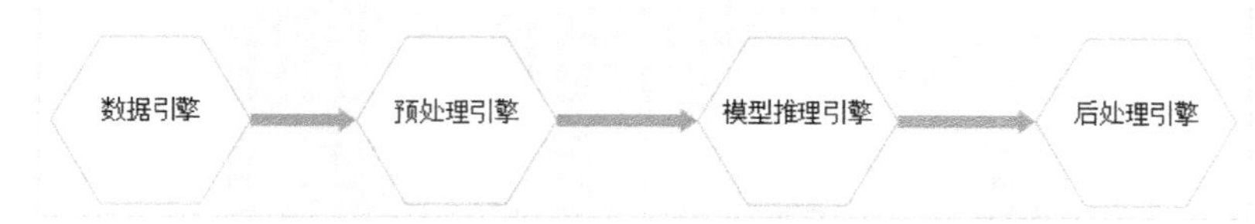

图 6-10　深度神经网络应用的计算引擎流程图

① 数据引擎主要准备神经网络需要的数据集（如 MNIST 数据集）和进行相应数据的处理（如图片过滤等），作为后续计算引擎的数据来源。

② 一般输入媒体数据需要通过格式预处理来满足昇腾 AI 处理器的计算要求，而预处理引擎主要进行媒体数据的预处理，完成图像和视频的编解码以及格式转换等操作，并且数字视觉预处理各功能模块都需要统一通过流程编排器进行调用。

③ 数据流进行神经网络推理时，需要用到模型推理引擎。模型推理引擎主要利用加载好的模型和输入的数据流完成神经网络的前向计算。

④ 在模型推理引擎输出结果后，后处理引擎再对模型推理引擎输出的数据进行后续处理，如图像识别的加框和加标识等处理操作。

图 6-10 所示的是一种典型的计算引擎流程图。计算引擎流程图中每个具体数据处理的节点就是计算引擎，数据流按照编排好的路径流过每个引擎时，分别进行相关处理和计算，最终输出需要的结果，而整个流程图最后输出的结果就是对应神经网络计算输出的结果。相邻两个计算引擎节点通过计算引擎流程图中的配置文件建立连接关系，节点间实际数据流会根据具体网络模型按节点连接方式进行流动。在配置完节点属性后，向计算引擎流程图的开始节点灌入数据就会启动整个计算引擎的运行流程。

流程编排器运行于 L1 芯片使能层之上，L3 应用使能层之下，为多种操作系统（Linux、Android 等）提供统一的标准化中间接口，并且负责完成整个计算引擎流程图的建立、销毁和计算资源的回收。

在计算引擎流程图建立的过程中，流程编排器根据计算引擎的配置文件完成计算引擎流程图的建立。在执行之前，流程编排器提供输入数据。如果输入数据是视频、图像等不能满足处理需要的格式，则可以通过相应的编程接口来调用数字视觉预处理模块进行数据预处理。如果数据满足处理要求，则直接通过接口调用离线模型执行器来进行推理计算。在执行过程中，流程编排器具有多节点调度和多进程管理功能，负责计算进程在设备端的运行，并守护计算进程，以及进行相关执行信息的统计汇总等。在模型执行结束后，流程编排器会为主机上的应用提供获取输出结果的功能。

（2）流程编排器的应用场景。

由于昇腾 AI 处理器针对不同的业务，可以组建具有不同专用性的硬件平台，所以根据具体硬件和主机端的协作情形，常见应用场景有加速卡（Accelerator）和开发者板（Atlas 200 DK），流程编排器在这两种典型场景中的应用存在不同。

① 应用场景之加速卡形式。

基于昇腾 AI 处理器的 PCIe 加速卡主要面向数据中心和边缘侧服务器场景，如图 6-11 所示。

PCIe 加速卡支持多种数据精度，相比其他同类加速卡其性能有所提升，为神经网络的计算提供了更强大的计算能力。在加速卡场景中，需要有主机和加速卡相连，主机是能够支持 PCIe 插卡的各种服务器和个人计算机等，主机通过调用加速卡的神经网络计算能力来完成相应处理。

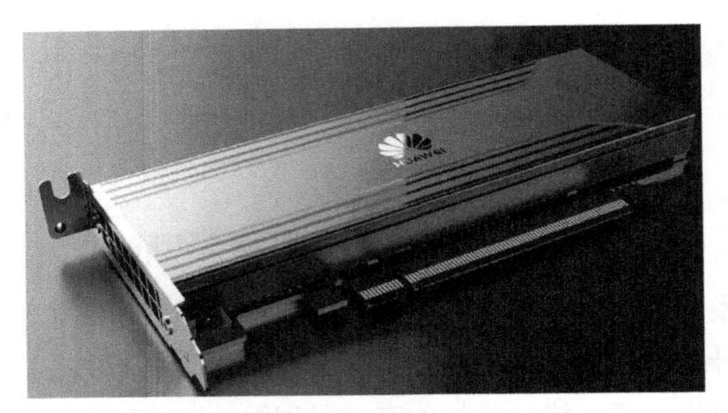

图 6-11　PCIe 加速卡

加速卡场景下的流程编排器功能由 3 个子进程实现：流程编排代理子进程（Matrix Agent）、流程编排守护子进程（Matrix Daemon）和流程编排服务子进程（Matrix Service）。

流程编排代理子进程通常运行在主机上，它能对数据引擎和后处理引擎进行控制和管理，完成与主机应用程序之间的数据交互，并对应用程序进行控制，还能与设备端的处理进程进行通信。

流程编排守护子进程运行在设备端，可以根据配置文件完成设备上流程的建立，负责启动设备上的流程编排进程并进行管理，同时在计算结束后完成计算流程的解除并进行资源回收。

流程编排服务子进程运行在设备端，主要对设备端的预处理引擎和模型推理引擎进行启动和控制。它能控制预处理引擎调用数字视觉预处理模块的编程接口实现视频、图像数据的预处理功能。流程编排服务子进程还可以调用离线模型执行器中的模型管家编程接口实现离线模型的加载和推理。

神经网络的离线模型通过流程编排器进行推理的计算过程如图 6-12 所示。

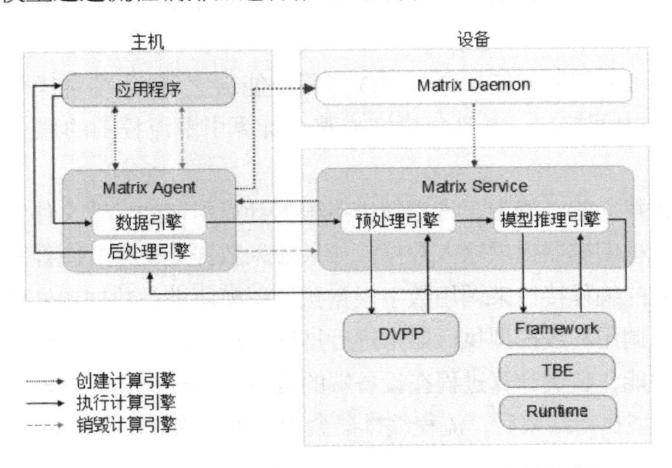

图 6-12　离线模型通过流程编排器进行推理的计算过程

神经网络的离线模型通过流程编排器进行推理的计算主要分为以下 3 个步骤。

步骤 1：创建计算引擎流程图。通过流程编排器使用不同功能的计算引擎编排好神经网络的执行流程。

首先应用程序调用主机端的流程编排代理子进程，根据预先编写好的计算引擎流程图配置文件编排该神经网络的计算引擎流程图，创建好神经网络的执行流程，定义好每个计算引擎的任务。然后计算引擎编排单元将神经网络的离线模型文件和配置文件上传给设备端的流程编排守护子进程，接着由设备端的流程编排守护子进程进行引擎初始化。流程编排守护子进程会控制模型推理引擎调用模型管家的初始化接口加载神经网络的离线模型，完成整个计算引擎流程图的创建步骤。

步骤 2：执行计算引擎流程图。按照定义好的计算引擎流程图进行神经网络功能的计算和实现。

加载离线模型完成后，应用程序会通知主机端的流程编排代理子进程进行应用数据的输入。应用程序直接将数据送入数据引擎中，进行相应处理。如果传入的是媒体数据且不满足昇腾 AI 处理器的计算要求，预处理引擎会马上启动，并且调用数字视觉预处理模块的接口进行媒体数据预处理，如完成编解码、缩放等。预处理完成后将数据返回给预处理引擎，再由预处理引擎将数据传送给模型推理引擎。同时模型推理引擎调用模型管家的处理接口将数据和加载好的离线模型结合完成推理计算。在得到输出结果后，模型推理引擎调用流程编排单元的发送数据接口将推理结果返回给后处理引擎，由后处理引擎完成数据的后处理操作，最终再通过流程编排单元将后处理的数据返回给应用程序，至此完成了执行计算引擎流程图。

步骤 3：销毁计算引擎流程图。在所有计算完成后释放计算引擎占用的系统资源。

在所有引擎数据处理和返回后，应用程序通知流程编排代理子进程进行数据引擎和后处理引擎计算硬件资源的释放；而流程编排代理子进程通知流程编排服务子进程进行预处理引擎和模型推理引擎的资源释放。所有资源释放完毕，就完成了计算引擎流程图的销毁，再由流程编排代理子进程通知应用程序可以进行下一次的神经网络的执行。

② 应用场景之开发者板形式。

Atlas 200 DK 应用场景是指基于昇腾 AI 处理器的 Atlas 200 开发者套件（Atlas 200 Developer Kit，Atlas 200 DK）场景，如图 6-13 所示。

图 6-13　Atlas 200 DK 开发者套件

开发者套件将昇腾 AI 处理器的核心功能通过开发者板上的外围接口开放出来，方便从外部直接对芯片进行控制和开发，可以较容易且直观地发挥昇腾 AI 处理器的神经网络处理能力。因此，基于昇腾 AI 处理器构建的开发者套件可以被广泛地应用在不同的人工智能领域，这也是日后移动端的主力硬件。

对于开发者板场景，主机的控制功能也在开发者板上，其逻辑架构如图 6-14 所示。

流程编排器作为昇腾 AI 处理器的功能接口，可完成计算引擎流程图与应用程序之间的数据交互。流程编排器根据配置文件建立计算引擎流程图，负责编排流程和进程控制及管理，同时计算结束后进行计算引擎流程图的销毁和资源回收。在预处理过程中，流程编排器调用预处理引擎的接口实现媒体预处理功能。在推理过程中，流程编排器还可以调用模型管家的编程接口实现离线模型的加载和推理。在开发者板应用场景下，流程编排器统筹整个计算引擎流程图的实现过程，不需要和其他设备进行交互。

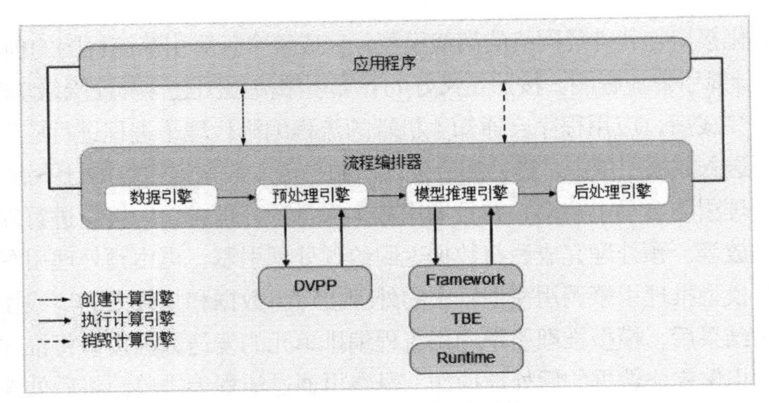

图 6-14　开发者板的逻辑架构

3. 任务调度器

任务调度器（Task Scheduler，TS）与运行管理器共同组成软硬件之间的大坝系统。在执行时，任务调度器对硬件进行任务的驱动，为昇腾 AI 处理器提供具体的目标任务，与运行管理器一起完成任务调度流程，并将输出数据回送给运行管理器，充当了一个任务输送分发和数据回传的通道。

（1）任务调度器的功能简介。

任务调度器运行在设备侧的任务调度 CPU 上，负责将运行管理器分发的具体任务进一步派发到 AI CPU 上。它也可以通过硬件任务块调度器（Block Scheduler，BS）把任务分配到 AI Core 上执行，并在执行完成后返回任务执行的结果给运行管理器。通常任务调度器处理的主要事务有 AI Core 任务、AI CPU 任务、内存复制任务、事件记录任务、事件等待任务、清理维护（Maintenance）任务以及性能分析（Profiling）任务等。

内存复制任务主要以异步方式进行。事件记录任务主要记录事件的发生信息，如果存在等待该事件的任务，则这些任务在事件记录完成后可以解除等待，继续执行，消除由事件记录而导致的执行流的阻塞。事件等待任务是指如果等待的事件已经发生，则等待任务直接完成；如果等待的事件尚未发生，则将等待任务填入待处理列表中，同时暂停事件等待任务所在执行流中的后续所有任务的处理，在等待的事件发生时，再进行事件等待任务的处理。

任务执行完成后，由清理维护任务根据任务参数的不同进行相应的清理工作，回收计算资源。在执行过程中，还有可能要对计算的性能进行记录和分析，这时需要用到性能分析任务，来控制性能分析操作的启动和暂停。

任务调度器的功能框架如图 6-15 所示，任务调度器通常位于设备端，其功能由任务调度 CPU 来完成。任务调度 CPU 由调度接口（Interface）、调度引擎（Engine）、逻辑处理模块、AI CPU 调度器、任务块调度器、系统控制（SysCtrl）模块、性能分析（Profile）模块和日志（Log）模块组成。

任务调度 CPU 通过调度接口实现运行管理器和驱动之间的通信及交互。将任务通过结果传送给任务调度引擎，任务调度引擎作为任务调度实现的主体，负责实现任务组织、任务依赖及任务调度控制等流程，管理整个任务调度 CPU 的执行过程。任务调度引擎根据任务的具体类型，将任务分为计算、存储和控制 3 种类型，并分发给不同调度逻辑处理模块，启动具体核函数任务、存储任务以及执行流之间的事件依赖等逻辑的管理与调度。

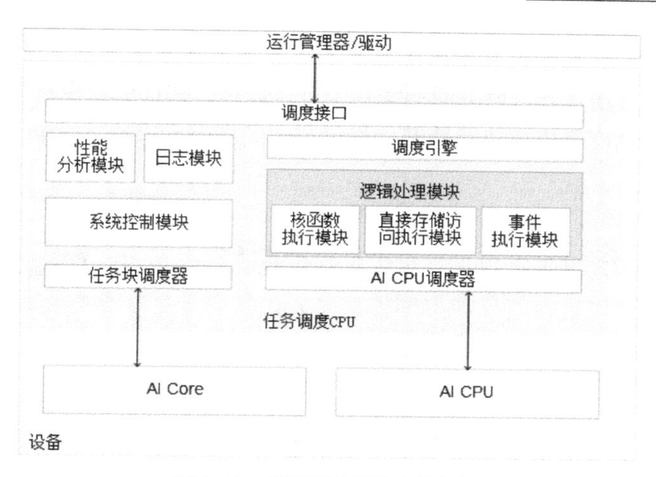

图 6-15 任务调度器的功能框架

逻辑处理模块分为核函数执行模块（Kernel Execute）、直接存储访问执行模块（DMA Execute）和事件执行模块（Event Execute）。核函数执行模块进行计算任务的调度处理，实现 AI CPU、AI Core 上任务的调度逻辑，对具体的核函数进行调度处理。直接存储访问执行模块实现存储任务的调度逻辑，对内存复制等任务进行调度处理。事件执行模块负责实现同步控制任务的调度逻辑，实现执行流之间事件依赖的逻辑处理。在完成不同类型任务的调度逻辑处理后，开始直接交由相应的控制单元进行硬件执行。

针对 AI CPU 的任务执行，由任务调度 CPU 中的 AI CPU 调度器用软件的方式对 AI CPU 进行状态管理及任务调度。而对于 AI Core 的任务执行，则由任务调度 CPU 将处理后的任务通过一个单独的任务块调度器硬件分发到 AI Core 上，由 AI Core 进行具体计算，计算完成的结果也是由任务块调度器返回给任务调度 CPU。

任务调度 CPU 在完成任务调度的过程中，由系统控制模块对系统进行配置和芯片功能的初始化，同时由性能分析模块和日志模块监测整个执行流程，记录关键执行参数以及具体执行细节，在整个执行流程结束或者报错时，可以进行具体的性能分析或者错误定位，为之后评估分析执行过程的正确性和高效性提供依据。

（2）任务调度器的调度流程。

在神经网络的离线模型执行过程中，任务调度器接收来自离线模型执行器的具体执行任务，这些任务之间存在依赖关系，需要先解除依赖关系，再进行任务调度等步骤，最后根据具体的任务类型分发给 AI Core 或 AI CPU，完成具体硬件的计算或执行。在任务调度过程中，任务是由多条执行指令（CMD）组成的，由任务调度器和运行管理器进行相互交互，完成整个任务指令的有序调度。运行管理器在主机的 CPU 上执行，指令队列位于设备上的内存中，任务调度器进行具体任务指令的下发。

任务调度器的调度过程的详细流程如图 6-16 所示。

首先运行管理器调用驱动的 dvCommandOcuppy 接口进入指令队列中，根据指令的尾部信息查询指令队列中可用的存储空间，并将可以用的指令存储空间地址返回给运行管理器。运行管理器接收到地址后，将当前准备好的任务指令填充进指令队列存储空间中，并调用驱动的 dvCommandSend 接口更新指令队列当前的尾部信息和信用（Credit）信息。队列接收新增的任务指令后，产生 doorbell

中断，并通知任务调度器在设备内存中的指令队列中新增了任务指令。任务调度器得到通知后，进入设备内存中，搬运任务指令进入调度器的缓存中进行保存，并且更新设备端 DDR 内存中指令队列的头部信息。最后任务调度器根据执行情况，将缓存中的指令发送给 AI CPU 或 AI Core 进行执行。

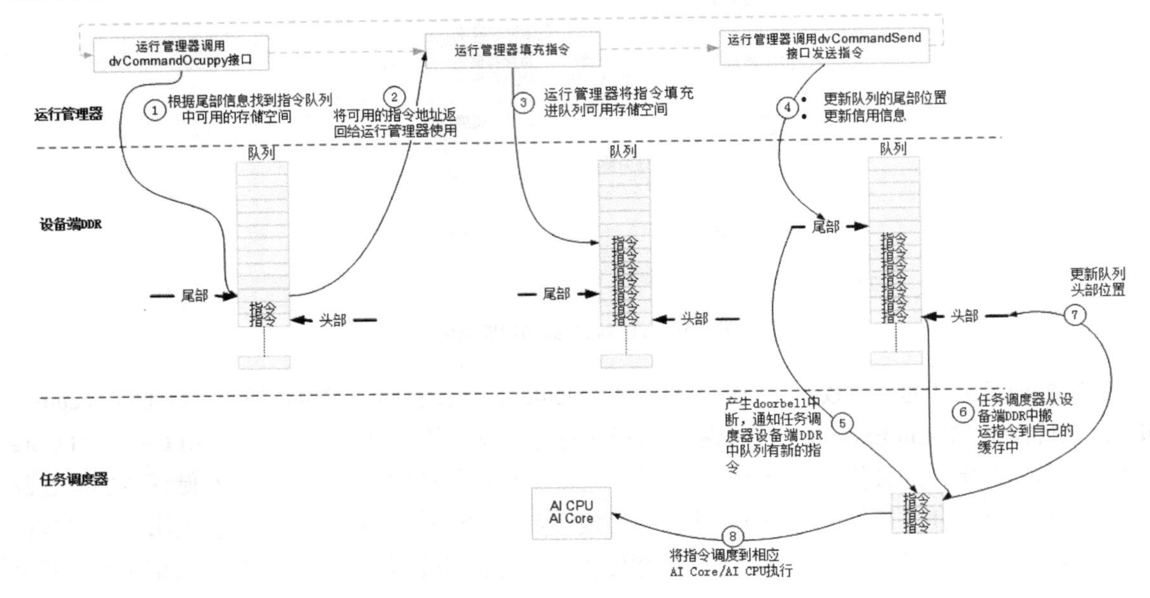

图 6-16　任务管理器和任务调度器协同运作流程

和大多数加速器运行时软件栈的构造基本一致，昇腾 AI 处理器中的运行管理器、驱动和任务调度器紧密配合，共同有序地完成任务分发至相应硬件资源并执行。这个调度过程为深度神经网络计算过程紧密有序地输送了任务，保证了任务执行的连续性和高效性。

4. 运行管理器

运行管理器（Runtime）在软件栈中的上下文关系如图 6-17 所示，运行管理器的上层为 TBE 提供的 TBE 标准算子库和离线模型执行器。TBE 标准算子库为昇腾 AI 处理器提供神经网络需要使用到的算子，离线模型执行器专门用来进行离线模型的加载和执行。运行管理器的下层是驱动，与昇腾 AI 处理器进行底层交互。

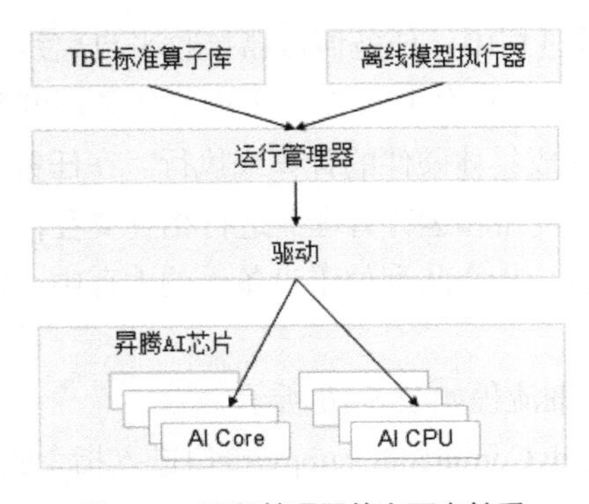

图 6-17　运行管理器的上下文关系

运行管理器对外提供各种调用接口，如存储接口、设备接口、执行流接口、事件接口以及执行控制接口，不同的接口由运行管理引擎控制完成不同的功能，如图 6-18 所示。

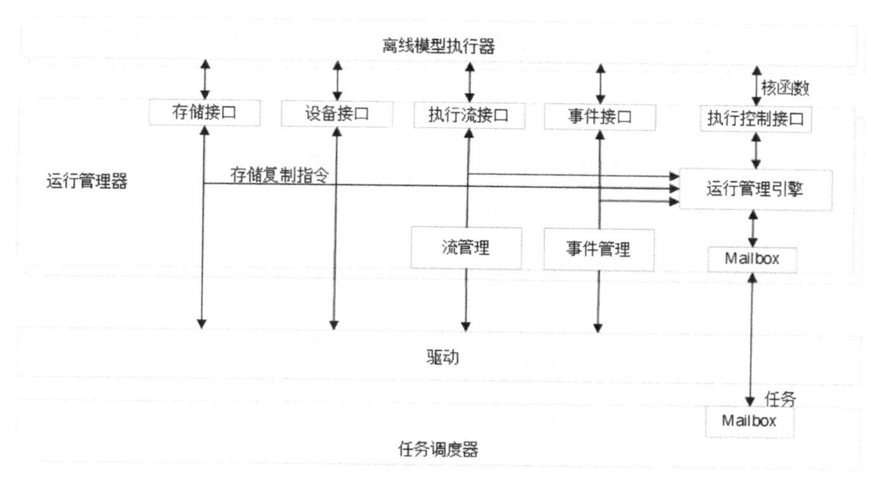

图 6-18　运行管理器对外提供各种接口

存储接口提供设备上高带宽存储器（High Bandwidth Memory，HBM）或双倍速率（Double Data Rate，DDR）内存的申请、释放和复制等，包括设备到主机、主机到设备以及设备到设备之间的数据复制。这些内存复制分为同步和异步两种方式：同步复制是指内存复制完成后才能执行下一步操作，而异步复制是指在复制的同时也可以同时执行其他操作。

设备接口提供底层设备的数量和属性查询，以及选中、复位等操作。在离线模型调用了设备接口选中某特性设备后，模型中所有的任务都会在这个被选中的设备上执行。若执行过程中需要向其他设备派发任务，则需要再调用一次设备接口进行设备选中。

执行流接口提供执行流的创建、释放、优先级定义、回调函数设置、对事件的依赖定义和同步等，这些功能关系到执行流内部的任务执行，同时单个执行流内部的任务必须按顺序执行。

如果多个执行流之间需要进行同步，则需要调用事件接口，进行同步事件的创建、释放、记录和依赖定义等，确保多个执行流得以同步执行完成并输出模型最终结果。事件接口除了用于分配任务或执行流之间的依赖关系，还可以用于程序运行中的时间标记，记录执行时序。

执行时，还会用到执行控制接口，运行管理引擎通过执行控制接口和 Mailbox 完成核函数的加载和存储异步复制等任务的派发。

5. 框架管理器

（1）框架管理器的功能框架。

框架管理器（Framework）协同张量加速引擎为神经网络生成可执行的离线模型。在神经网络执行之前，框架管理器与昇腾 AI 处理器紧密结合生成硬件匹配的高性能离线模型，并拉通了流程编排器和运行管理器使离线模型和昇腾 AI 处理器进行深度融合。在神经网络执行时，框架管理器联合了流程编排器、运行管理器、任务调度器以及底层的硬件资源，将离线模型、数据和达芬奇架构三者进行结合，优化执行流程得出神经网络的应用输出。

框架管理器包含 3 个部分，分别为离线模型生成器（Offline Model Generator，OMG）、离线模型执行器（Offline Model Executor，OME）以及模型管家（AI Model Manager），如图 6-19 所示。

开发者使用离线模型生成器生成离线模型，并以.om 为扩展名进行保存。随后，软件栈中的流程编排器调用框架管理器中的模型管家，启动离线模型执行器将离线模型加载到昇腾 AI 处理器上，最后再通过整个软件栈完成离线模型的执行。从离线模型的诞生，到加载进入昇腾 AI 处理器硬件，直至最后的功能运行，离线框架管理器始终发挥着管理的作用。

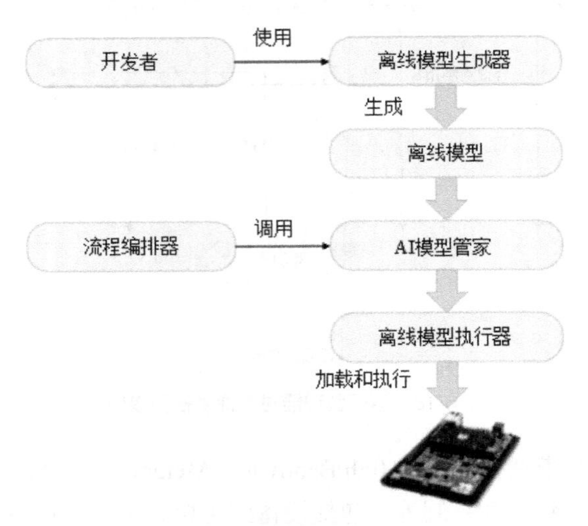

图 6-19　离线模型功能框架

（2）离线模型生成器生成离线模型。

以卷积神经网络为例，在深度学习框架下构造好相应的网络模型，并且训练好原始数据，再通过离线模型生成器进行算子调度优化、权重数据重排和压缩、内存优化等，最终生成调优好的离线模型。离线模型生成器主要用来生成可以高效执行在昇腾 AI 处理器上的离线模型。

离线模型生成器的工作原理如图 6-20 所示，在接收到原始模型后，对卷积神经网络模型进行模型解析、量化、编译和序列化 4 步操作。

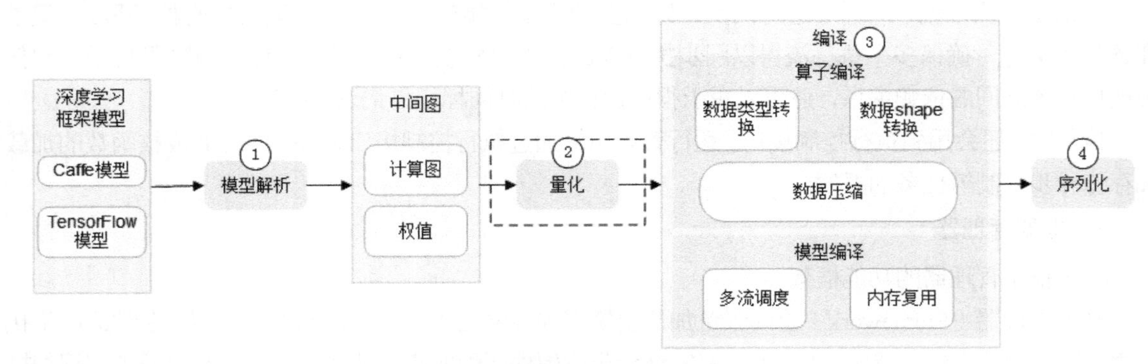

图 6-20　离线模型生成器的工作原理

① 模型解析：在解析过程中，离线模型生成器支持不同框架下的原始网络模型解析，提炼出原始模型的网络结构、权重参数，再通过图的表示法，由统一的中间图（IR Graph）来重新定义网络结构。中间图由计算节点和数据节点构成，计算节点由不同功能的 TBE 算子组成，而数据节点专门接收不同的张量数据，为整个网络提供计算需要的各种输入数据。这个中间图是由计算图和权重构成的，涵盖了所有原始模型的信息。中间图为不同深度学习框架到昇腾 AI 软件栈搭起了一座桥梁，使外部框架构造的神经网络模型可以轻松地转化为昇腾 AI 处理器支持的离线模型。

② 量化：量化是指对高精度数据进行低比特量化，从而达到节约网络存储空间、降低传输时

延以及提高运算执行效率的目的，量化的过程如图 6-21 所示。

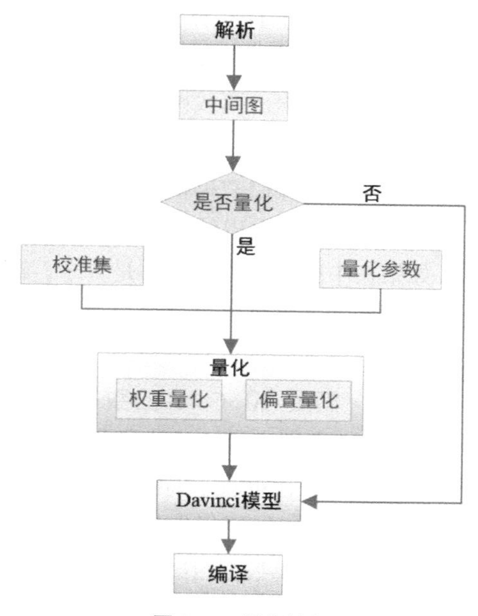

图 6-21　量化过程

解析完成后生成了中间图，如果模型还需要进行量化处理，则可以基于中间图的结构和权重，通过自动量化工具来进行量化。在算子中，可以对权重、偏置进行量化，在离线模型生成过程中，量化后的权重、偏置会保存在离线模型中，推理计算时，可以使用量化后的权重和偏置对输入数据进行计算，而校准集用于在量化过程中训练量化参数，保证量化精度。如果不需要量化，则直接进行离线模型编译生成离线模型。

量化分为数据偏移量化和无偏移量化两种方式，需要输出量化度（Scale）和量化偏移（Offset）两个参数。在数据量化过程中，量化方式指定为无偏移量化时，数据都采用无偏移量化方式，计算出量化数据的量化度；如果量化方式指定为数据偏移量化，则数据采用偏移量化方式，计算输出数据的量化度和量化偏移。在权重量化过程中，由于权重对量化精度要求较高，因此始终采用无偏移量化方式。比如根据量化算法对权重文件进行 INT8 类型量化，即可输出 INT8 权重和量化度。而在偏置量化过程中，根据权重的量化度和数据的量化度，可将 FP32 类型偏置数据量化成 INT32 类型数据输出。

在对模型大小和性能有更高要求的时候可以选择执行量化操作。离线模型生成过程中量化会将高精度数据向低比特数据进行量化，让最终的离线模型更加轻量化，从而达到节约网络存储空间、降低传输时延以及提高运算执行效率的目的。在量化过程中，由于模型存储大小受参数影响很大，因此离线模型生成器重点支持卷积算子、全连接算子以及深度可分离卷积（ConvolutionDepthwise）等带有参数算子的量化。

③ 编译：在完成模型量化后，需要对模型进行编译，编译分为算子编译和模型编译两个部分，算子编译提供算子的具体实现，模型编译将算子模型聚合连接生成离线模型结构。

a. 算子编译：算子编译进行算子生成，主要是生成算子特定的离线结构。算子生成分为输入张量描述、权重数据转换和输出张量描述过程 3 个流程。在输入张量描述过程中，计算每个算子的输入维度、内存大小等信息，并且在离线模型生成器中定义好算子输入数据的形式。在权重数据转换中，对算子使用的权重参数进行数据格式（如 FP32 到 FP16 的转换）、形状转换（如分形重排）、数据压缩等处理。在输出张量描述中，计算算子的输出维度、内存大小等信息。

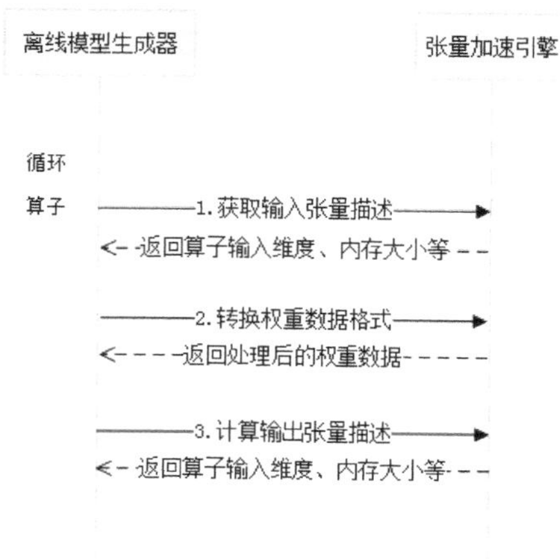

图 6-22　算子生成流程

算子生成流程如图 6-22 所示，算子生成过程中需要通过 TBE 算子加速库的接口对输出数据的形状进行分析确定与描述，通过 TBE 算子加速库接口也可以实现数据格式的转换。

离线模型生成器收到神经网络生成的中间图并对中间图中的每个节点进行描述，逐个解析每个算子的输入和输出。离线模型生成器分析当前算子的输入数据来源，获取上一层中与当前算子直接进行衔接的算子类型，通过 TBE 算子加速库的接口进入算子库中寻找来源算子的输出数据描述，然后将来源算子的输出数据信息返回给离线模型生成器，作为当前算子的具体输入张量描述。因此，了解了来源算子的输出信息就可以获得当前算子输入数据的描述。

如果在中间图中的节点不是算子，而是数据节点，则不需要进行输入张量描述。如果算子带有权重数据，如卷积算子和全连接算子等，则需要进行权重数据的描述和处理。如果输入权重数据类型为 FP32，则需要通过离线模型生成器调用类型转化（ccTransTensor）接口，将权重转换成 FP16 数据类型，满足 AI Core 的数据类型需求。完成类型转换后，离线模型生成器调用形状设置（ccTransFilter）接口对权重数据进行分形重排，让权重的输入形状可以满足 AI Core 的格式需求。在获得固定格式的权重后，离线模型生成器调用 TBE 提供的压缩优化（ccCompressWeight）接口，对权重进行压缩优化，缩小权重存储空间，使模型更加轻量化。在对权重数据转换完成之后，返回满足计算要求的权重数据给离线模型生成器。

权重数据转化完成后，离线模型生成器还需要对算子的输出数据信息进行描述，确定输出张量形式。对于高层次的复杂算子，如卷积算子和池化算子等，离线模型生成器可以直接通过 TBE 算子加速库提供的计算接口，结合算子的输入张量信息和权重信息来获取算子的输出张量信息。如果是低层次的简单算子，如加法算子等，则可以直接通过算子的输入张量信息来确定输出张量信息，最终再存入离线模型生成器中。按照上述运行流程，离线模型生成器遍历网络中间图中的所有算子，循环执行算子生成步骤，对所有算子的输入输出张量和权重数据进行描述，完成算子的离线结构表示，为下一步模型生成提供算子模型。

b. 模型编译：编译过程中完成算子生成后，离线模型生成器还要进行模型生成，获取模型的离线结构。离线模型生成器获取中间图，对算子进行并发的调度分析，将多个中间图节点进行执行流拆分，获得多个由算子和数据输入组成的执行流，执行流可以看作算子的执行序列。对于没有相互依赖的节点，直接分配到不同的执行流中。如果不同执行流中节点存在依赖关系，则通过 rtEvent 同步接口进行多执行流之间的同步。在 AI Core 运算资源富余的情况下，多执行流拆分可以为 AI Core 提供多流调度，从而提升网络模型的计算性能。但是如果 AI Core 并行处理任务较多时，会加剧资源抢占程度，恶化执行性能，默认情况下采用单执行流对网络进行处理，可防止因多任务并发执行导致阻塞的风险。

同时，基于多个算子的执行序列的具体执行关系，离线模型生成器可以进行独立于硬件的算子融合优化以及内存复用优化操作。根据算子的输入、输出内存信息，进行计算内存复用，将相关复用信息写入模型和算子描述中，生成高效的离线模型。这些优化操作可以将多个算子执行时的计算资源进行重新分配，最大化地减小运行时内存占用，同时避免运行过程中频繁进行内存分配和释放，实现以最小的内存使用和最低的数据搬移频率完成多个算子的执行，提升性能，并且降低对硬件资源的需求。

④ 序列化：编译后产生的离线模型存放于内存中，还需要对其进行序列化。序列化过程主要提供签名及加密功能给模型文件，对离线模型进行进一步的封装和完整性保护。序列化过程完成后可以将离线模型从内存输出到外部文件中，以供异地的昇腾 AI 处理器芯片调用和执行。

6. 数字视觉预处理

数字视觉预处理（Digital Vision Pre-Processing，DVPP）模块作为昇腾 AI 软件栈中的编解码和图像转换模块，为神经网络发挥着预处理的辅助功能。当来自系统内存和网络的视频或图像数据进入昇腾 AI 处理器的计算资源中进行运算之前，由于达芬奇架构对输入数据有固定的格式要求，如果数据未满足架构规定的输入格式、分辨率等要求，就需要调用数字视觉预处理模块进行格式的转换，才可以进行后续的神经网络计算步骤。

（1）数字视觉预处理模块的功能架构。

数字视觉预处理对外提供 6 个模块，分别为视频解码（VDEC）模块、视频编码（VENC）模块、JPEG 解码（JPEGD）模块、JPEG 编码（JPEGE）模块、PNG 解码（PNGD）模块和视觉预处理核心（VPC）模块。

① VDEC 模块提供了 H.264/H.265 的视频解码功能，可对输入的视频码流进行解码输出图像，常用于视频识别等场景的前处理。

② VNEC 模块提供了输出视频的编码功能。对于 VPC 模块的输出数据或原始输入的 YUV 格式数据，使用 VNEC 模块可将编码输出成 H.264/H.265 视频，便于直接进行视频的播放和显示。

③ JPEGD 模块可对 JPEG 格式的图片进行解码，将原始输入的 JPEG 图片转换成 YUV 数据，以及对神经网络的推理输入数据进行预处理。

④ JPEG 图片处理完成后，需要用 JPEGE 模块对处理后的数据进行 JPEG 格式还原，JPEGE 模块多用于神经网络的推理输出数据的后处理。

⑤ 当输入图片格式为 PNG 时，需要调用 PNGD 模块进行解码，PNGD 模块能将 PNG 图片以 RGB 格式进行数据输出，以供昇腾 AI 处理器进行推理计算。

⑥ VPC 模块提供对图片和视频其他方面的处理功能，如格式转换（如 YUV/RGB 格式到 YUV420 格式转换）、大小缩放、裁剪等功能。

数字视觉处理模块的执行流程如图 6-23 所示，需要由 Matrix、DVPP、DVPP 驱动和 DVPP 硬件模块共同协作完成。

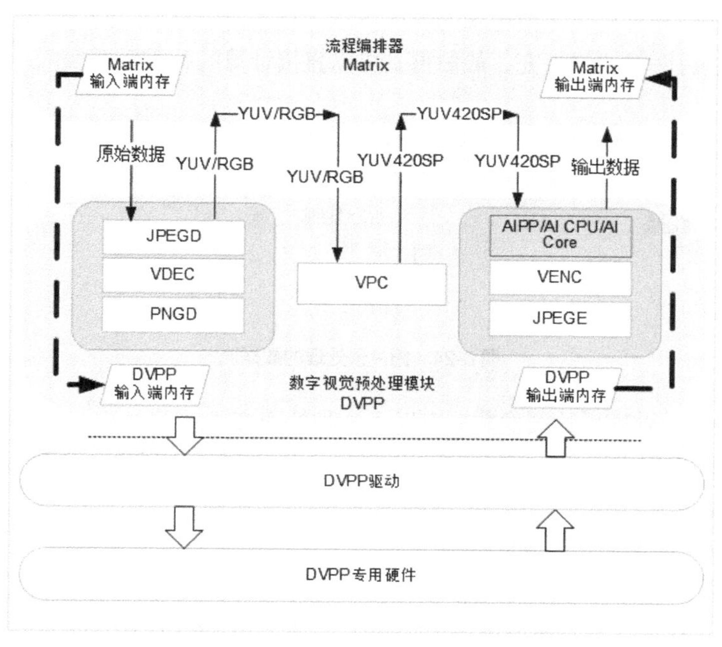

图 6-23　数字视觉处理模块的执行流程

① 位于框架最上层是 Matrix，负责调度 DVPP 中的功能模块进行相应处理以及管理数据流。

② DVPP 位于功能架构的中上层，为 Matrix 提供调用视频图形处理模块的编程接口，通过这些接口可以配置编解码和视觉预处理模块的相关参数。

③ DVPP 驱动位于功能架构的中下层，是最贴近 DVPP 的硬件模块，主要负责设备管理、引擎管理和引擎模块组的驱动。驱动会根据 DVPP 下发的任务分配对应的 DVPP 硬件引擎，同时还对硬件模块中的寄存器进行读写，完成其他一些硬件初始化工作。

④ 最底层的是真实的硬件计算资源 DVPP 模块组，是一个独立于昇腾 AI 处理器中其他模块的单独专用加速器，专门负责执行与图像和视频相对应的编解码和预处理任务。

（2）数字视觉预处理模块的预处理机制。

当输入数据进入数据引擎时，引擎一旦检查发现数据格式不满足后续 AI Core 的处理需求，则可以开启数字视觉预处理模块进行数据预处理。

以图片预处理为例描述整个预处理流程。

① 首先 Matrix 会将数据从内存中搬运到 DVPP 的缓冲区进行缓存。

② 根据具体数据的格式，预处理引擎通过 DVPP 提供的编程接口完成参数配置和数据传输。

③ 编程接口启动后，DVPP 将配置参数和原始数据传递给驱动程序，并由 DVPP 驱动调用 PNG 或 JPEG 解码模块进行初始化和任务下发。

④ DVPP 专用硬件中的 PNG 或 JPEG 解码模块启动实际操作来完成图片的解码，得到 YUV 或者 RGB 格式的数据，满足后续处理的需要。

⑤ 解码完成后，Matrix 以同样的机制继续调用 VPC 进一步把图片转化成 YUV420SP 格式，因为 YUV420SP 格式数据存储效率高且占用带宽小，所以同等带宽下可以传输更多的数据来满足 AI Core 强大计算吞吐量的需求。同时 DVPP 也可以完成图像的裁剪与缩放。图 6-24 所示的是一种典型的改变图像尺寸的裁剪和补零操作，VPC 在原图像中取出待处理图像部分，再将这部分进行补零操作，在卷积神经网络计算过程中保留边缘的特征信息。补零操作需要用到上、下、左、右 4 个填充尺寸，在填充区域进行图像边缘扩充，最后得到可以直接计算的补零后图像。

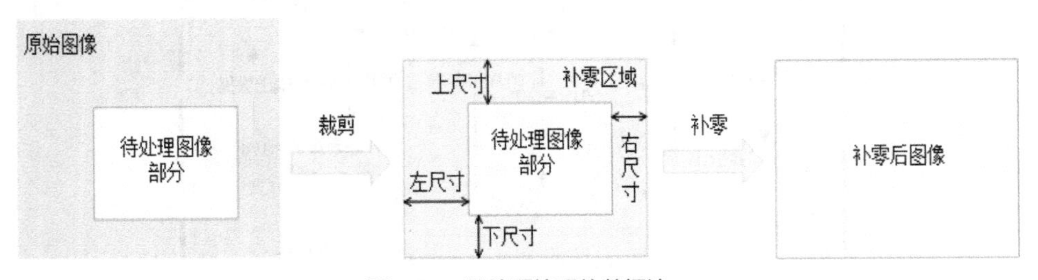

图 6-24 图片预处理的数据流

⑥ 经过一系列的预处理后的图像数据有以下两种处理方式。

a. 图像数据可以根据模型要求经过 AIPP（AI Preprocessing）进行进一步预处理（可选，若 DVPP 输出的数据满足图像要求，则可以不经过 AIPP 的处理），然后将满足要求的图像数据在 AI CPU 的控制下进入 AI Core 进行所需的神经网络计算。

b. 将输出的图像数据统一通过 JPEG 编码模块进行编码，完成编码后处理，将数据放入 DVPP 的缓冲器中，最终由 Matrix 取出数据进行后续操作，同时也会释放 DVPP 的计算资源并回收缓存。

整个预处理过程中，Matrix 完成了不同模块的功能调用。DVPP 作为定制化的数据补给模块，采用了异构或专用的处理方式来对图像数据进行快速变换，为 AI Core 提供了充足的数据源，从而满足了神经网络计算中大数据量、大带宽的需求。

6.2.4 昇腾 AI 处理器的数据流程

以人脸识别推理应用为例来介绍昇腾 AI 处理器（Ascend 310）的数据流程：首先由摄像机（Camera）进行数据采集和处理，然后对数据进行推理，最后对人脸识别结果进行输出，如图 6-25 所示。

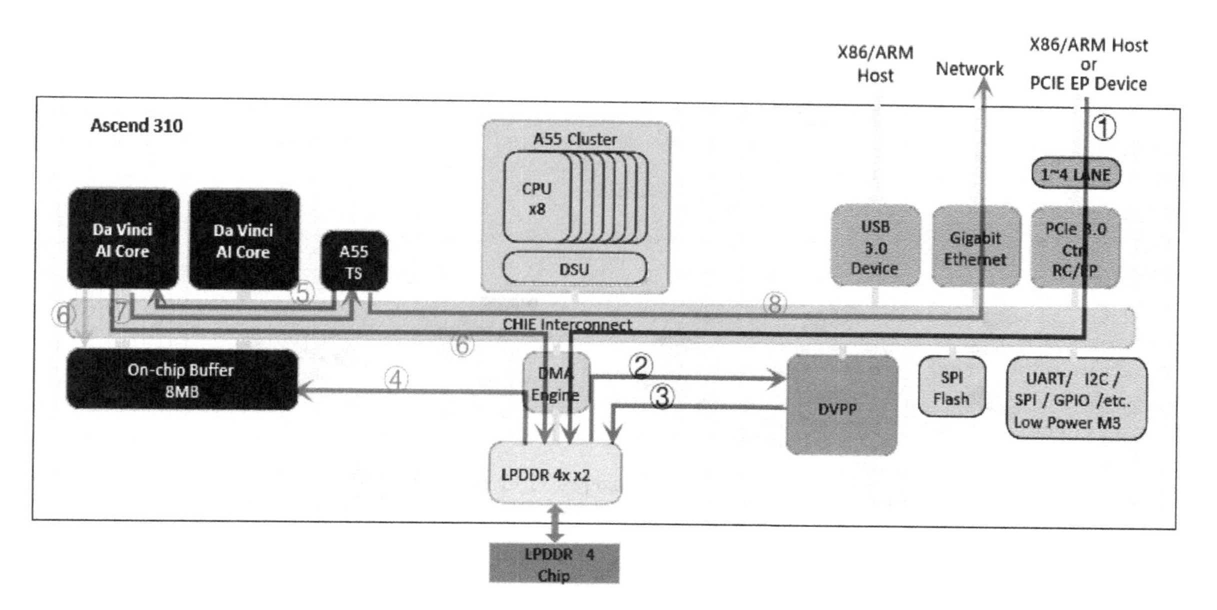

图 6-25　昇腾 AI 处理器（Ascend 310）的数据流程

（1）由 Camera 进行数据采集和处理。

步骤①：从 Camera 传入压缩视频流，通过 PCIe 通道将数据存储到 DDR 中。

步骤②：DVPP 将压缩视频流读入缓存。

步骤③：DVPP 经过预处理，将解压缩的帧写入 DDR 内存。

（2）对数据进行推理。

步骤④：任务调度器向直接存储访问引擎（Divect Memory Access，MDMA）发送指令，将 AI 资源从 DDR 预加载到片上缓冲区。

步骤⑤：任务调度器配置 AI Core 以执行任务。

步骤⑥：AI Core 工作时，它将读取特征图和权重并将结果写入 DDR 或片上缓冲区。

（3）对人脸识别结果进行输出。

步骤⑦：AI Core 完成处理后，发送信号给任务调度器，任务调度器检查结果，如果需要会分配另一个任务，并返回步骤④。

步骤⑧：当最后一个 AI 任务完成，任务调度器会将结果报告给主机设备。

6.3 Atlas 人工智能计算解决方案

华为 Atlas 人工智能计算解决方案是基于华为昇腾 AI 处理器，通过模块、板卡、小站、服务器、集群等丰富的产品形态，打造面向端、边、云的全场景 AI 基础设施方案。本节主要介绍华为 Atlas 人工智能计算解决方案的相应产品，主要包括推理和训练两个应用方向。推理类的产品主要包括 Atlas 200 AI 加速模块、Atlas 200 DK、Atlas 300I 推理卡、Atlas 500 智能小站以及 Atlas 800 推理服务器，均采用昇腾 310 AI 处理器。训练类的产品主要包括 Atlas 300T 训练卡、Atlas 800 训练服务器以及 Atlas 900 AI 集群，均采用昇腾 910 AI 处理器。Atlas 人工智能计算解决方案的全景如图 6-26 所示。

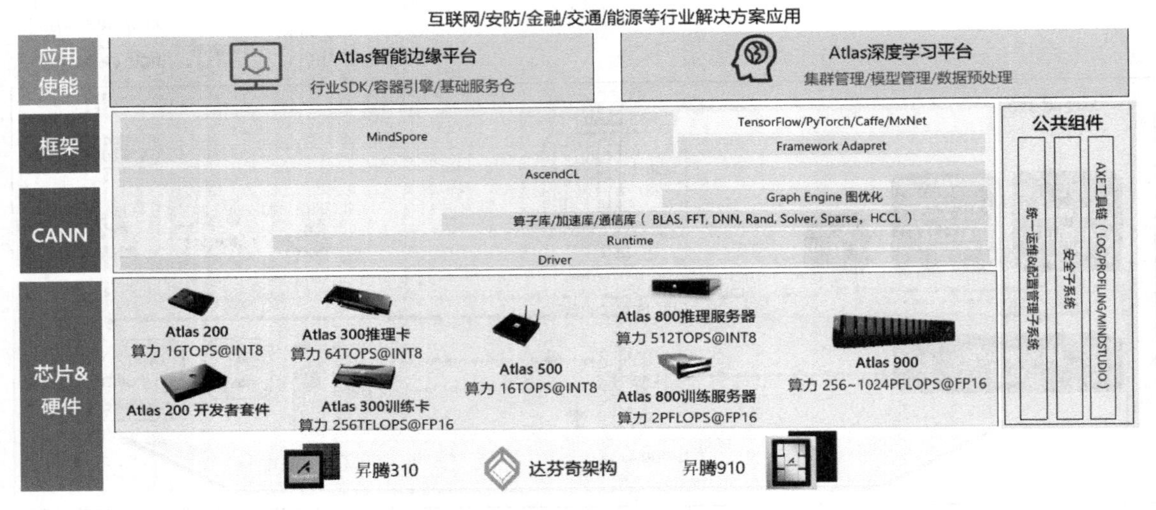

图 6-26　Atlas 人工智能计算解决方案的全景

6.3.1 Atlas 加速 AI 推理

1. Atlas 200 AI 加速模块

Atlas 200 AI 加速模块是一款高性能、低功耗的 AI 智能计算模块，其外形尺寸只有半张信用卡的大小，功耗仅为 9.5W，支持 16 通道实时高清视频分析，可以部署在摄像头、无人机和机器人等设备上。

Atlas 200 集成了昇腾 310 AI 处理器，可实现图像、视频等多种数据分析与推理计算，可广泛应用于智能监控、机器人、无人机、视频服务器等场景。Atlas 200 的系统框图如图 6-27 所示。

Atlas 200 具有如下性能特点。

（1）Atlas 200 采用高性能的华为昇腾 310 AI 处理器，可提供 16TOPS INT8 或 8TOPS FP16 的乘加计算能力。

（2）Atlas 200 的接口丰富，支持 PCIe3.0x4、RGMII、USB2.0/USB3.0、I2C、SPI 和 UART 等接口。

（3）Atlas 200 可实现高达 16 路 1080P 30FPS 的视频接入。

（4）Atlas 200 支持多种规格的 H.264、H.265 视频编解码，可满足用户不同的视频处理需求。

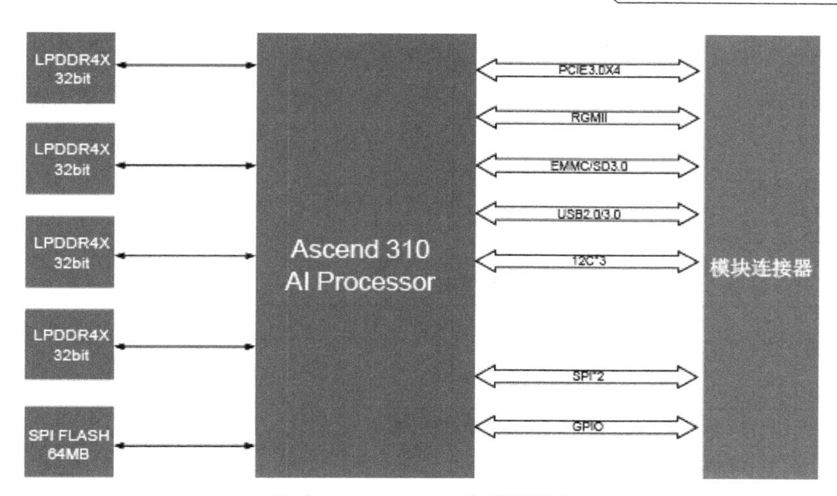

图 6-27　Atlas 200 的系统框图

2. Atlas 200 DK

Atlas 200 开发者套件（Atlas 200 Developer Kit，Atlas 200 DK）是以 Atlas 200 AI 加速模块为核心的开发者板形态产品。

Atlas 200 DK 可以帮助 AI 应用的开发者快速熟悉开发环境。其主要功能是将昇腾 310 AI 处理器的核心功能通过该板上的外围接口开放出来，方便用户快速简捷地接入并使用昇腾 310 AI 处理器强大的处理能力。

Atlas 200 DK 主要包含 Atlas 200 AI 加速模块、图像/音频接口芯片（Hi3559C）和 LAN Switch 3 部分，其系统架构如图 6-28 所示。

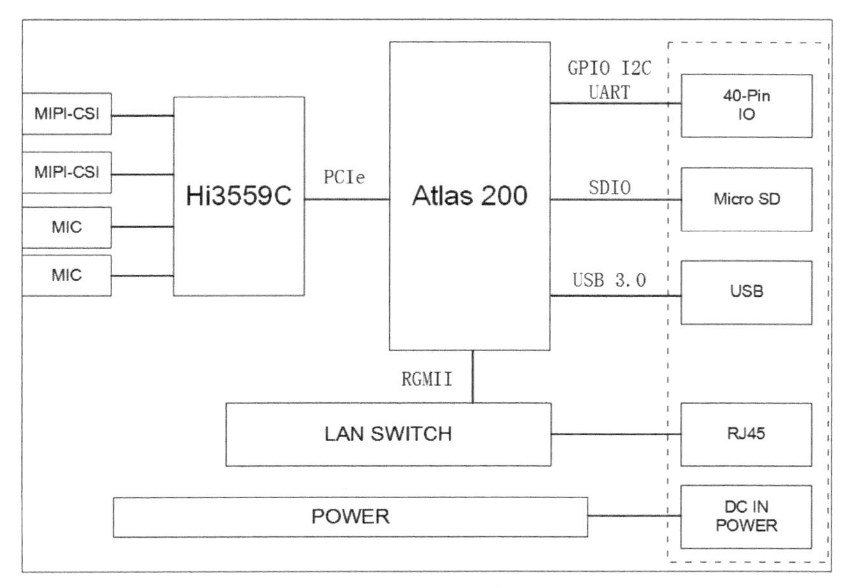

图 6-28　Atlas 200 DK 的系统架构

Atlas 200 DK 的性能特点有以下 5 个方面。

（1）Atlas 200 DK 可提供 16TOPS（INT8）的峰值计算能力。

（2）Atlas 200 DK 支持两路 Camera 输入、两路 ISP 图像处理，支持 HDR10 高动态范围技术标准。

（3）Atlas 200 DK 支持 1000MB 以太网对外提供高速网络连接，且匹配了强劲的计算能力。

（4）Atlas 200 DK 提供通用的 40-pin 扩展接口（预留），方便产品原型设计。

（5）Atlas 200 DK 支持 5V～28V 宽范围直流电源输入。

Atlas 200 DK 的产品规格如表 6-1 所示。

表 6–1　Atlas 200 DK 的产品规格

项目	规格
AI 处理器	2 个 DaVinci AI Core CPU：8 核 A55，max 1.6GHz
AI 算力	乘加计算性能：8TFLOPS/FP16，16TOPS/INT8
内存	LPDDR4X，128bit 容量 8GB/4GB 接口速率 3200 Mbit/s
存储	1 个 Micro SD 卡，支持 SD3.0，最高支持速率 SDR50，最大容量 2TB
网络接口	1 个 GE RJ45
USB 接口	1 个 USB3.0 Type C 接口，只能做从设备，兼容 USB2.0
其他接口	1 个 40pin IO 连接器 2 个 22pin MIPI 连接器 2 个板载麦克风
电源	5V～28V DC，默认配置 12V 3A 适配器
结构尺寸	137.8mm × 93.0mm × 32.9mm
功耗	20W
质量	234g
工作温度	0℃～35℃（32℉～95℉）
存储温度	0℃～85℃（32℉～185℉）

Atlas 200 DK 的优点：对开发者来说，使用一台笔记本电脑就可以搭建一个开发环境，本地独立环境成本极低，多功能、多接口满足基本需求。对研究者来说，采用本地开发+云端训练协同的模式搭建环境，华为云、Atlas 200 DK 采用一套协议栈，云端训练，本地部署，无须任何修改。对创业者来说，提供代码级原型（Demo），基于参考架构，修改 10%代码即可完成算法功能；开发者社区互动；商用产品无缝迁移。

3. Atlas 300I 推理卡

华为 Atlas 300I 推理卡是业界最高密度的 64 路视频推理 AI 加速卡，包括 3000 与 3010 两种型号，即型号为 3000 的华为 Atlas 300 AI 加速卡和型号为 3010 的华为 Atlas 300 AI 加速卡。这两种型号的不同之处主要是针对不同的架构（如 x86、ARM 等），这里仅介绍华为 Atlas 300 AI 加速卡（型号为 3000）。华为 Atlas 300 AI 加速卡（型号为 3000）是基于昇腾 310 AI 处理器设计开发的，采用 4 个 Ascend 310 AI 处理器的 PCIe HHHL 卡，配合主设备（如华为 Taishan 服务器），实现快速高效的推理工作，如图像分类、目标检测等。华为 Atlas 300 AI 加速卡（型号为 3000）的系统架构如图 6-29 所示。

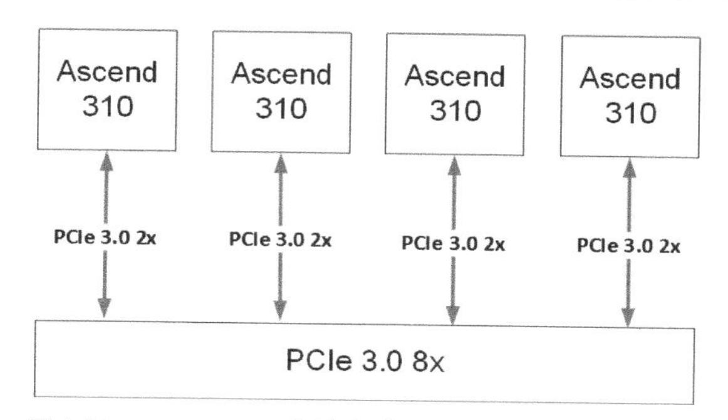

图 6-29　Atlas 300 AI 加速卡（型号为 3000）的系统架构

Atlas 300 AI 加速卡（型号为 3000）可以应用在视频分析、OCR、语音识别、精准营销、医疗影像分析等场景。

Atlas 300 AI 加速卡（型号为 3000）最为典型的应用场景为人脸识别系统。该系统主要采用了人脸检测算法、人脸跟踪算法、人脸质量评分算法以及高速人脸对比识别算法，实现了实时人脸抓拍建模、实时黑名单对比报警和人脸后台检索等功能。

人脸识别系统架构如图 6-30 所示，主要部件有系统前端高清网络摄像机或人脸抓拍机、媒体流存储服务器（可选）、人脸智能分析服务器、人脸比对搜索服务器、中心管理服务器、客户端管理软件等。Atlas 300 AI 加速卡（型号为 3000）部署在人脸智能分析服务器中，主要实现视频解码/预处理、人脸检测，人脸对齐（矫正）和人脸特征提取推理功能。

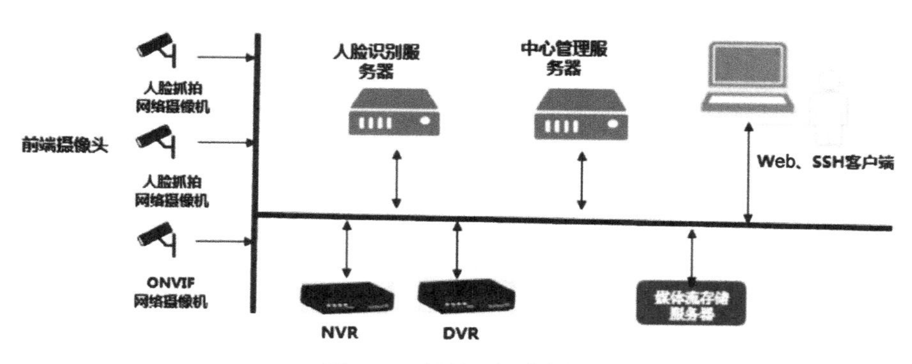

图 6-30　人脸识别系统架构

Atlas 300 AI 加速卡（型号为 3000）的产品规格如表 6-2 所示。

表 6-2　**Atlas 300 AI 加速卡（型号为 3000）的产品规格**

项目	规格
形态	半高半长 PCIe 卡
内存	LPDDR4×32GB，3200Mbit/s
AI 算力	64 TOPS INT8
编解码能力	支持 H.264 硬件解码，64 路 1080P 30FPS（2 路 3840 × 2160 60FPS） 支持 H.265 硬件解码，64 路 1080P 30FPS（2 路 3840 × 2160 60FPS） 支持 H.264 硬件编码，4 路 1080P 30FPS 支持 H.265 硬件编码，4 路 1080P 30FPS JPEG 解码能力 4×1080P 256FPS，编码能力 4×1080P 64FPS PNG 解码能力 4×1080P 48FPS

续表

项目	规格
PCIe 接口	PCIe Gen3.0，兼容 2.0/1.0 x16 Lanes，兼容 x8/x4/x2/x1
功耗	67W
尺寸	169.5mm × 68.9mm
质量	319g
工作环境温度	0℃～55℃（32℉～131℉）

Atlas 300 AI 加速卡（型号为 3000）的关键特征：支持 PCIe 3.0 × 16 HHHL 半高半长标准接口（单槽位）；最大功耗 67W；支持功耗监控、带外管理功能；支持硬件 H.264、H.265 视频压缩解压缩。

4. Atlas 500 智能小站

Atlas 500 智能小站也包括 3000 及 3010 两个型号，主要的不同也是针对不同的 CPU 架构，这里介绍其通用功能。Atlas 500 智能小站是华为面向广泛边缘应用场景的轻量边缘设备，它具有超强计算性能、大容量存储、配置灵活、体积小、支持温度范围宽、环境适应性强、易于维护管理等特点。

Atlas 500 智能小站性能强大，是能在边缘设备进行实时处理的边缘计算产品，单台 Atlas 500 智能小站可提供 16 TOPS INT8 的处理能力，同时功耗极低。Atlas 500 智能小站集成了 Wi-Fi 和 LTE 两种无线数据接口，提供灵活的网络接入和数据传输方案。

Atlas 500 智能小站是业界第一个在边缘计算产品中大规模应用热电制冷（Thermo-electric Cooling，TEC）半导体制冷散热技术的，使其支持严苛部署环境，在极端温度下，Atlas 500 智能小站都可以稳定运行。Atlas 500 智能小站的逻辑架构如图 6-31 所示。

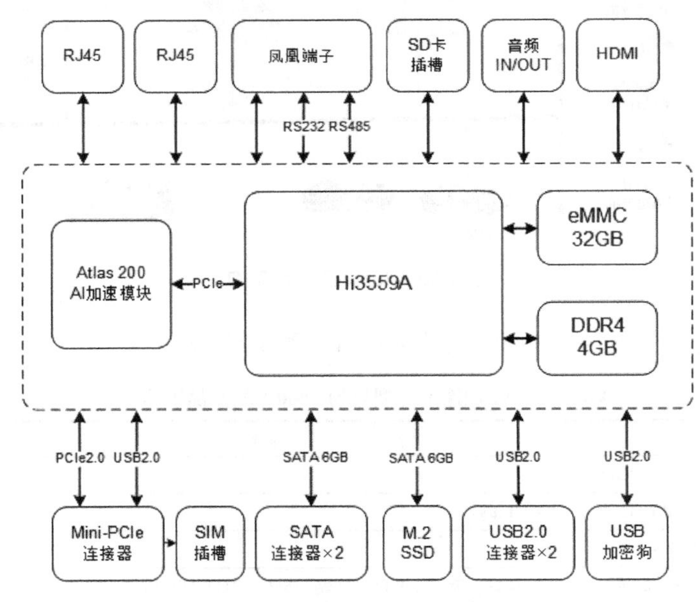

图 6-31　Atlas 500 智能小站的逻辑架构

Atlas 500 智能小站的产品特点包括边缘场景易用性以及 16 路视频分析和存储能力。

（1）边缘场景易用性主要包括以下几方面。

① 实时性：它可以在本地处理数据，并提供实时的响应。

② 低带宽：只将必要的信息传送到云上。

③ 隐私保护：客户可以决定要传送到云上和保留在本地的信息。所有传送到云上的信息都是可以加密的。

④ 支持标准容器引擎，支持第三方算法和应用快速部署。

（2）16 路视频分析和存储能力主要包括以下几方面。

① 支持 16 路视频分析能力（最大 16 路 1080P 解码，16T INT8 算力）。

② 支持 12TB 存储容量，16 路 1080P@4MB 码流视频可缓存 7 天，8 路 1080P@4MB 码流视频可缓存 30 天。

Atlas 500 智能小站主要应用在智能视频监控、分析、数据存储等场景，包括平安城市、智慧交通、智慧社区、环境监控、智能制造、智能看护、无人零售、智能楼宇等，可以广泛部署在各类边缘设备、中心机房，满足在公安、社区、园区、商场、超市等复杂环境区域的应用，如图 6-32 所示。在这些应用场景中，Atlas 500 智能小站的典型架构为：端，通过无线或有线连接 IPC（IP Camera）或其他前端设备；边，边缘实现价值信息提取、存储和上传；云，数据中心模型推送、管理、开发和应用，如图 6-33 所示。

图 6-32 Atlas 500 智能小站的应用场景

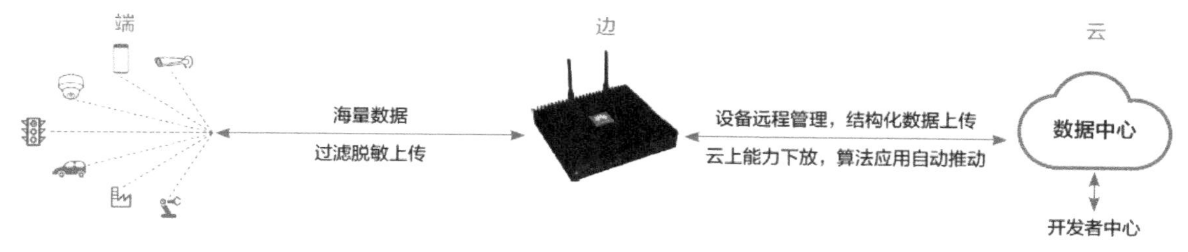

图 6-33 Atlas 500 智能小站的典型架构

Atlas 500 智能小站的产品规格如表 6-3 所示。

表 6-3 Atlas 500 智能小站的产品规格

项目	规格
AI 处理器	内置 1 个 Atlas 200 AI 加速模块，提供 16 TOPS INT8 算力； 支持 16 路高清视频解码

续表

项目	规格
网络	2×100MB/1000MB 自适应以太网口
无线模块	选配支持 3GB/4GB 或 Wi-Fi 模块，二选一，双天线
显示	一路 HDMI 接口
音频	一路输入和输出，3.5mm 音频接头，输出双声道
电源	DC 12V，外置电源适配器
温度	-40°～70°，具体视配置而定

5. Atlas 800 推理服务器

Atlas 800 推理服务器包括 3000 和 3010 两个型号。

（1）型号为 3000 的 Atlas 800 推理服务器。

Atlas 800 推理服务器（型号为 3000）是基于华为鲲鹏（Kunpeng）920 处理器的数据中心推理服务器，可支持 8 个 Atlas 300 AI 加速卡（型号为 3000），提供强大的实时推理能力，广泛应用于 AI 推理场景中。该服务器面向互联网、分布式存储、云计算、大数据、企业业务等领域，具有高性能计算、大容量存储、低能耗、易管理、易部署等优点。

Atlas 800 推理服务器（型号为 3000）的性能特点如下。

① Atlas 800 推理服务器（型号为 3000）支持华为自研的、面向服务器领域的 64bits 高性能多核 Kunpeng 920 处理器，其内部集成了 DDR4、PCIe4.0、25GE、10GE、GE 等接口，且提供完整的 SOC 功能。

a. 最多支持 8 个 Atlas 300 AI 加速卡（型号为 3000），提供强大的实时推理能力。

b. 最大可支持 64 内核，3.0GHz 频率，可支持多种核数量和频率的型号搭配。

c. 兼容适配 ARMv8-A 架构特性，支持 ARMv8.1 和 ARMv8.2 扩展。

d. Core 为自研 64bits-TaiShan 核。

e. 每个 Core 集成 64KB L1 ICache，64KB L1 Dcache 和 512KB L2 Dcache。

f. 支持高达 45.5MB～46MB 的 L3 Cache 容量。

g. 支持超标量、可变长度、乱序流水线。

h. 支持 ECC 1bit 纠错、ECC 2bit 报错。

i. 支持片间 Hydra 高速接口，通道速率高达 30Gbit/s。

j. 支持 8 个 DDR 控制器。

k. 最大支持 8 个物理以太网口。

l. 支持 3 个 PCIe 控制器，支持 GEN4（16Gbit/s），并可向下兼容。

m. 支持 IMU 维护引擎，收集 CPU 状态。

② 单台 Atlas 800 推理服务器（型号为 3000）支持 2 个处理器、最大 128 个内核，能够最大限度地提高多线程应用的并发执行能力。

③ Atlas 800 推理服务器最大支持 32 条 2933MHz DDR4 ECC 内存，内存支持 RDIMM，可支持最多提供 4096GB 内存容量。

Atlas 800 推理服务器（型号为 3000）的逻辑架构如图 6-34 所示，其特点如下。

① 支持两路华为自研 Kunpeng 920 处理器，每个处理器均支持 16 个 DDR4 DIMM。

② CPU1 与 CPU2 之间通过 2 个 Hydra 总线互连，传输速率最高可达 30Gbit/s。

③ 以太网灵活插卡，可支持 2 种插卡，包括 4×GE 和 4×25GE，通过 CPU 本身自带的高速 Serdes 接口完成。

④ RAID 控制扣卡通过 PCIe 总线与 CPU1 相连，通过 SAS 信号线缆与硬盘背板相连，通过不同的硬盘背板可支持多种本地存储规格。

⑤ 基板管理控制器（Baseboard Manager Controller ，BMC）使用华为自研管理芯片 Hi1710，可外出视频图形阵列（Vedio Graphic Array，VGA）、管理网口、调试串口等管理接口。

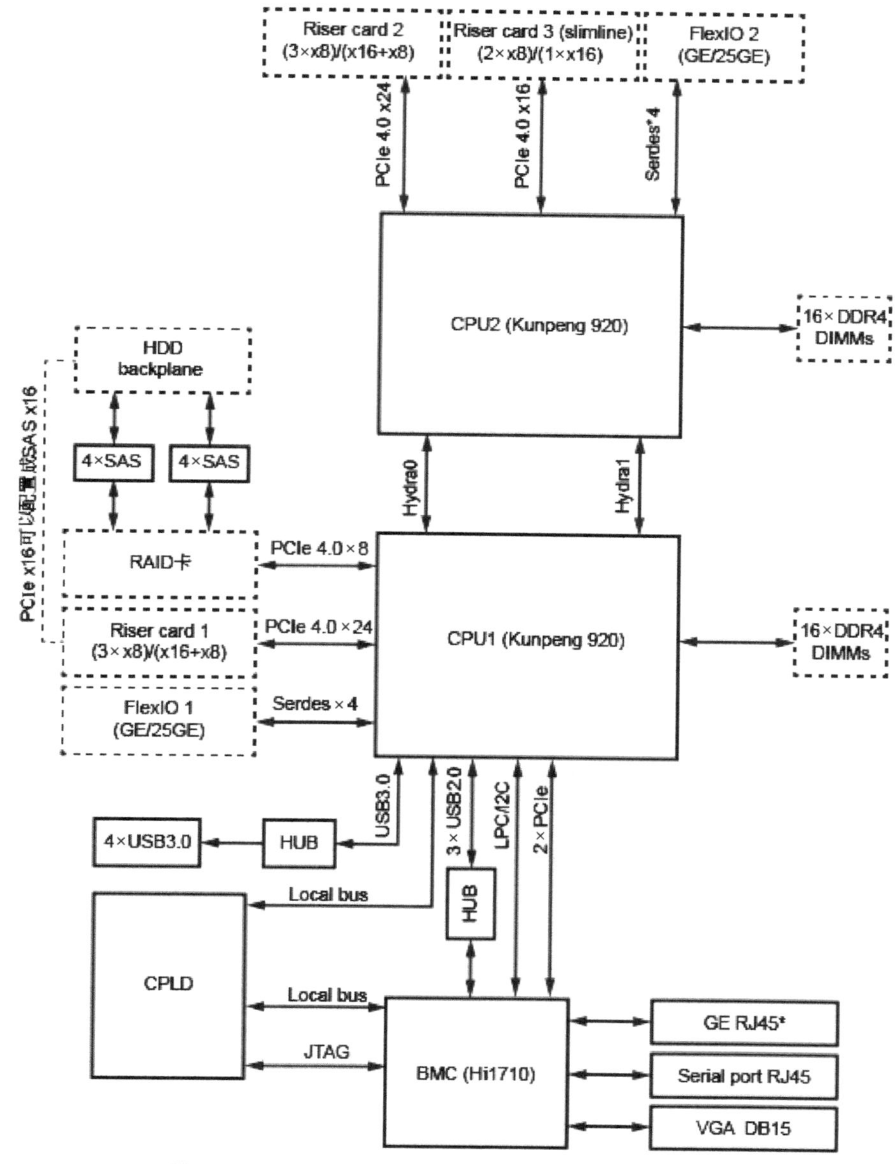

图 6-34　Atlas 800 推理服务器（型号为 3000）的逻辑架构

Atlas 800 推理服务器（型号为 3000）基于鲲鹏处理器的高效推理平台，产品规格如表 6-4 所示。

表 6-4　　Atlas 800 推理服务器（型号为 3000）的产品规格

项目	规格
形态	2U AI 服务器
处理器型号	• 支持 2 路 Kunpeng 920 处理器，处理器包含 64cores、48cores、32cores3 种配置，频率均为 2.6GHz； • 两条 Hydra 互连链路，单条链路最高速率为 30Gbit/s； • L3 Cache 容量为 45.5MB～46MB； • CPU 热设计 TDP 功率为 138W～195W
AI 加速卡	最大支持 8 个 Atlas 300 AI 加速卡
内存插槽	• 最多 32 个 DDR4 内存插槽，支持 RDIMM； • 内存速率最高可达 2933MT/s； • 内存保护支持 ECC、SEC/DED、SDDC、Patrol scrubbing 功能； • 单条内存条容量支持 16GB/32GB/64GB/128GB
本地存储	• 25×2.5 英寸硬盘配置； • 12×3.5 英寸硬盘配置； • 8×2.5 SAS/SATA+12×2.5 NVMe 硬盘配置
RAID 支持	支持 RAID 0、RAID 1、RAID 5、RAID 6、RAID 10、RAID 50、RAID 60； 支持超级电容掉电保护
灵活 IO 卡	单板最大支持两张灵活 IO 卡。单张灵活 IO 卡提供以下网络接口： • 4 个 GE 电口，支持 PXE 功能； • 4 个 25GE/10GE 光口，支持 PXE 功能
PCIe 扩展	最多支持 9 个 PCIe4.0 PCIe 接口，其中 1 个为 RAID 扣卡专用的 PCIe 扩展槽位，另外 8 个为标准的 PCIe 扩展槽位。标准 PCIe4.0 扩展槽位的具体规格如下。 IO 模组 1 和 IO 模组 2 支持以下 PCIe 规格： –支持 2 个全高全长的 PCIe4.0×16 标准槽位（信号为 PCIe4.0×8）和 1 个全高半长的 PCIe4.0×16 标准槽位（信号为 PCIe4.0×8）； –支持 1 个全高全长的 PCIe4.0×16 标准槽位和 1 个全高半长的 PCIe4.0×16 标准槽位(信号为 PCIe4.0×8)。 IO 模组 3 支持以下规格。 –支持 2 个半高半长的 PCIe4.0×16 标准槽位（信号为 PCIe4.0×8）； –支持 1 个半高半长的 PCIe4.0×16 标准槽位； PCIe 扩展槽位支持华为自主开发的 PCIe SSD 存储卡，在搜索业务、Cache 业务、下载业务等应用领域可以极大地提升 I/O 性能； 通过专用的 Rieser 卡，PCIe 槽位可支持华为自主研发的 Atlas 300 AI 加速卡（型号为 3000），能够实现快速高效地处理推理、图像识别及处理等工作
电源	2 个热插拔 1500W 或 2000W 交流电源模块，支持 1+1 冗余
供电	支持 100V～240V AC，240V DC
风扇	支持 4 个热插拔风扇模组，支持 *N*+1 冗余
温度	5℃～40℃
尺寸（宽×深×高）	447 mm×790 mm×86.1 mm

（2）型号为 3010 的 Atlas 800 推理服务器。

Atlas 800 推理服务器（型号为 3010）是基于 Intel 处理器的推理平台，最多可支持 7 个 Atlas 300 或 Nvidia T4 AI 加速卡，最大支持 448 路高清视频实时分析，广泛应用于 AI 推理场景。

Atlas 800 推理服务器（型号为 3010）具有低能耗、扩展能力强、高可靠、易管理、易部署等优点。

Atlas 800 推理服务器（型号为 3010）的逻辑架构如图 6-35 所示。

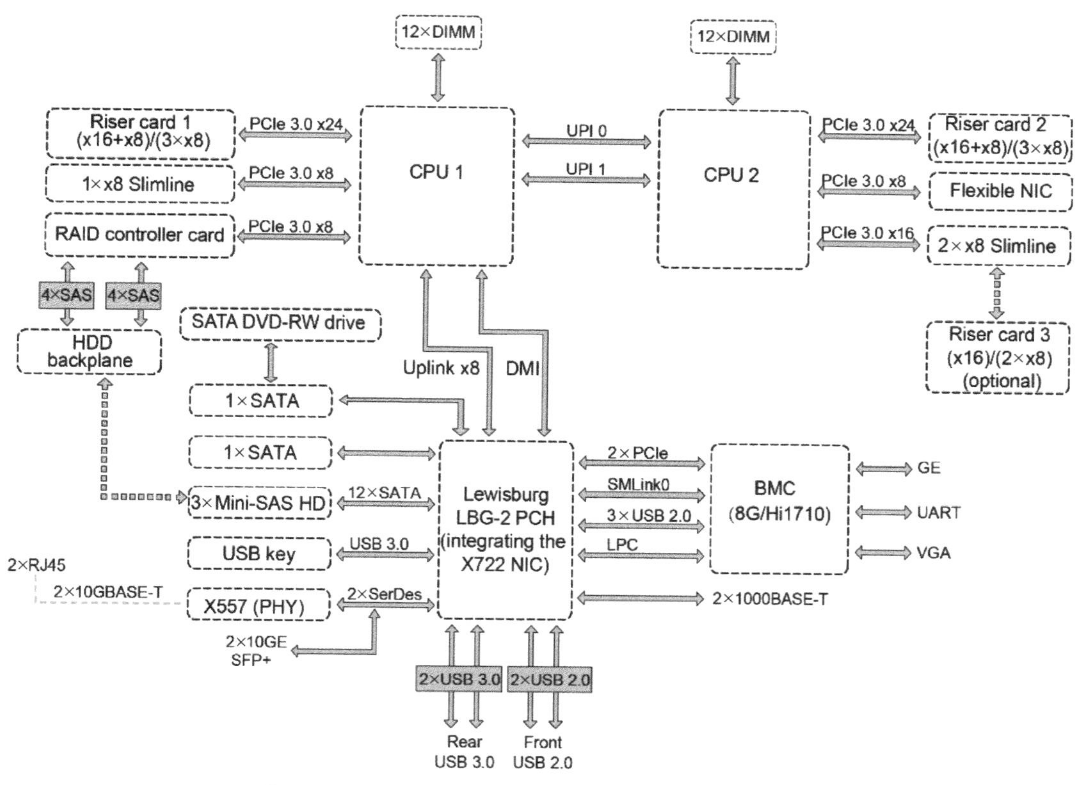

图 6-35 Atlas 800 推理服务器（型号为 3010）的逻辑架构

Atlas 800 推理服务器（型号为 3010）的特点如下。

① 支持 1 个或 2 个 Intel 至强可扩展处理器。

② 支持 24 条内存。

③ 处理器与处理器之间通过 2 个超路径互连（UltraPath Interconnect，UPI）总线互连，传输速率最高可达 10.4GT/s。

④ 处理器通过 PCIe 总线与 3 个 PCIe Riser 卡相连，通过不同的 PCIe Riser 卡支持不同规格的 PCIe 槽位。

⑤ RAID 控制扣卡通过 PCIe 总线与 CPU1 相连，通过 SAS 信号线缆与硬盘背板相连，通过不同的硬盘背板可支持多种本地存储规格。

⑥ 使用 LBG-2 平台控制器中心（Platform Controller Hub，PCH），通过 PCH 支持以下两种接口。

a. 支持 2 个板载 10GE 光口或者通过 X557（PHY）支持 2 个板载 10GE 电口。

b. 支持 2 个板载 GE 电口。

⑦ 使用 Hi1710 管理芯片，支持外出 VGA、管理网口、调试串口等管理接口。

Atlas 800 推理服务器（型号为 3010）是基于 Intel 处理器的灵活推理平台，其产品规格如表 6-5 所示。

表 6-5　Atlas 800 推理服务器（型号为 3010）的产品规格

项目	规格
形态	2U AI 服务器
处理器	1/2 个 Intel® Xeon® SP Skylake 或 Cascade Lake 处理器，最高 205W
AI 加速卡	最大支持 7 个 Atlas 300 或 NVIDIA T4 AI 加速卡
内存	24 个 DDR4 内存插槽，内存速率最大可达 2933MT/s
本地存储	支持的硬盘配置： • 8×2.5 英寸硬盘配置； • 12×3.5 英寸硬盘配置； • 20×2.5 英寸硬盘配置； • 24×2.5 英寸硬盘配置； • 25×2.5 英寸硬盘配置。 支持 Flash 存储： • 双 M.2 SSDs
RAID 支持	可选配支持 RAID0、RAID1、RAID10、RAID1E、RAID5、RAID50、RAID6、RAID60 等，支持 Cache 超级电容保护，提供 RAID 级别迁移、磁盘漫游、自诊断、Web 远程设置等功能
网络	板载网卡：2 个 10GE 接口与 2 个 GE 接口 灵活插卡：可选配 2×GE 或 4×GE 或 2×10GE 或 2×25GE 或 1/2 个 56G FDR IB 接口
PCIe 扩展	最多 10 个 PCIe3.0 扩展槽位，包括 1 个 RAID 卡专用的 PCIe 扩展卡和 1 个灵活 LOM 插卡
风扇	4 个热插拔风扇，支持 N+1 冗余
电源	可配置 2 个冗余热插拔电源，支持 1+1 冗余，可选规格如下（Note1）： • 550W AC 白金电源、900W AC 白金/钛金电源、1500W AC 白金电源； • 1500W 380V 高压直流电源、1200W -48V～-60V 直流电源
工作温度	5℃～45℃
尺寸 （高×宽×深）	3.5 英寸硬盘机箱尺寸：86.1mm×447 mm×748 mm 2.5 英寸硬盘机箱尺寸：86.1mm×447 mm×708 mm

6.3.2　Atlas 加速 AI 训练

1. Atlas 300T 训练卡：算力最强的 AI 训练卡

华为 Atlas 300T 训练卡，即华为 Atlas 300 加速卡（型号为 9000），是基于昇腾 910 AI 处理器设计开发的，为数据中心训练场景提供单卡高达 256TOPS FP16 的 AI 算力，是当前业界可见的单卡算力最强的 AI 加速卡，可广泛应用于数据中心的各种通用服务器，为客户提供极致性能和高能效、低 TCO 的 AI 解决方案。

华为 Atlas 300 加速卡（型号为 9000）基于昇腾 910 AI 处理器，其特征如下。

（1）支持 PCIe 4.0×16 全高 3/4 长标准接口（双槽位）。

（2）最大功耗 350W。

（3）支持功耗监控、带外管理功能。

（4）支持硬件 H.264/H.265 视频压缩或解压缩。

（5）支持 Huawei MindSpore、TensorFlow 训练框架。

（6）支持 x86 平台 Linux OS。

（7）支持 ARM 平台 Linux OS。

华为 Atlas 300 加速卡（型号为 9000）的产品规格如表 6-6 所示。

表 6-6　华为 Atlas 300 加速卡（型号为 9000）的产品规格

项目	规格
形态	标准全高 3/4 长 PCIe 卡
内存	内置 32GB HBM+16GB 两级大容量内存
AI 算力	算力达 256T FLOPSa@FP16
PCIe 接口	PCIe 4.0×16

Atlas 300（型号为 9000）单卡算力提升了两倍，梯度同步时延降低 70%，图 6-36 所示的是采用主流训练卡+TensorFlow 框架和华为 Ascend 910+MindSpore 框架的测试比较，采用 ResNet 50 V1.5 在 ImageNet 2012 数据集上以“分别最优批大小（Optimal batch size respectively）”的方式进行测试比较，可以看到，采用华为 Ascend 910+MindSpore 框架的训练速度明显要高出很多。

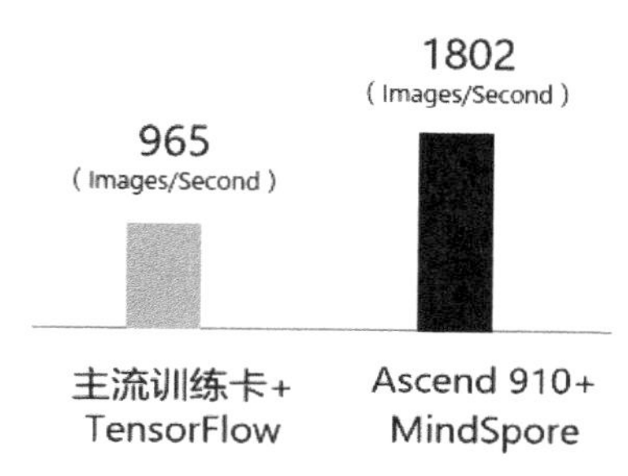

图 6-36　华为 Ascend 910+MindSpore 与其他方式的速度比较

2. Atlas 800 训练服务器：算力最强的 AI 训练服务器

Atlas 800 训练服务器（型号为 9000）主要应用于 AI 训练场景，具有超强性能，为训练场景构建高效能、低功耗的 AI 计算平台；支持多个 Atlas 300 加速卡或者加速模块，适应各种视频图像分析场景；主要应用于视频分析、深度学习训练等训练场景中。

Atlas 800 训练服务器（型号为 9000）基于昇腾 910 处理器，算力密度提升 2.5 倍，硬件解码能力提高 25 倍，能效比提升 1.8 倍。

Atlas 800 训练服务器（型号为 9000）拥有最强的算力密度：最大可提供 2P FLOPS@FP16/4U 超强算力。

Atlas 800 训练服务器（型号为 9000）拥有灵活的配置，适配多项负载：支持 SAS/SATA/NVMe/M.2 SSD 硬盘多种组合的灵活配置；支持板载网卡和灵活 IO 卡，提供丰富多样的网络接口。

Atlas 800 训练服务器（型号为 9000）的产品规格如表 6-7 所示。

表 6-7　Atlas 800 训练服务器（型号为 9000）的产品规格

项目	规格
形态	4U AI 服务器
处理器	4 个鲲鹏 920 处理器
AI 算力	2P FLOPS@FP16
编解码能力	内置 32 个硬件解码器 可以与训练并行处理
散热	支持风冷和液冷两种散热方式
功耗	2P FLOPS/5.6KW

3. Atlas 900 AI 集群：全球最快的 AI 训练集群

Atlas 900 AI 集群代表了当今全球的算力巅峰，它由数千颗昇腾 910 AI 处理器构成，通过华为集群通信库和作业调度平台，整合 HCCS、PCIe 4.0 和 100G RoCE 3 种高速接口，充分释放昇腾 910 AI 处理器的强大性能。其总算力达到 256P ~ 1024P FLOPS @FP16，相当于 50 万台 PC 的计算能力。经实测，Atlas 900 AI 集群可以在 60s 完成基于 ResNet-50 模型的训练，比第 2 名快 15%，如图 6-37 所示。这可以让研究人员更快地进行图像、语音的 AI 模型训练，让人类更高效地探索宇宙奥秘、预测天气、勘探石油，加速自动驾驶的商用进程。

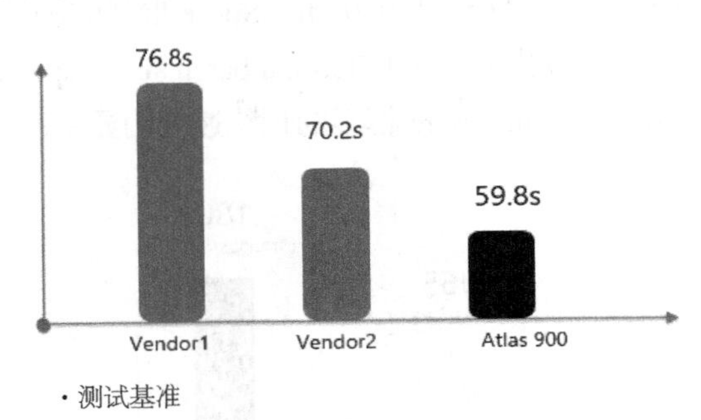

· 测试基准

□ 基准：ResNet-50 V1.5 模型，ImageNet-1k 数据集

□ Cluster：1024 颗昇腾 910 AI 处理器

□ 准确率：75.9%

图 6-37 Atlas 900 AI 集群与其他训练速度比较

Atlas 900AI 集群有以下关键特性。

① 算力业界领先：256～1024 PFLOPS@FP16，数千颗昇腾 910 AI 处理器互连，提供业界最快的 ResNet-50@ImageNet 性能。

② 最佳集群网络：集成 HCCS、 PCIe 和 100GB RoCE 3 种高速接口，垂直整合通信库、拓扑、低时延网络，线性度>80%。

③ 极致散热系统：单柜 50kW 混合液冷系统，支撑 > 95%液冷占比，PUE < 1.1，节省机房空间 79%。

为了让各行各业获取超强算力，华为将 Atlas 900 AI 集群部署到云上，推出华为云 EI 集群服务，并以极优惠的价格，面向全球科研机构和大学，开放申请使用。

6.3.3 Atlas 端、边、云协同

华为 Atlas 人工智能计算解决方案相对于一般的业界方案来说，有 3 个优势：统一开发、统一运维、安全升级。业界一般边缘侧和中心侧分别使用不同开发架构，模型无法自由流动，需二次开发，而华为 Atlas 基于达芬奇架构和神经网络计算架构（Compute Architecture for Neural Networks，CANN）的统一开发架构，一次开发，端、边、云皆可使用。业界一般无运维管理工具，仅开放 API，客户需自行开发，而华为 Atlas 的 FusionDirector 可管理最多 5 万个节点，实现中心边缘设备统一管理，模型推送/设备升级等均可远程完成。业界一般无加解密引擎，对模型未加密，而华为 Atlas 对传输通道安全加密，对模型加密，双重保障。Atlas 端、边、云协同，中心侧持续训练，模型远程更新，如图 6-38 所示。

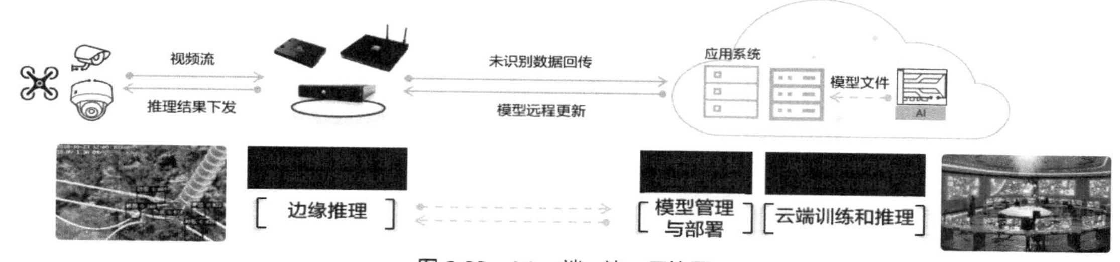

图 6-38　Atlas 端、边、云协同

6.4　Atlas 的行业应用

本节主要介绍 Atlas 人工智能计算解决方案的行业应用场景，如应用在电力、金融、制造、交通、超算等领域。

6.4.1　电力：智能电网一站式 ICT 解决方案

现代社会对电力的依存度越来越大，传统粗放、低效的能源利用方式已不能满足当前需求，需要更高效更合理的能源供应。如何实现电网可靠、经济、高效、绿色是电力行业面临的最大挑战。

华为凭借领先的 ICT 技术，联合合作伙伴推出覆盖电力“发、输、变、配、用”的全环节智能业务方案。将传统电力系统与云计算、大数据、物联网和移动等技术深度融合，实现各种电力终端的全面感知、互连和业务智能。

例如，在业界首创的智能无人巡检（见图 6-39）代替了传统的人工巡检，作业效率提升 5 倍，系统成本下降 30%，智能无人巡检系统的前端摄像头搭载了华为 Atlas 200 加速模块，可以快速实现问题分析及回传告警；同时远程的监控管理平台搭载 Atlas 300 AI 训练卡或者 Atlas 800 AI 服务器，用于训练模型，可以实现模型的远程升级操作。

图 6-39　智能无人巡检

6.4.2　智慧金融：全面数字化转型

金融科技和数字金融服务已经深入居民的整体生活方式之中，成为其不可或缺的组成部分——这不仅局限于支付，还包括投资、存款和贷款。

华为 Atlas 人工智能计算解决方案针对金融行业的解决方案之一是银行智慧网点，采用先进接入方案、安保和一体机技术，协助客户打造新一代智慧银行网点。

华为 Atlas 人工智能计算解决方案用 AI 改变金融，助力银行营业网点进行智能化转型。通过 VIP

客户精准识别，实现潜在客户转换率提升 60%；通过刷脸智能鉴权，实现业务处理时间下降 70%；通过客户排队时长分析，实现客户投诉下降 50%，如图 6-40 所示。

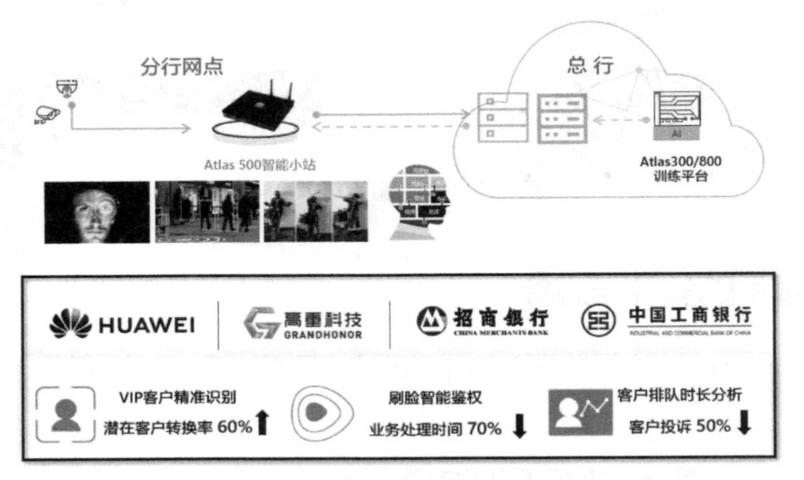

图 6-40　智慧金融——银行营业网点智能化转型

6.4.3　智能制造：机器与思想的数字化融合

工业 4.0 时代，新一代信息技术与制造业的深度融合，带来了影响深远的产业变革，大规模个性化定制、全球协同设计、基于物理信息系统（Cyber Physical System，CPS）的智能工厂、车联网等正在重塑产业价值链，形成新的生产方式、产业形态、商业模式和经济增长点。华为携手全球合作伙伴基于云计算、大数据、物联网（Internet of Things，IoT）等技术帮助制造行业客户重塑制造行业价值链，创新商业模式，实现新的价值创造。

华为 Atlas 人工智能计算解决方案助力产线智能升级，使用机器视觉技术进行智能检测代替传统的人工检测，由人工检测的"结果不稳定、生产效率低、过程不连续、用工成本高"转变为智能检测的"'零'漏检、生产效率高、云边协同、节省人工"，如图 6-41 所示。

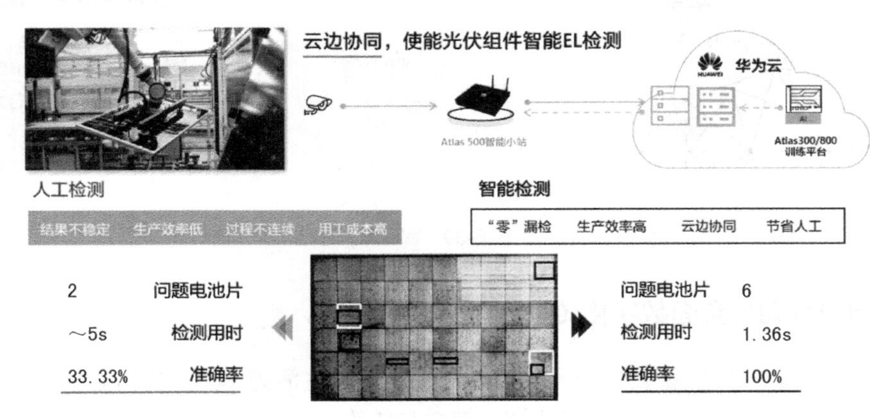

图 6-41　云边协同，智能检测

6.4.4　智慧交通：人悦于行，物优其流

伴随着全球化和城镇化进程的加速，人们对交通运输的需求与日俱增，这极大地带动了绿色、

安全、高效、畅通的现代综合交通运输系统的建设需求。华为秉持“人悦于行，物优其流”的理念，致力于为客户提供数字铁路、数字城轨、智慧机场等创新解决方案，通过云计算、大数据、物联网、敏捷网络、BYOD、eLTE、GSM-R 等新 ICT 技术提升行业信息化水平，帮助行业客户提升运输服务水平，让旅程更便捷、物流更高效、城市更通畅、运输保障更有力。华为 Atlas 人工智能计算解决方案助力全国高速路网升级，车路协同，通行效率提升 5 倍，如图 6-42 所示。

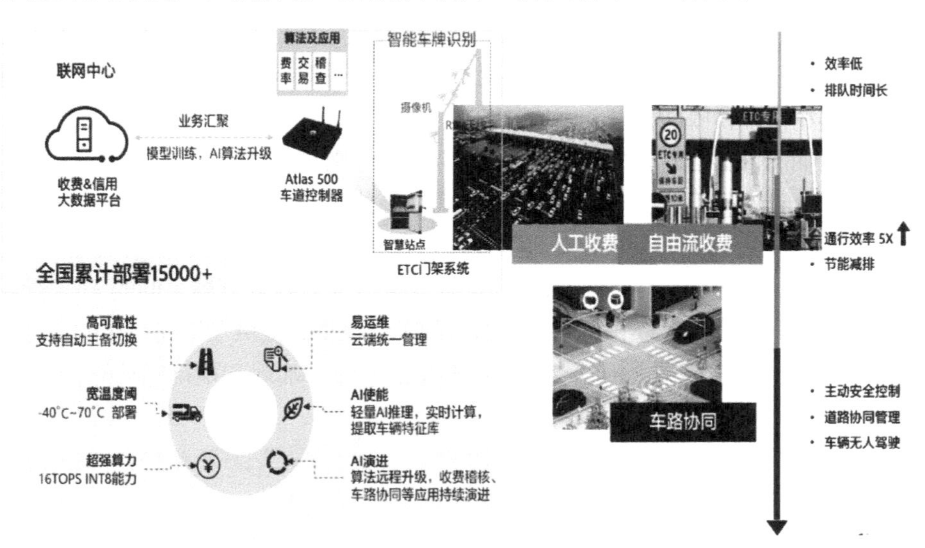

图 6-42 车路协同，通行效率提升

6.4.5 超算：打造国家级人工智能平台

鹏城云脑 Ⅱ 以 Atlas 900——全球最快的训练集群为主进行建设，具有最强算力（E 级 AI 算力）、最佳集群网络（HCCL 集合通信支持 100TB 无阻塞参数面组网）、极致能效（AI 集群 PUE<1.1）。Atlas 助力鹏城云脑 Ⅱ，实现国家使命的创新基础平台——鹏城实验室，如图 6-43 所示。

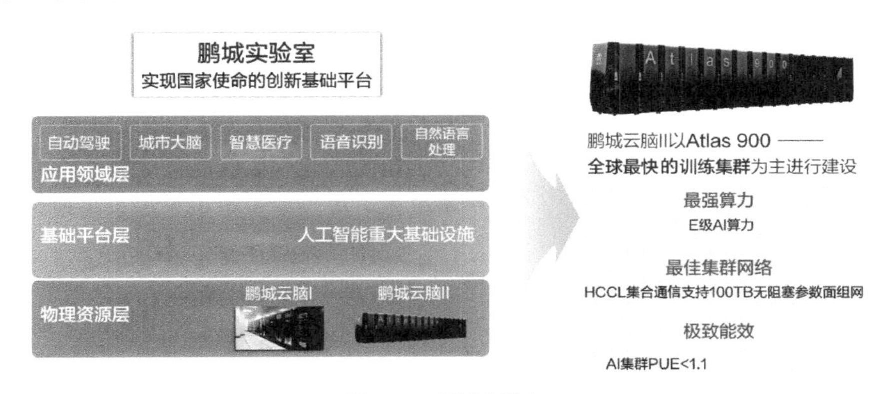

图 6-43 鹏城实验室

6.5 本章小结

本章重点介绍了华为昇腾 AI 处理器及 Atlas 人工智能计算解决方案，首先介绍了昇腾 AI 处理器的硬件结构和软件结构，然后介绍了 Atlas 人工智能计算解决方案的相关推理产品和训练产品，最后介绍了 Atlas 的行业应用场景。

6.6 习题

1. 作为两款进行 AI 计算的处理器，CPU 和 GPU 有何不同？

2. 达芬奇架构是专门为提升 AI 算力所研发的架构，是昇腾 AI 计算引擎，也是昇腾 AI 处理器的核心。达芬奇架构主要由哪 3 部分组成？

3. 达芬奇架构的计算单元包含 3 种基础计算资源，分别是什么？

4. 昇腾 AI 处理器的软件栈主要分为 4 个层次和 1 个辅助工具链。4 个层次分别是什么？工具链主要提供了哪些辅助能力？

5. 昇腾 AI 处理器神经网络软件流是深度学习框架到昇腾 AI 处理器之间的一座桥梁，为神经网络从原始模型，到中间计算图表征，再到独立执行的离线模型，提供了快速转化的捷径。昇腾 AI 处理器神经网络软件流主要完成神经网络应用离线模型的生成、加载和执行等功能，其主要包含哪些功能模块？

6. 昇腾 AI 处理器包括昇腾 310 和昇腾 910 两款，它们都是达芬奇架构，但在精度、功耗、制程等方面有所不同，这导致了它们应用领域有何不同？

7. Atlas 人工智能计算解决方案的相应产品，主要包括推理和训练两个应用方向。推理类和训练类的产品分别有哪些？

8. 举例说明 Atlas 人工智能计算解决方案的应用场景。

07

第7章　华为智能终端AI能力开放平台

本章主要介绍华为面向智能终端的 AI 能力开放平台，即 HUAWEI HiAI。本章首先介绍 HUAWEI HiAI 的平台架构，即基于“云、端、芯”的三层开放架构，开放芯片能力、应用能力、服务能力，并分别介绍其 3 个子模块；然后简要介绍基于 HUAWEI HiAI 开发 App，以及 HUAWEI HiAI 的部分解决方案。

7.1　HUAWEI HiAI 平台介绍

当前，消费者接触较多的 AI 应用，主要是语音助手、AI 的摄影、图片美化等，应用场景比较单一、有限。实际上随着端侧 AI 向分布式 AI 的演进，多终端间的资源与算力共享，端侧 AI 应用场景将大大拓宽，进一步赋能开发者实现更多智慧创新，为消费者带来极致体验。

基于以上背景，华为推出了 HUAWEI HiAI 3.0。HUAWEI HiAI 平台的进化经历了单设备的 1.0 版本、多设备的 2.0 版本以及目前分布式场景的 3.0 版本，如图 7-1 所示。

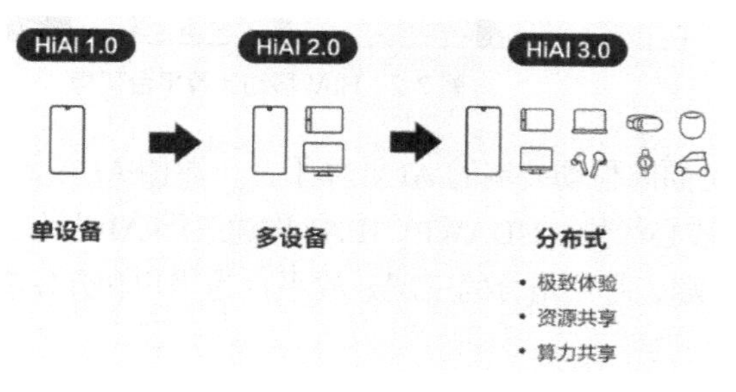

图 7-1　HUAWEI HiAI 平台的进化过程

HUAWEI HiAI 3.0 于 2019 年 11 月 19 日在软件绿色联盟开发者大会上正式发布，标志着端侧 AI 正式走向分布式。HUAWEI HiAI 3.0 将为用户带来极致的全场景智慧生活体验。

HUAWEI HiAI 3.0 提供服务一次接入、多终端自适应操作体验。用户可以在手机、平板电脑、智慧屏、智能音箱等多终端享受语音助手、负一屏等便捷服务，让同样的服务在不同终端得以实现。下面是关于私教指导和驾驶体验的两个案例。

案例一：私教指导。HUAWEI HiAI 3.0 开放分布式计算机视觉（Computer Vision，CV）和自动语音识别（Automatic Speech Recognition，ASR）能力，帮助人们在家运动也能拥有健身房私教指导的效果。通过分布式计算机视觉可以对用户进行 3D 人体关键点识别，用户可以通过家中多个不同位置的摄像头，实时捕获多个角度的运动姿态，通过多个屏幕的显示纠正姿势。此外，通过自动语音识别开放能力，用户可以通过智能音箱进行语音交互把控运动节奏，进一步协同辅助消费者在家享受私教辅导。

案例二：驾驶体验。HUAWEI HiAI 3.0 与分布式技术相结合，用户可以将智能手机和汽车连接起来，通过车内摄像头对用户驾驶行为进行安全检测，使用智能手机 AI 芯片算力，对疲劳驾驶等危险行为进行安全提醒。通过车内网络环境，加以更低时延的本地数据运算，让司机朋友更好地保护自己。

7.1.1 HUAWEI HiAI 平台架构

HUAWEI HiAI 平台构建“云、端、芯”三层生态：在云（Service）侧支持丰富的前端主流框架；在端（Engine）侧提供丰富的上层功能业务 API，可在移动设备上高效运行；在芯（Foundation）端异构资源灵活调度，满足开发者加速神经网络模型计算和算子计算。而且 HUAWEI HiAI 有系统的工具链、完善的文档、丰富的 API 以及快速上手的源码，可以使应用快速开发。HUAWEI HiAI 移动计算平台的架构如图 7-2 所示。

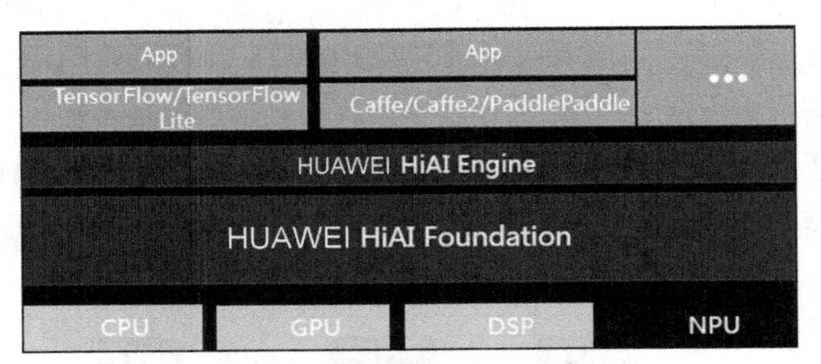

图 7-2 HiAI 移动计算平台架构

HUAWEI HiAI 是面向移动终端的 AI 计算平台，端侧 AI 与云侧 AI 相比，拥有更加安全、更低成本、更小时延 3 大核心优势。HUAWEI HiAI 构建三层 AI 生态：服务能力开放、应用能力开放和芯片能力开放。“云、端、芯”结合的三层开放平台为用户和开发者带来更多的非凡体验。其中各层有如下特点。

（1）云：一次创建，多次复用。

（2）端：分布式，全场景。

（3）芯：更强算力，更多算子；更多框架，更小模型。

HiAI 三层 AI 生态如图 7-3 所示。

HUAWEI HiAI 可以赋能 App 以下价值：实时、随时、稳定、安全、成本。

HUAWEI HiAI 3.0 平台的最大特点是 AI 赋能分布式全场景。HUAWEI HiAI 有三层架构：云、端、芯。云对应的子模块叫 HiAI Service，主要是做到服务能力开放，它会根据用户所需，适时适地推送服务，让服务主动找到用户，它带给用户的是一次创建，多次复用。端对应的子模块叫 HiAI

Engine，主要提供 API，做到 AI 应用能力开放，它能够轻松将多种 AI 能力与 App 集成，让 App 更加智慧、强大。通过 HiAI Engine 可以去调用 HiAI 平台里面的各种算法，在 App 里面去集成，比如想要实现图像识别、文字识别、人脸识别、语音识别、自然语言理解等，可以直接去调用 HiAI Engine 里面的 API。HiAI Engine 可以实现分布式、全场景的使用。芯是批芯片，主要是基于华为的麒麟芯片，做到了芯片能力开放。芯对应的子模块叫 HiAI Foundation，主要负责提供算子，能够快速转化和迁移已有模型，借助异构调度和 NPU 加速获得最佳性能。芯片提供更多的算子，更强的算力，更多的框架会把模型做得更精简。如果要将本地开发好的一些 AI 应用迁移到终端设备上，就可以使用 HiAI Foundation 对模型进行转化，以便适应终端的设备。

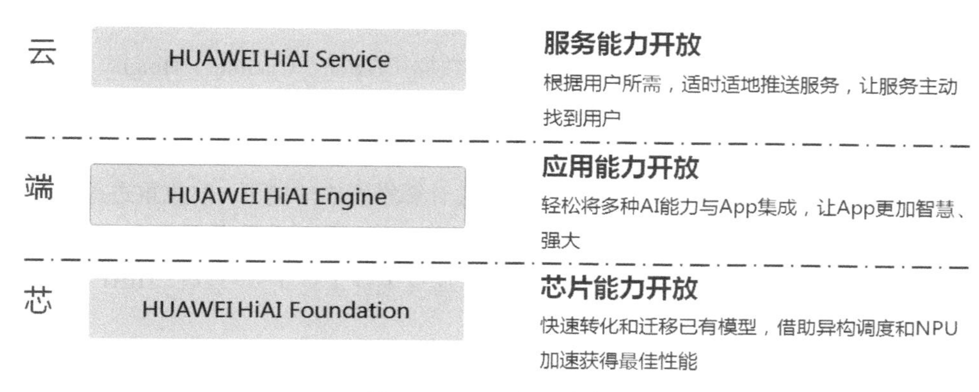

图 7-3　HiAI 三层 AI 生态

下面着重介绍这 3 个子模块。

7.1.2　HUAWEI HiAI Foundation

HiAI Foundation API 是移动计算平台中的人工智能计算库，该计算库面向人工智能应用程序开发人员，让开发者便捷、高效地编写在移动设备上运行的人工智能应用程序，其特点如下。

（1）基于麒麟芯片不断提高的高性能、高精度优势，将以更强算力提供更强的 AI 性能。

（2）支持算子业界数量最多，已超过 300，且支持更多框架，灵活性和兼容性得到了大幅提升。

（3）鸿鹄芯片、麒麟芯片、AI Camera 芯片，全场景芯片赋能更多设备 AI 能力。

HiAI Foundation API 将作为统一的二进制文件发布。这组 API 的主要作用是通过 HiAI 异构计算平台来加速神经网络的计算，当前仅支持在麒麟 SoC 上运行。

使用 HiAI Foundation API，开发人员可以专注于开发新颖的 AI 应用程序，而不用关注针对计算的性能调优。

HiAI Foundation API 集成在麒麟 SoC 芯片上，为开发者提供了基于移动设备的运行环境和调试工具，开发者可以在移动设备中运行神经网络模型，调用 HiAI Foundation API 进行加速计算。HiAI Foundation API 无须安装，使用移动设备默认镜像即可支持相关集成、开发和验证。

HiAI Foundation API 为人工智能应用开发人员提供了以下两个主要功能。

（1）提供了常用的人工智能业务功能 API，可在移动设备上高效运行。

（2）提供了一个与处理器硬件无关的加速 API，应用厂商和开发者可以在 HiAI 异构加速系统上加速模型计算、算子计算。

HiAI Foundation API 支持以下几种基本功能。

（1）支持模型编译、模型加载、模型运行、模型销毁等 AI 模型管理接口。

（2）支持基本的算子计算接口，包括卷积、池化、全链接等接口。

HiAI Foundation 支持针对神经网络模型运算的专用 AI 指令集，可以用最少的时钟周期高效并行执行更多的神经网络算子。

HiAI Foundation 通过工具可以把神经网络各种算子，比如卷积、池化、激活、全链接等离线编译成 NPU 的专用 AI 指令序列，同时将数据和权重重新摆放，指令与数据融合在一起生成离线执行模型。在离线编译的时候，可以把前后层（卷积、激活函数 Relu、池化）能够融合的算子进行层间融合，这种方式可以减少 DDR 的读写带宽，提升性能。

HiAI Foundation 能够把神经网络模型中的相关数据（Batch、Channel、Height、Width）以高效的方式重新摆放，特别是特征图的通道数据，在做卷积运算的时候，对于通道相关联的计算效率会得到大幅提升。

HiAI Foundation 支持稀疏化模型加速。在不损失计算精度的前提下，对权重进行置零稀疏优化，NPU 可以跳过系数为零的乘加运算，极大地提高了计算效率，同时也降低了带宽。

图 7-4 所示的是将已经训练好的神经网络模型，通过编译工具生成可以在 HiAI Foundation 上高效执行的离线模型，并保存为二进制文件离线模型。

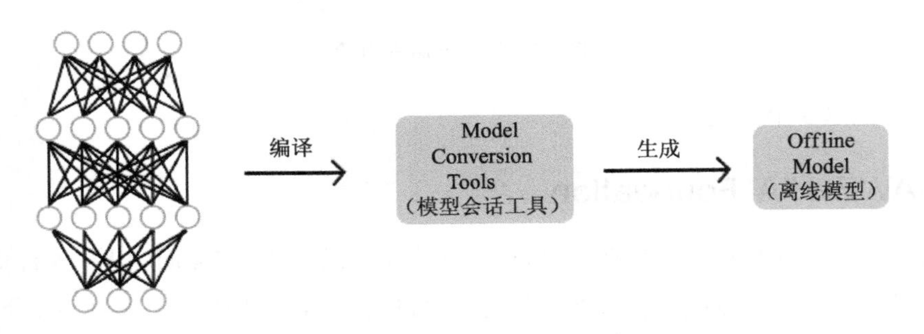

图 7-4　神经网络模型编译为离线模型

将标准的神经网络模型（Caffe 等）编译转换为离线模型，编译的主要目的是对网络配置进行优化，生成优化后的目标文件，即离线模型，离线模型是序列化地存储在磁盘上的。神经网络前向计算时，可以直接使用优化后的目标文件进行计算，速度更快。

图 7-5 所示的是离线模型计算时，从文件中加载离线模型，将用户的输入数据（如图片）复制到 HiAI 的 NPU 上进行计算。计算时，每一次推理（Inference）只需要把用户数据从 DDR 到 NPU 导入导出一次即可。

图 7-5　离线模型的加载计算

HUAWEI HiAI Foundation 支持多种智能平台框架，包括 Caffe、TensorFlow 等，使用不同的智能平台框架，第三方需要在接口中指出本次计算需要使用的具体的智能平台框架，其他接口和参数无须修改。

HUAWEI HiAI Foundation 支持绝大部分模型和神经网络算子，并持续优化与完善。

7.1.3 HUAWEI HiAI Engine

HUAWEI HiAI Engine 作为应用能力开放平台，可以轻松将多种 AI 能力与 App 集成，让 App 更加智慧强大。HiAI Engine 3.0 在之前的基础上又增加了一些 API 识别能力，使底层 API 数量超过 40。HUAWEI HiAI Engine 可以让用户直接去调用现有的 API，让开发者专注于业务的开发。若要实现图像识别、语音处理等功能，只需要把已经集成好的 API 放到 App 里面就可以了。而且在 HUAWEI HiAI 3.0 中，计算机视觉、语音识别等 API 都将走向分布式，可以助力开发者开发更多全场景智慧生活体验。

HiAI 开放的应用引擎包括 CV 引擎、ASR 引擎、NLU 引擎等，根据开发者对 HiAI 能力诉求的调研结果，超过 60%的调研者都关注了 CV、ASR、NLU。

（1）计算机视觉（Computer Vision，CV）是指计算机能够模拟人的视觉系统感知周围环境的能力，由判断、识别、理解空间组成。该能力包括图像超分、人脸识别、物体识别等。

（2）自动语音识别（Automatic Speech Recognition，ASR）是指将人的声音转化为文本，便于计算机进一步进行解析理解的能力。该能力包括语音识别、语音转换等。

（3）自然语言理解（Natural Language Understanding，NLU）是指与 ASR 有机结合，让计算机理解人的声音或文本，进行沟通或自然的动作的能力。该能力包括分词、文本的实体识别、情感偏向分析、机器翻译等。

HUAWEI HiAI Engine 的应用场景及开放引擎如表 7-1 所示，其具体 API 简介见附录 A。

表 7-1　HiAI 应用场景及开放引擎

短视频、直播	社交平台	AR	拍照、修图	购物	翻译 文字处理
人脸识别 手势识别 人像分割 人体姿势识别 视频风格化 语音控制 智能景深控制 图像场景识别	照片分类 图像识别 图像超分辨 敏感信息识别	情景感知 语音控制 深度估计 光线估计	美颜 图像增强 美学评分 相册生成 语音控制拍照 手势控制拍照	二维码扫描 服务直达与推荐 身份证识别 银行卡识别 识图购物	拍照翻译 OCR 分词 命名实体识别 文字情绪识别 文字智能回复 文字图像超分
CV、ASR	CV、NLU	ASR、CV	CV	CV	NLU、CV、ASR

7.1.4 HUAWEI HiAI Service

HUAWEI HiAI Service API 实现泛终端智慧分发，开发者只需进行一次服务接入，就能够在手机、平板电脑等多终端复用，高效完成分发引流。HiAI Service API 能把 AI 应用或服务适时适地地推荐给用户，让用户在海量服务中快速获取自己所需，同时，AI 应用也可以精准导流连接用户。在 HiAI

Service API 的助力下，应用里的每个功能或内容都可以拆分成一个个单独的原子化服务进行推送。HiAI Service API 具有多场景、多入口的精准分发的功能。HiAI Service API 在负一屏智能助手、全局搜索、HiVoice、HiTouch、HiVison 等多个入口，根据用户习惯或搜索内容、语音指令等操作推荐展示相关应用，令应用触达用户更智慧、更精准。HiAI Service API 智慧连接人与服务，实现了从“人找服务”到“服务找人”的体验升级。

7.2 基于 HUAWEI HiAI 平台开发 App

HUAWEI HiAI 还提供了快速集成 HiAI 能力的开发工具 IDE，旨在帮助开发者快捷、方便、高效地使用华为 EMUI 开放能力。IDE 基于 Android Studio 功能扩展（以插件形式提供），支持 HiAI Engine、HiAI Foundation（AI 模型分析、AI 模型转换、业务类生成、AI 模型市场）等。IDE 支持拖曳式操作，快速高效集成，同时提供免费的远程真机服务（3000+AI 真机，7×24h 远程一键式调试）。

IDE 支持 Android Studio 2.3.x 及以上版本，支持 Windows7、Windows10、Mac OS 10.12/10.13 等操作系统（如操作系统不满足要求，也只影响 AI 本地模型转换功能，不影响其他功能）。

IDE 可以根据实际场景选择相应功能：如使用 EMUI AI API 开发应用，可选择 HUAWEI HiAI Engine；如需将 TensorFlow/Caffe 模型转换成华为 HiAI 模型，并且需要集成模型至 App 中，可选择 HUAWEI HiAI Foundation；普通的 App 可以作为服务提供者使用 HUAWEI HiAI Service。

HiAI 与 Android Studio 完美集成，即 HiAI 可以作为 Android Studio 的一个插件，如图 7-6 所示。

图 7-6 HiAI IDE 集成 Android Studio

HiAI 平台插件提供了 HiAI Engine 以及 HiAI Foundation 功能。HiAI Engine 主要提供与 App 集成的 API，可以直接调用。HiAI Foundation 集成了已经训练好的模型，可以下载下来直接使用，如图 7-7 所示。

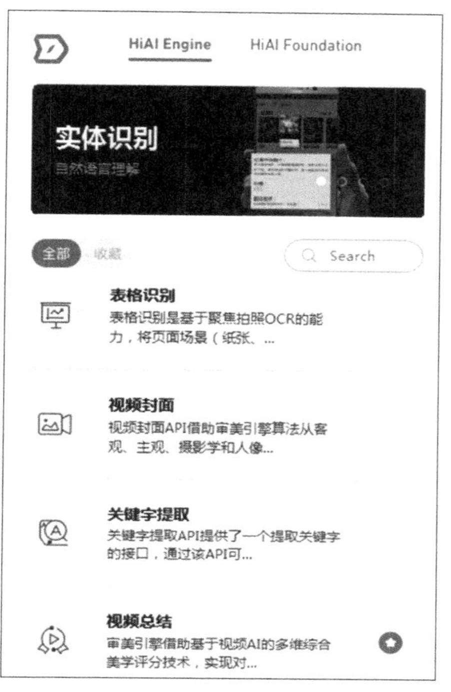

图 7-7　Android Studio 集成的 HiAI 的功能

App 开发完成后，进入真机调试环节，华为为开发者提供便捷、高效、流畅的全系列华为远程真机调试服务，开发者可以一键接入华为远程终端实验室的真机，进行实时远程操控、单步调试，并且提供性能、日志分析。HiAI 支持的部分华为机型如图 7-8 所示。

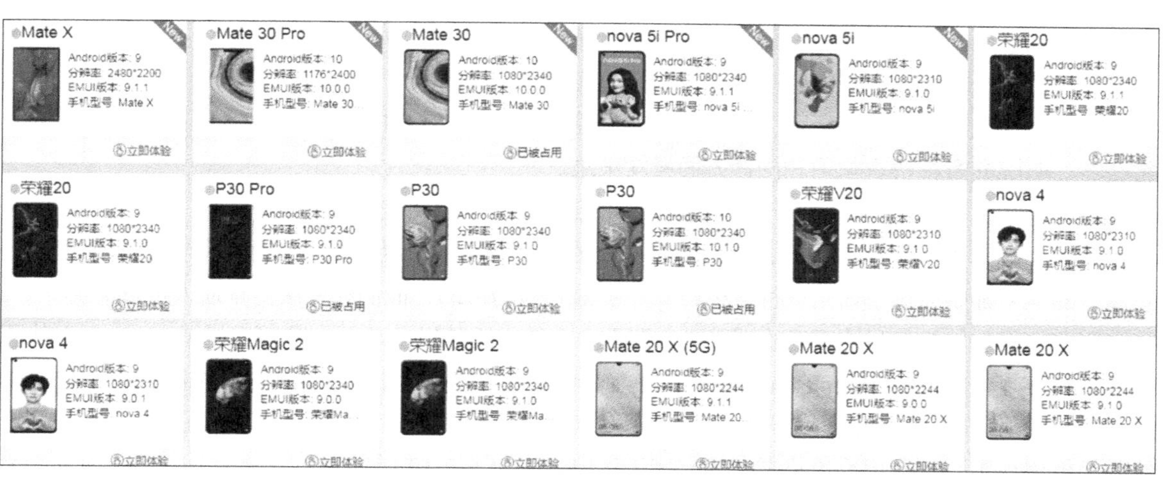

图 7-8　HiAI 支持的华为机型

App 集成 HiAI DDK 的步骤为：首先获取到已经训练好的 Caffe/TensorFlow 等框架模型，然后使用提供的 OMG 模型转换工具将开源框架原始模型转换为适合 Davinci 平台的 OM 模型，OM 模型可以包含 8bit 量化功能，最后进行 App 集成，App 集成包含模型预处理、模型推理等部分，如图 7-9 所示。

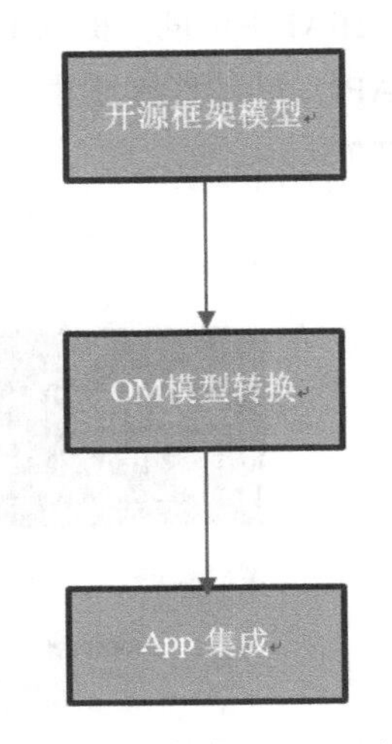

图 7-9　App 集成 HiAI DDK 流程

App 的集成操作过程如下。

（1）步骤 1：创建项目。

① 创建 Android Studio 项目，勾选“Include C++ support”选项。

② C++ Standard 选择 C++ 11，勾选“Exceptions Support (-fexceptions)”选项，勾选“Runtime Type Information Support(-frtti)”选项。

（2）步骤 2：编译 JNI。

① 实现 JNI，编写 Android.mk 文件。

② 编写 Application.mk 文件，复制 sdk so 到资源库。

③ 在 build.gradle 文件中，指定 ndk 编译 C++文件。

（3）步骤 3：模型集成。

① 模型预处理：应用层模型预处理、JNI 层模型预处理。

② 模型推理。

7.3　HUAWEI HiAI 部分解决方案

7.3.1　HUAWEI HiAI 助力聋哑人士

听障儿童因为身体上的障碍，无法享受正常的美好时光。他们听不到亲人朋友的呢喃问候，世界对于他们来说，是无声的，更是寂寞的。全世界约有 3200 万听障儿童，他们听不到美妙的声音，也无法说出内心的想法，他们与这个世界沟通的路布满了荆棘。

现实是残酷的，90%的听障儿童的父母都是健全人，可 78%的听障儿童的父母都无法和孩子正常交流。听障儿童在语言学习和阅读方面异常艰难。

语言是听说读写的基础，“听”是语言学习的必经之路。比如遇到陌生的单词，正常孩子可以通过听大人的解释来了解它的意思，然后通过不断的听说读写就可以掌握它。而听障儿童则不然，一切语言的学习都要通过手语来进行，离开专业手语老师的帮助，他们就无法与普通人进行交流。

为此，华为与非营利性组织欧洲聋哑人联盟、企鹅出版社以及动画大师阿德曼（Aardman）共同合作，开发了一款应用 StorySign，借助华为 HiAI 平台开放的图像识别和光学字符识别（Optical Character Recognition，OCR）能力，只要用手机对着书本上的文字，马上呈现动画效果，可爱的星星姐姐就出现了，她会用手语将书上的文字表达出来，如图 7-10 所示。

图 7-10　华为 HiAI 将文字呈现动画效果

7.3.2　HUAWEI HiAI 提升元贝驾考应用的视觉体验

元贝驾考是一款为驾驶初学者量身定制的学车应用，它提供了图文并茂的驾考服务，包括报名驾校、预约学车，以及模拟驾考等，致力于打造便捷、实用的一站式驾考平台。

模拟驾考是元贝驾考的主要特色功能之一，采用内置安装包的图文、视频、语音等多形式结合的模拟驾考，能够有效帮助广大学员快速熟悉考试内容和规范，从而快速通过驾考。

模拟考题内含大量图片，用以辅助用户进行练习，但部分低质量图片在普通手机上显示效果不佳，清晰度不足，反而影响用户进行驾考练习。

在大部分设备上，模拟驾考的图片优化程序大多依靠连网实现，因此，在网络信号弱或无网络的情况下，图片的画质提升会明显受阻。

HUAWEI HiAI 采用智能降噪和 9 倍分辨率放大，显著改善了图片质量，带给用户更多清晰的图片细节，全面提升了用户的视觉体验。

依托 HUAWEI HiAI 端侧学习模型，元贝驾考实现了端侧图片优化放大，同样的图片在华为 NPU 机型上显示得更清晰；同时摆脱了网络依赖，在网络不稳定或断网的情况下，用户仍可查看优质大图，如图 7-11 所示。

图 7-11　HUAWEI HiAI 提升元贝驾考应用的视觉体验

7.3.3　HUAWEI HiAI 赋能携程旅行

携程旅行手机客户端向用户提供旅游出行综合服务，包括预定酒店、机票、火车票，提供旅游攻略、优惠门票、旅游保险等。

旅途中用户往往会拍摄许多照片，希望通过镜头捕捉美丽景致、留住惬意时光。但对于自己拍摄的照片质量高低，大多数普通人由于缺少专业摄影知识很难做出准确判断，照片到底好不好、是否拍出了最佳效果，用户无法判断，从而引起疑虑。同时用户拍摄的照片存在画面不够清晰锐利的情况，呈现效果不佳，因此，提升画质成为许多用户的诉求。

通过接入 HUAWEI HiAI Engine 美学评分能力，实现了自动综合图像的失焦、抖动等技术因素与歪斜、色彩、构图等主观美感，对图像进行评价打分，让用户可以通过评分高低快速了解照片质量，解决心中疑虑，并据此调整，进而拍出最美风景。

此外，应用还借助 HUAWEI HiAI，实现了语音唤醒及一键作诗功能，为用户提供了诸多便利，如图 7-12 所示。

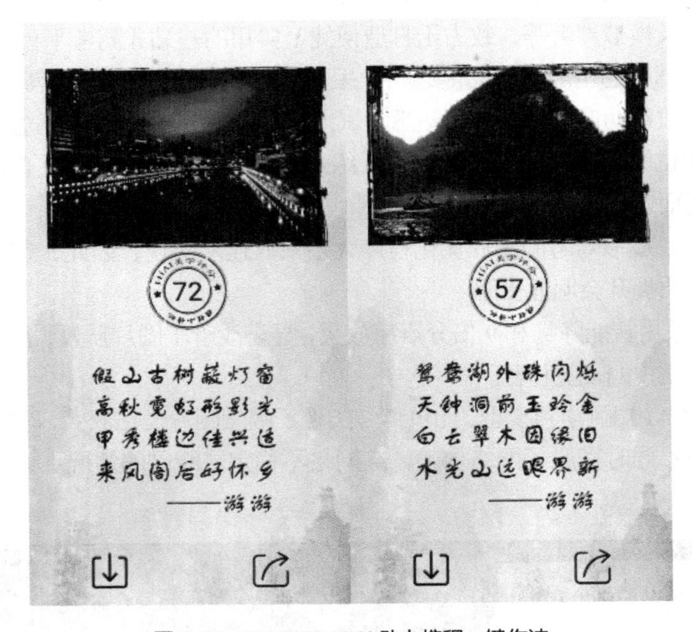

图 7-12 HUAWEI HiAI 助力携程一键作诗

7.3.4 HUAWEI HiAI 赋能 WPS 文档检测校正

WPS App 是一款办公软件，可实现文字、表格、演示文稿等多种常用办公文档的编辑和查看，同时支持用户使用免费云空间及文档模板。

随着移动终端的兴起与发展，手机越来越多地应用于编辑文档、收发邮件等办公场景。然而，由于没有键盘、鼠标等的辅助，只能通过手指在屏幕上划动完成操作，手机办公效率极低。比如，上课或参加会议、培训时，看到演示文稿上的要点和“干货”，我们会立刻拿出手机拍照记录下来，但拍摄的图片往往有以下几个问题，导致将其整理为演示文稿时，还需导出手机在计算机上裁剪处理，相当烦琐耗时。

（1）景物干扰：用户拍摄的图片中，除了演示文稿，通常还会有屏幕、墙面、桌椅等其他景物，需做裁剪处理才能使用。

（2）文档变形：当拍摄角度没有正对文档时，文档成像就会有不同程度的变形，被拉伸或被压缩的图像都会影响后续使用。

（3）画质模糊：受光线、距离等因素影响，用户拍摄的图片可能会模糊不清，影响观感和信息辨识度。

（4）内容无法编辑：另一方面，许多用户在查看拍摄的演示文稿图片时，或多或少都有编辑修改演示文稿内容的需求，然而图片内容不能直接编辑，无法满足用户需求。

WPS 通过接入 HUAWEI HiAI 生态，加上华为麒麟 970 处理器强劲性能加持，仅需 3s，就能实现多张图片一键生成演示文稿，轻松解决上述问题。

（1）文档感知，自动识别文档有效区域：引入 HUAWEI HiAI Engine 文档检测校正能力后，WPS 可以精准感知文档所在区域，并自动裁剪虑除屏幕、墙面、桌椅等其他景物，如图 7-13 所示。

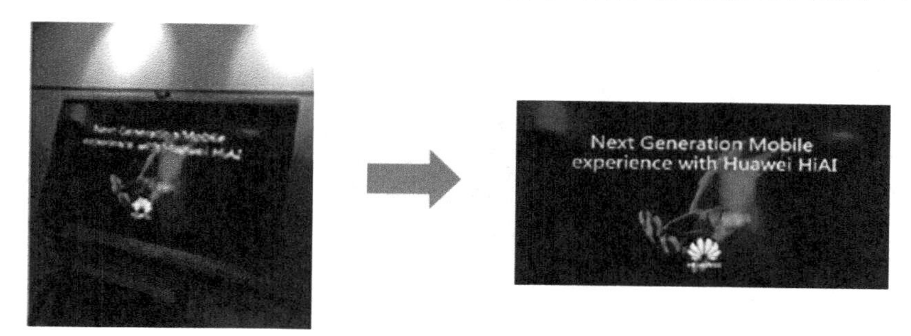

图 7-13 WPS 文档感知

（2）文档校正，快速调整至正中视角：这是一项文档翻拍过程的辅助增强功能，能够自动将拍摄视角调整到正对文档的角度上，最大校正角度达 45° ，如图 7-14 所示。

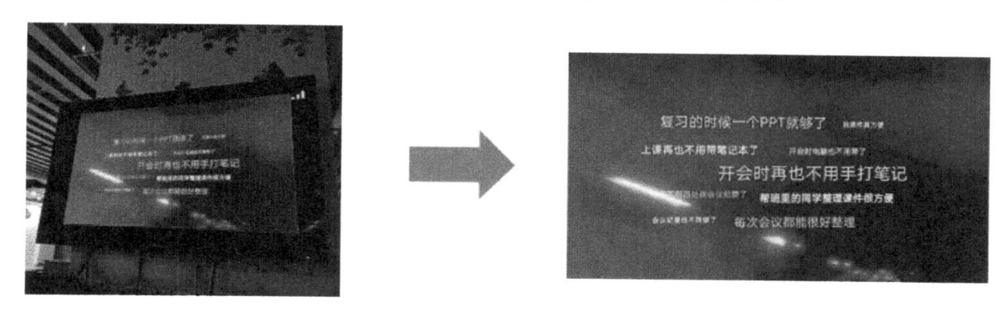

图 7-14 WPS 文档校正

（3）文字超分，使文档内文字更清晰：HUAWEI HiAI 将对包含文字内容的图像进行 9 倍分辨率放大（高宽各放大 3 倍），从而显著地提升画质清晰度、增强文字可辨识度，如图 7-15 所示。

图 7-15 WPS 文字超分

（4）OCR 识别，自由编辑图片中文字内容：通过接入通用 OCR，WPS 可自动识别并提取图片中的文字信息，实现自由修改、剪切、复制、删除演示文稿图片中的文字内容，如图 7-16 所示。

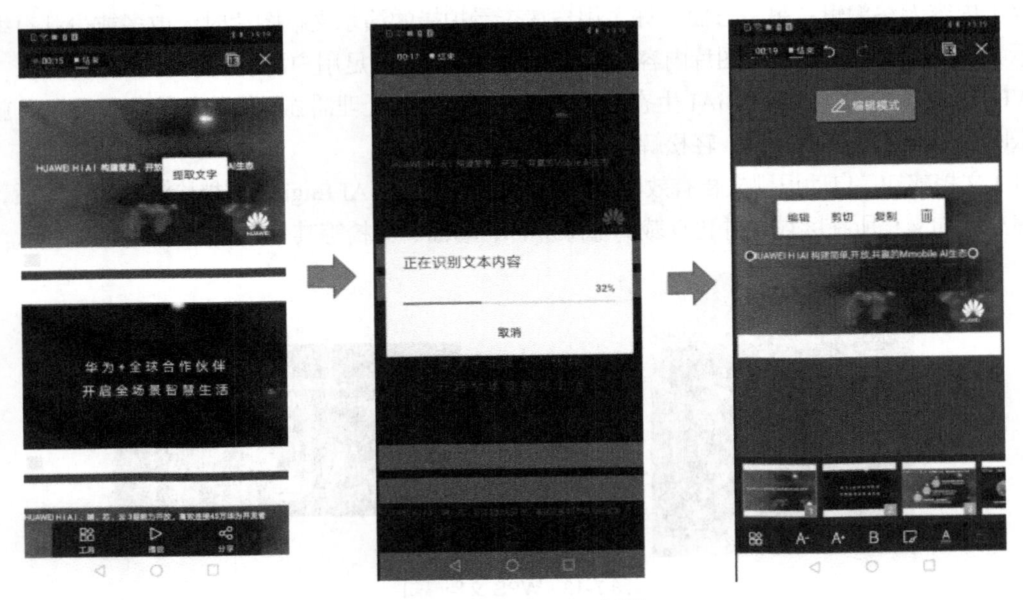

图 7-16　WPS OCR 识别

更多的解决方案请关注 HiAI 官网。

7.4　本章小结

本章主要介绍了华为 HiAI 平台的三层生态结构，即 HUAWEI HiAI Foundation、HUAWEI HiAI Engine、HUAWEI HiAI Service API，并分别介绍了每层的相关能力，最后介绍了部分 HiAI 的解决方案。

最后要说明的是，HUAWEI HiAI 为了全方位连接开发者，实现激励创新、生态共赢，采取了以下活动。

（1）HUAWEI HiAI 采取了线下连接深度交流活动，具体包括以下活动。

① HUAWEI Developer Day 系列沙龙。

② HUAWEI HiAI 系列公开课。

③ HUAWEI HiAI 专场技术交流会。

（2）HUAWEI HiAI 采取了 10 亿美元全场景激励创新活动，具体包括以下活动。

① 终端能力的开放创新。

② 全场景的数字服务创新。

③ 云服务生态共建。

（3）HUAWEI HiAI 采取了创新竞赛滚动上新活动，具体包括以下活动。

① AI 应用创新大赛。

② 未来应用创意大赛。

③ AR 应用创新大赛。

华为相信 AI 可以让人们的生活变得更美好，不论是后端还是终端，AI 都可以突破想象，带来前所未有的便捷。但是这一切都需要有实际的应用场景，让更多的企业和开发者参与其中，让用户获得实质性的体验提升。华为也很乐于和合作伙伴站在一起，让更多的人、更多的企业参与进来，以 HUAWEI HiAI 3.0 平台为基础，共同推动行业智能化“落地”。

7.5 习题

1. HUAWEI HiAI 3.0 于 2019 年 11 月 19 日在软件绿色联盟开发者大会上正式发布，标志着端侧 AI 正式走向分布式，将会带来极致的全场景智慧生活体验。HUAWEI HiAI 的三层 AI 生态是什么？
2. HUAWEI HiAI 哪一层可以将标准的神经网络模型编译转换为离线模型？
3. HUAWEI HiAI 哪一层可以轻松地将多种 AI 能力与 App 集成，让 App 更加智慧强大？
4. HiAI 可以与哪款工具完美集成？
5. App 的集成操作过程是什么？

08

第8章　华为云企业智能应用平台

本章主要介绍华为云企业智能应用平台（Enterprise Intelligence，EI），包括华为云 EI 服务家族，重点介绍华为 ModelArts 平台，以及华为企业智能的相关解决方案。

8.1　华为云 EI 服务家族

华为云 EI 服务家族如图 8-1 所示，包含 EI 大数据、EI 基础平台、对话机器人、自然语言处理、语音交互、视频分析、图像识别、内容审核、图像搜索、人脸识别、文字识别和 EI 智能体。

图 8-1　华为云 EI 服务家族

（1）EI 大数据提供数据接入、云数据迁移、实时流计算、MapReduce、数据湖探索、表格存储等服务。

（2）EI 基础平台包含 ModelArts 平台、深度学习服务、机器学习服务、慧眼 HiLens、图引擎服务、视频接入服务。

（3）对话机器人提供智能问答机器人、任务型对话机器人、智能质检机器人、定制化对话机器人服务。

（4）自然语言处理提供自然语言处理基础、内容审核——文本、语言理解、语言生成、定制自然语言处理、机器翻译服务。

（5）语音交互提供语音识别、语音合成、实时语音转写。

（6）视频分析包含视频内容分析、视频编辑、视频质量检测、视频标签服务。

（7）图像识别包含图像标签、名人识别服务。

（8）内容审核提供文本、图像、视频的审核服务。

（9）图像搜索是指以图搜图，帮助客户从指定图片库中搜索相同或相似的图片。

（10）人脸识别提供人脸识别、人体分析服务。

（11）文字识别提供通用类、证件类、票据类、行业类、定制模板类的文字识别。

（12）EI 智能体包含交通智能体、工业智能体、园区智能体、网络智能体、汽车智能体、医疗智能体和地理智能体。

8.1.1　华为云 EI 智能体

EI 智能体将 AI 技术融入各行各业的应用场景中，综合各种技术，深入挖掘数据的价值，发挥 AI 技术的优势，形成一个场景化的解决方案，从而提高效率、提升体验。EI 智能体包含交通智能体、工业智能体、园区智能体和网络智能体，如图 8-2 所示。除此之外，华为还推出了汽车智能体、医疗智能体和地理智能体等。

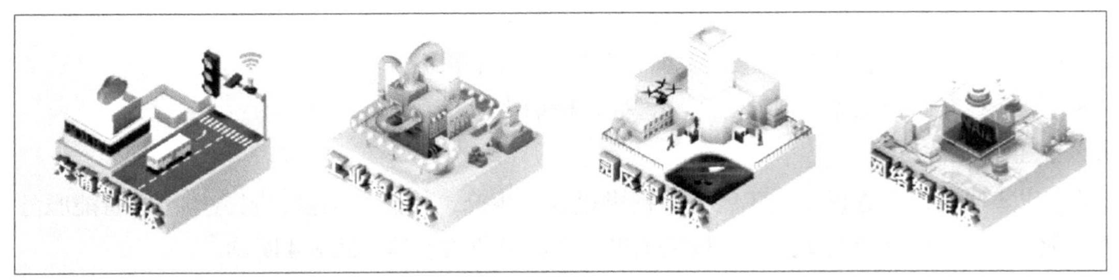

图 8-2　EI 智能体

1. 交通智能体

交通智能体实现了全域路网分析、交通预测、交通事件监测与管控、信号灯优化、交通参数感知与态势评价等产品与解决方案，保障高效、绿色、安全的出行体验。交通智能体如图 8-3 所示。

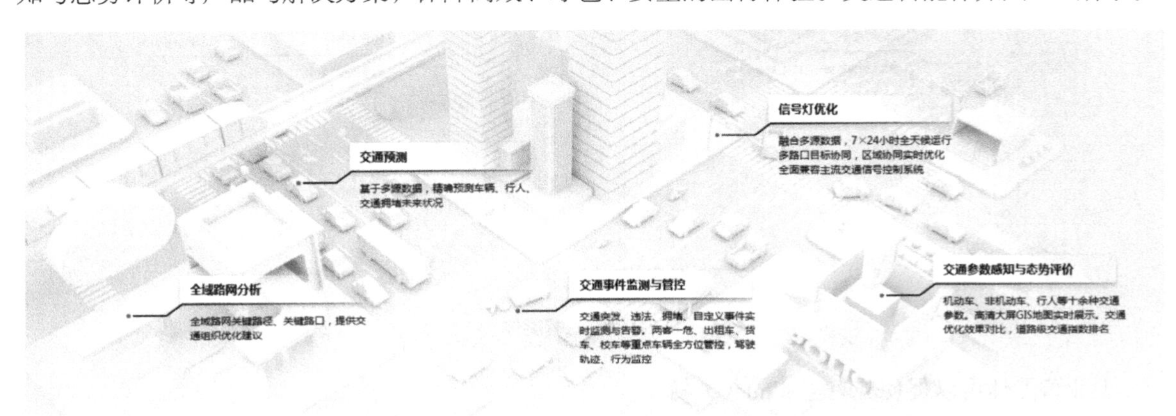

图 8-3　交通智能体

交通智能体具有如下优势。

（1）交通智能体实现了数据全面和深入挖掘，全面融合互联网、交通大数据，深入挖掘大数据的价值。

（2）交通智能体提供全域协同与人车协同计算，实现了整个区域的交通流量最大化和区域内车辆等待时间最小化。协调车辆和行人的通行需求，实现车辆、行人有序通行。

（3）交通智能体提供实时信号灯调度，是业内首家实现交通智能体和信号管控平台的安全通信接口的标准制定。

（4）交通智能体实现了精确车辆行车轨迹预判，可以精准预测车辆的行车轨迹需求，提前规划通行路线。

交通智能体的特点如下。

（1）全时段：交通智能体实现交通事件 7×24h 全域、全时段感知。

（2）智能：交通智能体实现区域协同信号优化。

（3）完备：交通智能体实现关键拥堵点识别、关键拥堵路径识别、拥堵扩散分析。

（4）预测：交通智能体实现人群密度预测，掌握人群迁移大交通规律。

（5）精准：交通智能体实现交通路况 7×24h 全面、精准掌握。

（6）便捷：交通智能体实现实时信号灯调度，按需放行。

（7）可视：交通智能体实现交通态势大屏显示，所见即所得。

（8）精细：交通智能体实现重点车辆管控、精细化管理。

2. 工业智能体

工业智能体依托大数据与人工智能，提供设计、生产、物流、销售、服务全链式智能服务，挖掘数据价值，助力企业借助新技术，构筑领先优势。工业智能体如图 8-4 所示。

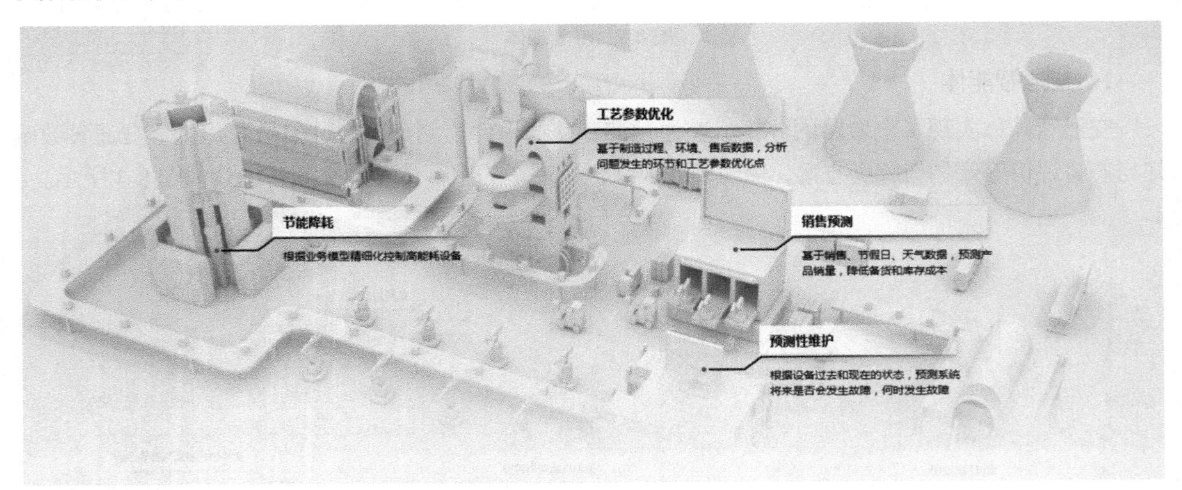

图 8-4　工业智能体

工业智能体可以促使现有工业的 3 大转变。

（1）从人工经验到数据智能的转变：基于数据挖掘分析，从数据中获取提升效率和产品质量的新经验。

（2）从数字化到智能化的转变：智能分析能力，成为企业数字化的新动力。

（3）从产品生产到产品创新的转变：企业内从产品设计到销售的数据协同，以及产业链上下游的数据协同，创造新的竞争优势。

工业智能体的应用实践如下。

（1）产品质量优化提升：基于客户的反馈、互联网点评分析、竞争对手分析、维修记录、售后历史数据，进行分类分析，发现产品关键问题，指导新产品的完善，提升产品质量。

（2）智能设备维护：预测性维护，根据系统过去和现在的状态，采用时间序列预测、神经网络预测和回归分析等预测推理方法，预测系统将来是否会发生故障、何时发生故障，以及发生故障的类型，提升服务运维效率，降低设备非计划停机时间，节约现场服务的人力成本。

（3）生产物料预估：基于历史物料数据，对生产所需物料进行准确分析和预估，降低仓储周期，提升效率。深度算法优化，基于业界时间序列算法模型，并结合华为供应链深度优化。

3. 园区智能体

园区智能体将人工智能应用于工业园区、住宅园区、商业园区的管理与监控，通过视频分析、数据挖掘等技术，使生产生活更加便捷和高效。园区智能体如图 8-5 所示。

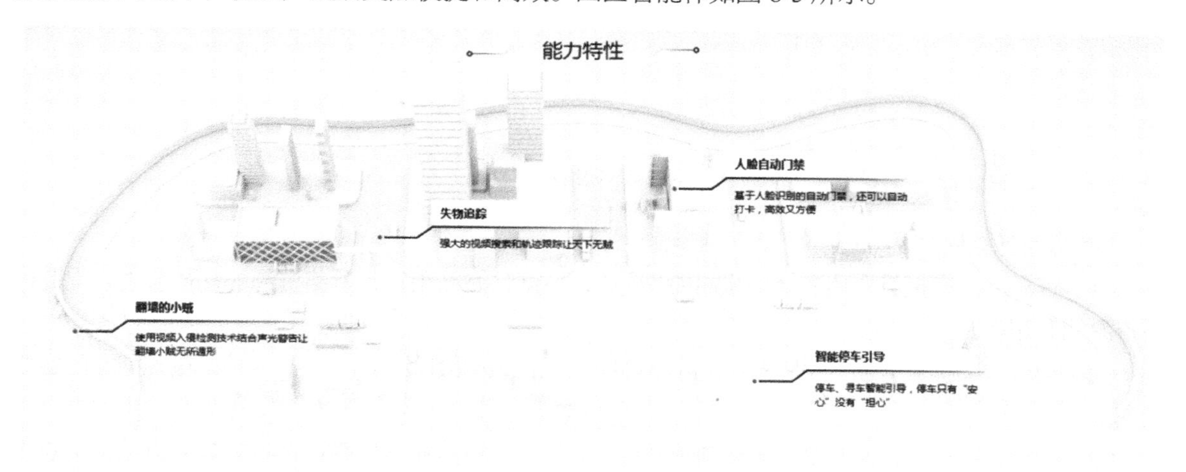

图 8-5 园区智能体

园区智能体带来如下 3 大转变。

（1）从人防到智防的转变：基于人工智能的智能防护，可以减轻安保人员压力。

（2）从刷卡到刷脸的转变：刷脸无感通行，自动打卡，再也不怕忘记带卡。

（3）从担心到安心的转变：强大的失物追踪分析能力，智能让员工和业主更加放心。

园区智能体的应用实践如下。

（1）园区门禁：利用人脸检测和识别技术精确识别来访者的身份，快速返回识别结果；实现门禁更高的通行吞吐率、园区的自动化管理。

（2）安全区域监控：通过入侵检测、徘徊检测、遗留物检测等技术可实现对受控区域进行监控，保障园区的生活生产安全。

（3）智慧停车：通过车辆车牌识别、轨迹跟踪服务实现园区车辆出入管控、线路管控、车辆违停管理、停车位管理等。

4. 网络智能体

网络智能体（Network AI Engine，NAIE）将AI引入网络领域，解决网络业务预测类、重复性、复杂类等问题，提升网络资源利用率、运维效率、能源效率和业务体验，使实现自动驾驶网络成为可能。网络智能体如图8-6所示。

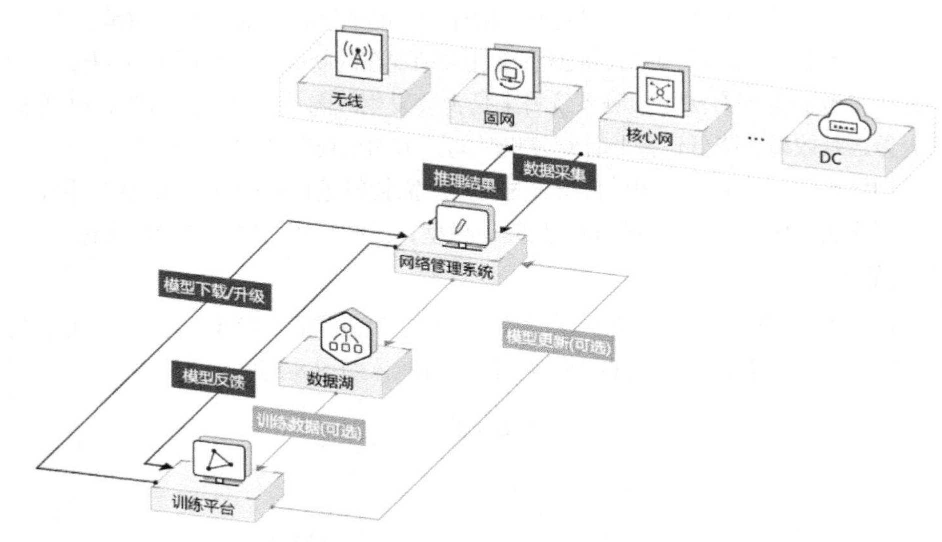

图8-6　网络智能体

网络智能体具有如下商业价值。

（1）资源利用率提升。引入AI预测网络流量，根据预测结果进行网络资源的均衡管理，提高网络资源的利用率。

（2）运维效率提升。引入AI压缩大量重复性工作，预测故障进行预防性维护，提升网络的运维效率。

（3）能源效率提升。利用AI技术实时预测业务状态，根据业务量高低进行能耗的自动化动态调整，提高能源的利用效率。

网络智能体的技术优势如下。

（1）数据安全入湖。网络智能体支持网络工参、性能、告警等各种类型数据的快速采集入湖。一方面提供大量工具提升数据治理效率，同时应用多租户隔离、加密存储等安全技术，保障入湖数据的全生命周期安全 。

（2）网络经验嵌入。网络智能体使用向导式模型开发环境，预置多个网络领域AI模型开发模板，面向不同水平开发者提供训练服务、模型生成服务、通信模型服务等不同类型服务，助力开发者快速完成模型/应用开发。

（3）应用服务丰富。网络智能体提供无线接入、固网接入、传输承载、核心网、DC、能源等多个网络业务场景的应用服务，可以有效解决网络业务中运维效率、能耗效率和资源利用率的具体问题。

8.1.2　EI基础平台——华为HiLens

华为HiLens为端云协同多模态AI开发应用平台，由端侧计算设备和云上平台组成，提供简单易用的开发框架、开箱即用的开发环境、丰富的 AI 技能市场和云上管理平台，对接多种端侧计算设备，支持视觉及听觉 AI 应用开发、AI 应用在线部署、海量设备管理等。HiLens 平台可以帮助用户开发多模态 AI 应用并下发到端侧设备，实现多场景的智能化解决方案。HiLens 平台如图 8-7 所示。

HiLens 产品的特点如下。

（1）端云协同推理，平衡低计算时延和高精度。

（2）端侧分析数据，降低上云存储成本。

（3）一站式技能开发，缩短开发周期。

（4）技能市场预置丰富技能，在线训练，一键部署。

图 8-7　华为 HiLens 端云协同

1. HiLens 的产品优势

（1）端云协同推理。

① 端云模型协同，解决网络不稳的场景，节省用户带宽。

② 端侧设备可协同云侧在线更新模型，快速提升端侧精度。

③ 端侧对采集的数据进行本地分析，大大减少上云数据流量，节约存储成本。

（2）统一技能开发平台。

软硬协同优化，HiLens 产品使用统一的 Skill 开发框架，封装基础组件，支持常用深度学习模型。

（3）跨平台设计。

① HiLens 产品支持昇腾 AI 处理器、海思 35xx 系列芯片以及其他市场主流芯片，可覆盖主流监控场景需求。

② HiLens 产品针对端侧芯片提供模型转换和算法优化。

（4）丰富的技能市场。

① HiLens 的技能市场预置了多种技能，如人形检测、哭声检测等，用户可以省去开发步骤，直接从技能市场选取所需技能，在端侧上快速部署。

② HiLens 的技能市场的多种模型，针对端侧设备内存小、精度低等不足做了大量算法优化。

③ 开发者还可通过 HiLens 管理控制台开发自定义技能并加入技能市场。

2. HiLens 的应用领域

（1）从用户角色的维度来看，华为 HiLens 主要有 3 种类型的用户角色：普通用户、AI 开发者和摄像头厂商。

① 普通用户：普通用户是指技能使用者，可以是家庭成员、商超老板、停车场管理员或工地负责人等，这些用户如果想提高家庭安防、统计客流量、识别车辆属性和车牌、检测工人是否佩戴安全帽，可以购买 HiLens Kit，然后注册到 HiLens 管理控制台，在平台的技能市场上选购或定制合适的技能（比如车牌识别、安全帽识别等），一键安装到 HiLens Kit，即可满足需求。

② AI 开发者：AI 开发者一般是从事 AI 开发的技术人员或高校学生等群体，这些用户想开发具备 AI 能力的技能，并且可以方便地部署到设备实时查看技能的运行效果，从中获取一定的收入或知识。这些用户可以在 HiLens 管理控制台进行 AI 技能的开发。

HiLens 在端侧集成了 HiLens Framework 框架，该框架封装了基础组件，简化了开发流程，提供了统一的 API 接口，开发者可以很方便地使用它完成一个技能的开发。技能开发完成后，可以一键式部署到 HiLens Kit 查看运行效果。同时也可以把技能发布到技能市场给其他用户购买使用，或者把技能当作模板分享出去给其他开发者学习。

③ 摄像头厂商：海思 35xx 系列芯片摄像头产品的厂商，这个系列的摄像头所具备的 AI 能力可能较弱甚至没有 AI 能力，这些厂商想让其产品具备更强的 AI 能力，从而形成竞争力。

（2）从应用场景来分，华为 HiLens 可以应用在家庭智能监控、园区智能监控、商超智能监控、智能车载等领域。

① 家庭智能监控：集成华为海思 35xx 系列芯片的家庭智能摄像头及智能家居厂家，以及集成 D 芯片的高性能 HiLens Kit，均可用于提升家庭视频智能分析能力，可应用于以下场景。

a. 人形检测。检测家庭监控中出现的人形，记录出现时刻，或在无家人在家的某些时间段检测到后，可向手机发出告警。

b. 摔倒检测。检测到人摔倒的动作时，发出告警，主要针对老人看护场景。

c. 哭声检测。智能识别婴儿的哭声，在指定用户的手机上发出告警，用于小孩看护。

d. 词汇识别。自定义特定词汇，如“救命”，当检测到该词汇时发出告警。

e. 人脸属性检测。对视频中检测到的人脸进行属性检测，包括性别、年龄、是否笑脸等，可用于门口安防、视频筛选等。

f. 时光相册。把检测到的孩子的视频截取片段，连接成记录儿童成长记录的时光相册。

② 园区智能监控：通过 HiLens 管理控制台，将 AI 技能下发到集成了 Ascend 芯片的智能小站，让边缘设备具备处理一定数据的能力，可应用于以下场景。

a. 人脸识别闸机。基于人脸识别技术，实现园区进出门进行人脸识别，可实现刷脸进门、智慧打卡等。

b. 车牌/车型识别。在园区、车库等进出口，对车辆进行车牌、车型识别，可实现特定车牌和车型的权限认证。

c. 安全帽检测。从视频监控中发现未佩戴安全帽的工人，并在指定设备发起告警。

d. 轨迹还原。将多个摄像头识别出的同个人脸或者车辆，协同分析来还原行人或者车辆的前进路径。

e. 人脸检索。在监控中通过人脸识别园区指定人脸，可用于黑名单识别等。

f. 异常声音检测。检测到玻璃破碎、爆炸声等异常声音时，上报告警。

g. 入侵检测。在监控指定区域检测到人形时，发出告警。

③ 商超智能监控：商超场景适用的终端设备包括 HiLens Kit、智能小站、商用摄像头。小型商超可配套集成 HiLens Kit，支持 4～5 路视频分析场景，体积小，可放置室内环境，可应用于以下场景。

a. 客流量统计。通过商店、超市监控，可实现在出入口处进行智能客流量统计，用于分析不同时段客流量变化等。

b. VIP 识别。通过人脸识别将 VIP 客户准确识别，帮助制订营销策略。

c. 新老顾客数统计。在出入口处等位置的监控，通过人脸识别，统计出新老顾客数量。

d. 人流热力图。通过人流热力图分析可知道人群聚集的密集程度，由此可分析出商品的受欢迎程度等。

④ 智能车载：基于 Android 系统的智能车载设备，实时智能分析车内外状况，适用于司机驾驶行为检测、“两客一危”监控等，可应用于以下场景。

a. 人脸识别。通过识别司机人脸是否匹配车主预存的照片库，对司机权限进行确认。

b. 疲劳驾驶。实时监控驾驶员状态，进行司机疲劳驾驶智能预警。

c. 姿势分析。对驾驶者的姿势进行检测，如打电话、喝水、左顾右盼、抽烟等分心驾驶动作。

d. 车辆及行人检测。对车周围的车辆、行人进行检测，可用于盲区行人检测等。

8.1.3 EI 基础平台——图引擎服务

华为图引擎服务（Graph Engine Service，GES），是国内首个商用的、拥有自主知识产权的国产分布式原生图引擎，是针对以“关系”为基础的“图”结构数据，进行查询、分析的服务。

GES 采用华为自研的高性能图引擎 EYWA 作为其内核，具备多项自主专利，广泛应用于社交应用、企业关系分析应用、物流配送、班车路径规划、企业知识图谱、风控、推荐、舆情、防欺诈等具有丰富关系数据的场景。

社交关系、交易记录、交通网络等海量复杂的关联数据天然就是图数据，而华为 GES 就是针对以关系为基础的图结构数据，进行存储、查询和分析的服务。在社交 App、企业关系分析应用、物流配送、班车路径规划、企业知识图谱、风控等场景发挥重要作用。

在个体分析方面，GES 可以根据个体节点的邻居的个数及特征来对此个体节点进行用户画像分析，也可以根据节点特征和重要性来挖掘、识别意见领袖。例如，考虑数量因素，当一个用户接收到的其他用户“关注”的数量越多，表明此用户就越重要。另一方面，基于图上的传递特性考虑质量传递因素，粉丝的质量传递到被关注人，当被高质量“粉丝”关注时，被关注者的质量增加越大。

在群体分析方面，GES 拥有标签传播算法和社团发现算法，可以将具有相似特征的节点划分为一类，可以应用于好友推荐、圈群推荐和用户分群等节点分类的场景领域。例如，在一个社交圈内，如果两个人有一个共同好友，则这两个人在未来会有成为好友的可能性，共同好友越多，两个人关系越强，这样基于共同好友的多少，就可以进行好友推荐。

在链路分析方面，GES 可以利用链路分析算法和关系预测算法来预测、识别热点话题，从而寻找“引爆点”，如图 8-8 所示。

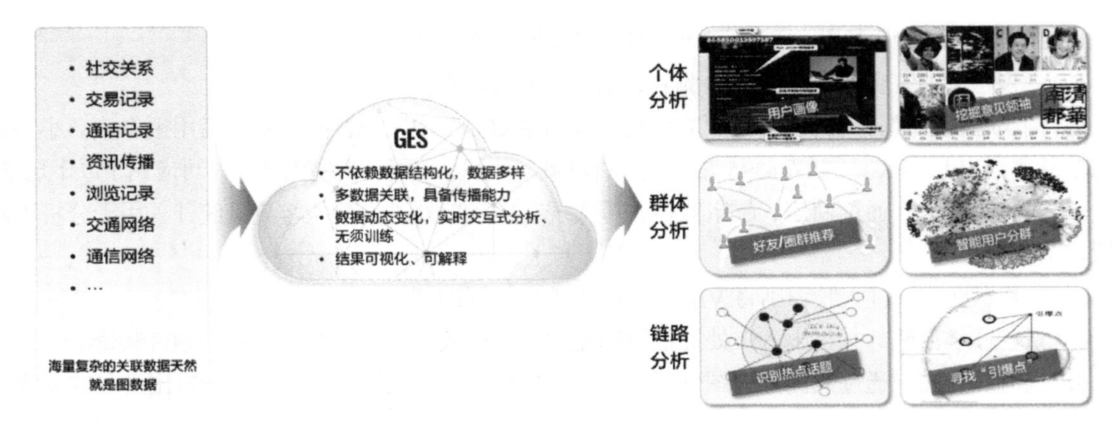

图 8-8　图引擎服务

由此可见，GES 在现实世界中的应用场景丰富且广泛，未来还会有更多的行业及应用场景值得我们深入挖掘。

GES 的产品优势如下。

（1）大规模：GES 提供高效的数据组织，可以更有效地对百亿节点千亿边规模的数据进行查询与分析。

（2）高性能：GES 提供深度优化的分布式图形计算引擎，为用户提供高并发、秒级多跳的实时查询能力。

（3）查询分析一体化：GES 提供丰富的图分析算法，为关系分析、路径规划、精准营销等业务提供多样的分析能力。

（4）简单易用：GES 提供向导式、简单易用的可视化分析界面，所见即所得；GES 支持 Gremlin 查询语言，兼容用户使用习惯。

GES 提供的功能如下。

（1）丰富的领域算法：GES 支持 PageRank、K-Core、最短路径、标签传播、三角计数、关联预测等算法。

（2）可视化的图形分析：GES 提供向导式探索环境，支持查询结果可视化。

（3）查询分析 API：GES 提供图查询、图指标统计、Gremlin 查询、图算法、图管理、备份管理等 API。

（4）兼容开源生态：GES 兼容 Apache TinkerPop Gremlin 3.3.0。

（5）图管理：GES 提供图引擎服务的概览、图管理、图备份、元数据管理等。

8.1.4　EI 家族其他服务介绍

1. 对话机器人

对话机器人服务（Conversational Bot Service，CBS）包含智能问答机器人、话务机器人、智能质检机器人、定制对话机器人。对话机器人如图 8-9 所示。

① 智能问答机器人：简称 QABot，可帮助企业快速构建、发布和管理智能问答机器人系统。

② 话务机器人简称 TaskBot，能精确理解对话意图，提取关键信息，可用于智能话务，智能硬件。

图 8-9　对话机器人

③ 智能质检机器人使用自然语言算法和自定义规则，分析呼叫中心场景下客服坐席人员与客户的对话，帮助企业提升坐席服务质量和客户满意度。

④ 定制对话机器人可根据客户需求构建具备知识库和知识图谱问答、任务型对话、阅读理解、自动文本生成、多模态等多种能力的 AI 机器人，赋能不同行业客户。

2. 自然语言处理

自然语言处理服务提供了机器人实现语义理解所需的相关服务，包括自然语言处理基础、语言理解、语言生成和机器翻译 4 个子服务。自然语言处理服务如图 8-10 所示。

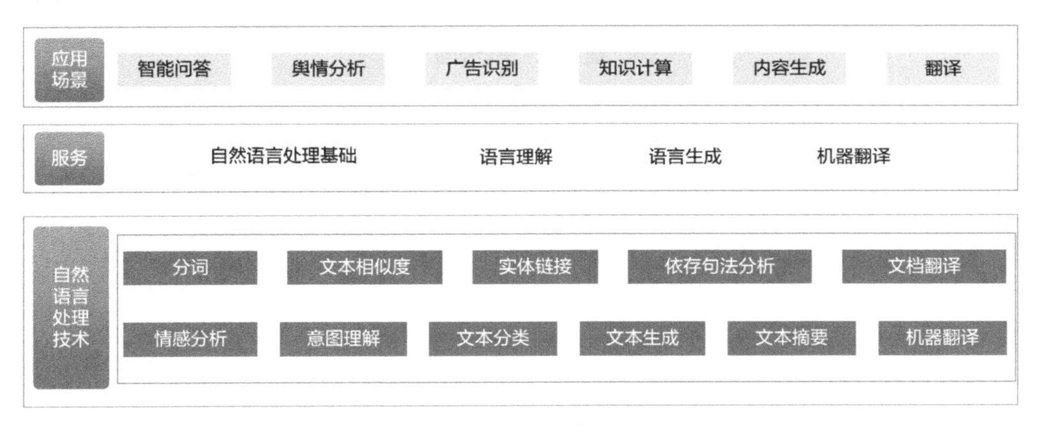

图 8-10　自然语言处理服务

自然语言处理基础（Natural Language Processing Fundamentals）服务为用户提供包括分词、命名实体识别、关键词提取、文本相似度等自然语言相关的 API，可应用于智能问答、对话机器人、舆情分析、内容推荐、电商评价分析等场景中。

语言理解服务为用户提供情感分析、观点抽取、文本分类、意图理解等语言理解相关的 API，可应用于评论观点挖掘、舆情分析、智能助手、对话机器人等场景中。

语言生成服务基于先进的语言模型，根据输入的信息，包括文本、数据或者图像，生成可读的文字表述，可应用于智能问答与对话、新闻摘要、报告生成等人机交互的场景当中。

定制自然语言处理（NLP Customization）是指根据客户特定需求构建专有的自然语言处理模型，

为企业应用提供独特竞争力。例如，定制法律文案自动分类模型，定制医疗报告自动生成模型，定制特定领域的舆情分析模型等。

3. 语音交互

语音交互服务包含语音识别、语音合成、实时语音转写服务，如图 8-11 所示。

一句话识别/短语音识别

实时语音转写

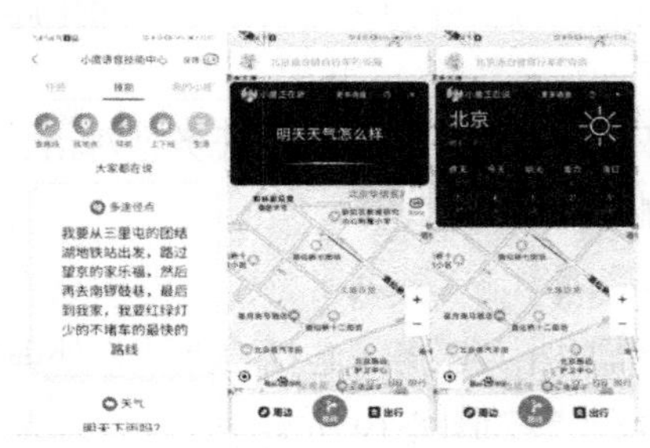

录音文件识别

有声读物

图 8-11 语音交互

语音识别服务的主要应用场景如下。

（1）语音搜索：搜索内容直接以语音的方式输入，让搜索更加高效。语音识别服务支持各种场景下的语音搜索，如地图导航、网页搜索等。

（2）人机交互：通过语音唤醒、语音识别服务，对终端设备发送语音命令，对设备进行实时操作，提升人机交互体验。

语音合成服务的应用场景如下。

（1）语音导航：使用语音合成服务将车载导航数据转换成语音素材，为用户提供精确的语音导航服务。利用语音合成服务的个性化定制能力，提供丰富的导航语音服务。

（2）有声读物：语音合成服务可以将书籍、杂志、新闻的文本内容转换成逼真的人声发音，充分解放人们的眼睛，在搭乘地铁、开车、健身等场景下获取信息、享受乐趣。

（3）电话回访：在客服系统场景中，通过语音合成服务将回访内容转换成人声，直接使用语音和客户交流，提升用户体验。

（4）智能教育：语音合成服务可以将书本上的文本内容合成为语音，接近真人的发音可模拟真人教学场景，实现课文的朗读和带读，帮助学生更好地理解和掌握教学内容。

实时语音转写服务的应用场景如下。

（1）直播实时字幕：实时语音转写服务将视频直播或现场直播中的音频实时转为字幕，为观众提供更高效的观看体验，方便对内容进行监控。

（2）会议实时记录：实时语音转写服务将视频或电话会议中的音频实时转为文字，可以实时校核、修改及检索转写会议内容，提高会议效率。

（3）即时文本录入：手机 App 上使用实时语音转写服务可以实时录音并即时提供转写的文本，如语音输入法等，方便后期文字处理和内容存档，省去记录的人力和时间成本，大幅提升了转换效率。

4. 视频分析

视频分析服务提供视频内容分析、视频编辑、视频标签等服务。

视频内容分析服务的应用场景如下。

（1）监控管理：视频内容分析服务对商超或园区内所有视频进行实时分析，提取关键事件，如仓库监控、收银合规、消防通道占用；进行高安全区域入侵检测、徘徊检测、遗留物检测等；智能防损，如人像布控、盗窃检测等。

（2）园区行人分析：视频内容分析服务实时对园区内的活动行人进行分析，通过配置行人黑名单，识别跟踪高风险人员并告警；统计关键路口的行人流量，支撑园区制订管理策略。

（3）视频人物分析：视频内容分析服务对媒体视频中的公众人物进行分析，准确识别视频中出现的政治人物、影视明星等名人。

（4）动作识别：视频内容分析服务基于对视频的前后帧信息、光流运动信息分析、场景内容信息识别等分析，检测和识别视频动作。

视频编辑服务的应用场景如下。

（1）精彩片段提取：视频编辑服务基于视频的内容相关度、精彩画面，提取场景片段制作视频摘要。

（2）新闻视频拆分：视频编辑服务基于新闻中人物、场景、语音、文字识别等分析，把完整的新闻拆分成不同主题的新闻片段。

视频标签服务的应用场景如下。

（1）视频搜索：视频标签服务基于对视频的场景分类、人物识别、语音识别、文字识别等分析，形成层次化的分类标签，支撑准确高效的视频搜索，提升搜索体验，如图 8-12 所示。

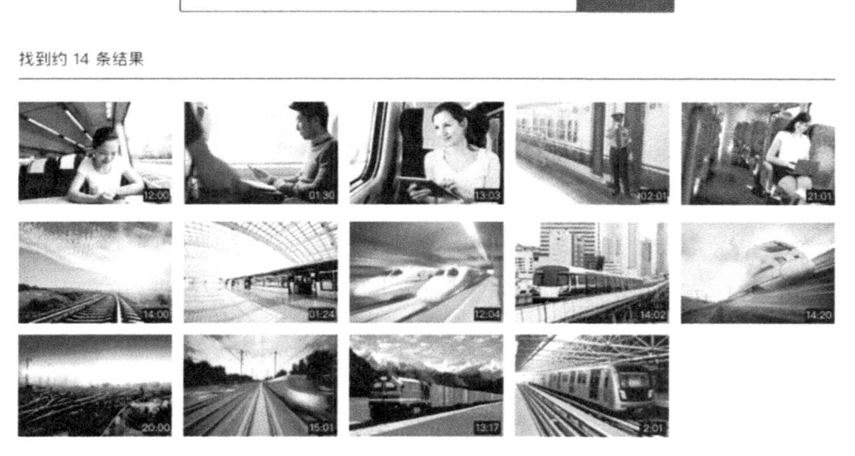

图 8-12　视频搜索

（2）视频推荐：视频标签服务基于对视频的场景分类、人物识别、语音识别、文字识别等分析，形成层次化的分类标签，进行个性化视频推荐。

5. 图像识别

图像识别（Image Recognition）服务基于深度学习技术，可准确识别图像中的视觉内容，提供数万种物体、场景和概念标签，具备目标检测和属性识别等能力，帮助客户准确识别和理解图像内容。图像识别服务提供场景分析、智能相册、目标检测、图像搜索等功能，如图 8-13 所示。

场景分析

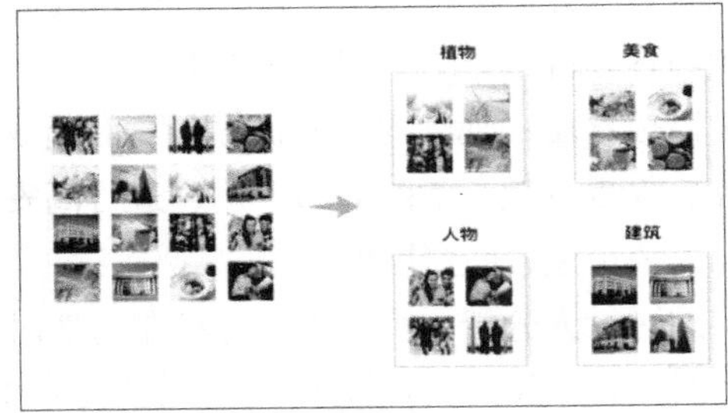

智能相册

目标检测

图像搜索

图 8-13 图像识别服务的应用

（1）场景分析：图像的内容标签缺乏，导致用户检索效率较低。图像标签功能可准确识别图像内容，提高检索效率和精度，从而使个性化推荐、内容检索和分发更为有效。

（2）智能相册：基于图像识别出的数万个标签，智能相册可以自定义分类，比如“植物”“美食”“工作”等类别，方便用户管理相册，带来良好体验。

（3）目标检测：在建筑施工现场，基于定制化的图像识别目标检测系统，可实时监测现场人员是否佩戴安全帽，以降低安全风险。

（4）图像搜索：海量图片库的搜索较麻烦。基于图像标签的图像搜索技术，不管用户是输入关键字，还是输入一张图像，都可以快速搜索到想要的图像。

6. 内容审核

内容审核服务包括文本审核、图像审核和视频审核服务，基于领先的文本、图像、视频检测技术，可自动检测色情、广告、暴恐、涉政等内容，帮助客户降低业务违规风险。内容审核如图 8-14 所示。

内容审核服务包含以下几类应用。

（1）鉴黄：内容审核服务可以判断一张图片的涉黄程度，分别给出色情、性感、正常 3 个置信度分值。

（2）暴恐：内容审核服务可以快速检测图片中是否包含火灾、枪支、刀具、血腥、暴恐旗帜等。

（3）涉政敏感人物：内容审核服务可以判断是否有政治人物等敏感信息。

（4）文本内容检测：内容审核服务可以检测文本内容中是否包含色情、涉政、广告、辱骂、灌水和违禁品。

（5）视频审核：内容审核服务可以判断视频是否具有违规风险，从画面、声音、字幕多维度提供违规信息。

图 8-14　内容审核

7. 图像搜索

图像搜索（Image Search）服务即以图搜图服务，基于深度学习与图像识别技术，结合不同应用业务和行业场景，利用特征向量化与搜索能力，帮助客户从指定图库中搜索相同或相似的图片。

图像搜索服务的应用场景如下。

（1）商品图片搜索：图像搜索服务可以将用户拍摄的图片从商品库中搜索，进行相似图片查找，找到同款或相似的商品，进行商品销售或者相关商品推荐，如图 8-15 所示。

图 8-15　商品搜索

（2）版权图片搜索：版权图片是摄影和设计类网站的重要资产，图像搜索服务可以从海量图片库中快速定位侵权盗用图片，帮助图库网站捍卫权益。

8. 人脸识别

人脸识别（Face Recognition）服务能够在图像中快速检测人脸、分析人脸关键点信息、获取人脸属性、实现人脸的精确比对和检索。

人脸识别服务的应用场景如下。

（1）身份验证：使用人脸检测与比对功能，可进行身份核实，适用于机场、海关等人证合一验证场景。

（2）电子考勤：人脸检测及比对功能适用于客户企业对员工进行电子考勤，也可协助企业客户做安防监控。

（3）轨迹分析：人脸搜索服务可检索出图库中与输入人脸最相似的 N 张人脸图片及相似度。根据返回图片的时间、地点及行为信息，协助客户实现轨迹分析。

（4）客流分析：客流分析功能对于商场具有重要价值。基于人脸识别、比对、搜索技术，可以准确分析顾客的年龄、性别等信息，区分新老顾客，帮助客户高效营销。客流分析如图 8-16 所示。

图 8-16 客流分析

9. 文字识别

文字识别（Optical Character Recognition，OCR）服务就是将图片或扫描件中的文字识别成可编辑的文本。文字识别可代替人工录入，提升业务效率。文字识别服务支持身份证、驾驶证、行驶证、发票、英文海关单据、通用表格、通用文字等场景的文字识别，如图 8-17 所示。

文字识别服务包含通用类、证件类、票据类、行业类、定制模板类的文字识别服务。

通用类文字识别服务支持表格、文档、网络图片等任意格式图片上文字信息的自动化识别，自适应分析各种版面和表格，快速实现各种文档电子化。

通用类文字识别服务的应用场景如下。

（1）企业历史文件与报表电子化归档：通用类文字识别服务可以识别文件与报表中的文字信息，建立电子化档案，有助快速检索。

（2）自动填写快递收寄件人信息：通用类文字识别服务可以识别图片中联系人信息并自动填写快递单，减少人工输入。

（3）合同处理效率提升：通用类文字识别服务可以自动识别结构化信息与提取签名盖章区域，有助快速审核。

（4）海关单据电子化：很多公司都存在海外业务，通用类文字识别服务可以实现海关单据数据自动结构化和电子化，提升效率和录入信息准确度。

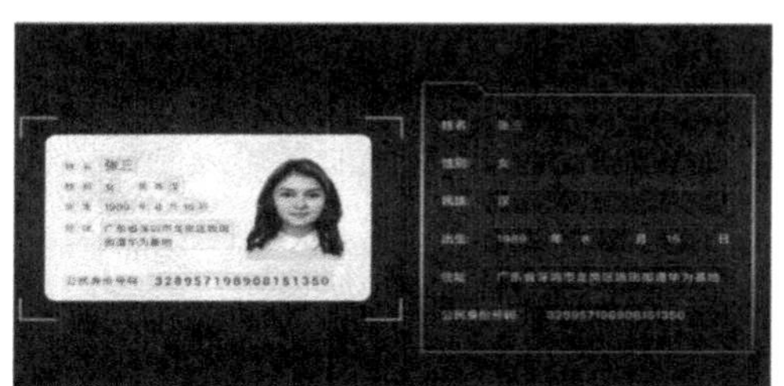

用户认证识别

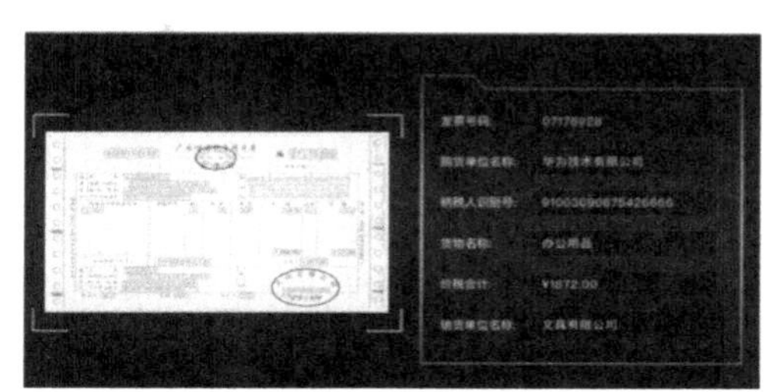

财务报销审核

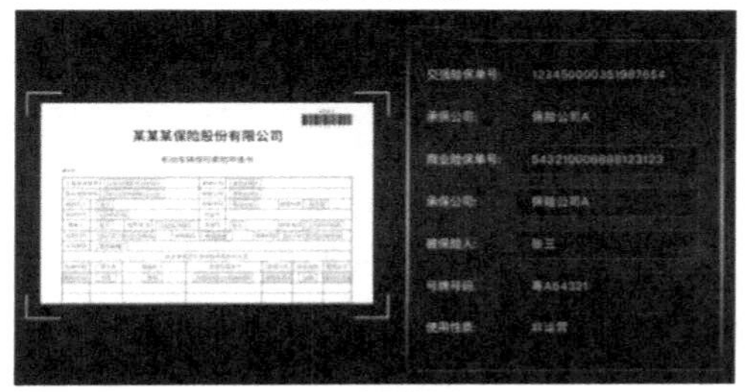

金融保险

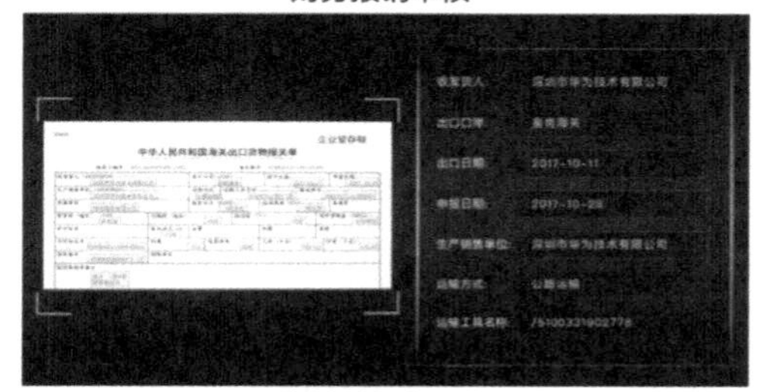

海关单据电子化

图 8-17　文字识别

证件类文字识别服务支持身份证、驾驶证、行驶证、护照等证件图片上有效信息的自动识别和关键字段结构化提取。

证件类文字识别服务的应用场景如下。

（1）快速认证：证件类文字识别服务可以快速地完成手机开户等场景的实名认证，降低用户实名认证成本，准确快速便捷。

（2）信息自动录入：证件类文字识别服务可以识别证件中关键信息，节省人工录入，提升效率。

（3）核验身份信息：证件类文字识别服务可以核验用户是否为真实证件的持有者本人。

票据类文字识别服务支持增值税发票、机动车销售发票、医疗发票等各种发票和表单图片上有效信息的自动识别和结构化提取。

票据类文字识别服务的应用场景如下。

（1）自动录入报销单据信息：票据类文字识别服务可以快速识别发票中的关键信息，有效缩短报销耗时。

（2）自动录入文件信息：票据类文字识别服务可以快速录入机动车销售发票与合同信息，提升车贷办理效率。

（3）医疗保险：票据类文字识别服务可以自动识别医疗单据药品明细、年龄、性别等关键字段并录入系统，结合身份证、银行卡 OCR，快速完成保险理赔业务。

行业类文字识别服务支持物流面单、医疗化验单据等多种行业特定类型图片的结构化信息提取和识别，助力于行业自动化效率的提升。

行业类文字识别服务的应用场景如下。

（1）自动填写快递收寄件人信息：行业类文字识别服务可以识别图片中联系人信息并自动填写快递单，减少人工输入。

（2）医疗保险：行业类文字识别服务可以自动识别医疗单据药品明细、年龄、性别等关键字段并录入系统，结合身份证、银行卡 OCR，快速完成保险理赔业务。

定制模板类文字识别服务支持用户自定义识别模板，指定需要识别的关键字段，实现用户特定格式图片的自动识别和结构化提取。

（1）各类证件识别：对各种格式的卡证图片，使用定制模板类文字识别服务可以制作模板实现关键字段的自动识别和提取。

（2）各类票据识别：对各种格式的票据图片，使用定制模板类文字识别服务可以制作模板实现关键字段的自动识别和提取。

8.2 ModelArts

ModelArts 在 EI 服务家族中属于 EI 基础平台，是面向 AI 开发者的一站式开发平台。ModelArts 提供海量数据预处理及半自动化标注、大规模分布式训练、自动化模型生成及端、边、云模型按需部署能力，帮助用户快速创建和部署模型，管理全周期 AI 工作流。

“一站式”是指 AI 开发的各个环节，包括数据处理、算法开发、模型训练、模型部署，都可以在 ModelArts 上完成。从技术上看，ModelArts 底层支持各种异构计算资源，开发者可以根据需要灵活选择使用，而不需要关心底层的技术。同时，ModelArts 支持 TensorFlow、MXNet 等主流开源的 AI 开发框架，也支持开发者使用自研的算法框架，匹配开发者的使用习惯。

ModelArts 的理念就是让 AI 开发变得更简单、更方便。面向不同经验的 AI 开发者，ModelArts 提供便捷易用的使用流程。例如，面向业务开发者，无须关注模型或编码，可使用自动学习流程快速构建 AI 应用；面向 AI 初学者，无须关注模型开发，可使用预置算法构建 AI 应用；面向 AI 工程师，ModelArts 提供多种开发环境、多种操作流程和模式，方便开发者编码扩展，快速构建模型及应用。

8.2.1 ModelArts 功能介绍

ModelArts 可使开发者从数据准备到算法开发、模型训练，最后把模型部署起来，集成到生产环境，一站式完成所有任务。ModelArts 的功能总览如图 8-18 所示。

图 8-18 ModelArts 功能总览

ModelArts 的特色功能如下。

（1）数据治理：ModelArts 支持数据筛选、标注等数据处理，提供数据集版本管理，特别是深度学习的大数据集，让训练结果可重现。

（2）极“快”致“简”型训练：ModelArts 自研的 MoXing 深度学习框架，更高效更易用，大大提升训练速度。

（3）端、边、云多场景部署：ModelArts 支持模型部署到多种生产环境，可部署为云端在线推理和批量推理，也可以直接部署到端和边。

（4）自动学习：ModelArts 支持多种自动学习能力，通过“自动学习”训练模型，用户不需要编写代码即可完成自动建模、一键部署。

（5）可视化工作流：ModelArts 使用 GES 统一管理开发流程元数据，自动实现工作流和版本演进关系可视化，进而实现模型溯源。

（6）AI 市场：ModelArts 预置常用算法和常用数据集，支持模型在企业内部共享或者公开共享。

8.2.2 ModelArts 的产品结构及应用

ModelArts 是一个一站式的开发平台，能够支撑开发者从数据到 AI 应用的全流程开发过程，包含数据处理、模型训练、模型管理、模型部署等操作，并且提供 AI 市场功能，能够在市场内与其他开发者分享模型。ModelArts 的产品结构如图 8-19 所示。

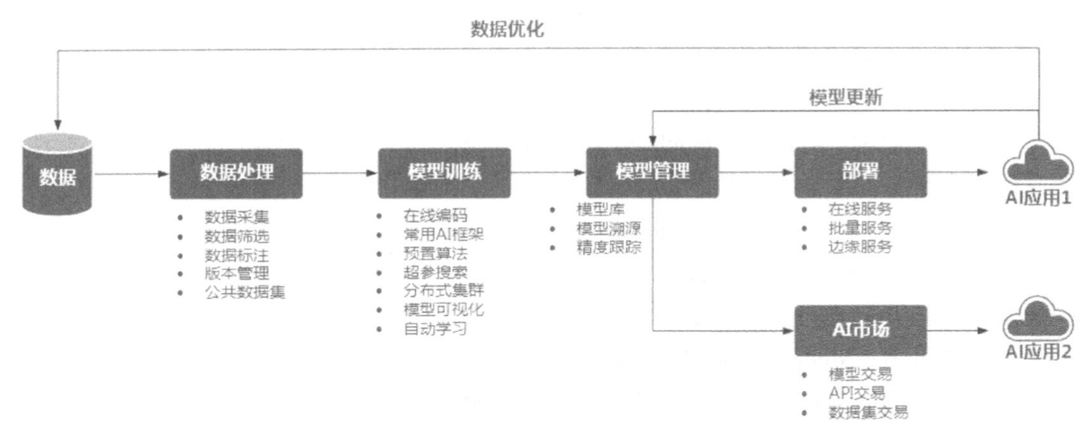

图 8-19　ModelArts 的产品结构

ModelArts 支持从数据准备到模型部署 AI 全流程开发，支持多种 AI 应用场景，具体如下。

（1）图像识别：ModelArts 可以准确识别图片中的物体分类信息，如动物识别、品牌 Logo 识别、车型识别等。

（2）视频分析：ModelArts 可以准确分析视频中的关键信息，比如人脸识别、车辆特征识别的场景应用。

（3）语音识别：ModelArts 可以让机器理解语音信号，协助处理语音信息，适用于智能客服问答、智能助手等。

（4）产品推荐：ModelArts 可以根据客户本身属性和行为特征等，为客户提供个性化的业务推荐。

（5）异常检测：在网络设备运行中，ModelArts 可以用自动化的网络检测系统，根据流量情况实时分析，预测可疑流量或可能发生故障的设备。

（6）未来 ModelArts 将会在数据增强、模型训练速度、弱监督学习等方面持续发力，将进一步提升 AI 模型开发效率。

8.2.3 ModelArts 的产品优势

ModelArts 的产品优势体现在以下 4 个方面。

（1）一站式：开“箱”即用，ModelArts 涵盖 AI 开发全流程，包含数据处理、模型开发、训练、管理、部署功能，可灵活使用其中一个或多个功能。

（2）易上手：ModelArts 提供多种预置模型，开源模型想用就用；模型超参自动优化，简单快速；零代码开发，简单操作训练出自己的模型；支持模型一键部署到端、边、云。

（3）高性能：ModelArts 自研的 MoXing 深度学习框架，提升算法开发效率和训练速度；优化深度模型推理中 GPU 的利用率，加速云端在线推理；可生成在 Ascend 芯片上运行的模型，实现高效端边推理。

（4）灵活性：ModelArts 支持多种主流开源框架（TensorFlow、Spark_MLlib 等）；支持主流 GPU 和自研 Ascend 芯片；支持专属资源独享使用；支持自定义镜像满足自定义框架及算子需求。

此外，ModelArts 还有如下优势。

（1）企业级：ModelArts 支持海量数据的预处理和版本管理，支持端、边、云多场景模型部署，实现 AI 开发全流程的可视化管理，提供 AI 共享平台，帮助企业构筑内外部 AI 生态。

（2）智能化：ModelArts 支持模型自动设计，可根据部署环境和推理速度要求，自动训练出模型，支持图像分类和物体检测场景的自动建模，支持结构化数据自动特征工程和自动建模。

（3）数据准备效率百倍提升：ModelArts 内置 AI 数据框架，通过自动预标注和难例集标注相结合，提升数据准备效率。

（4）模型训练耗时大幅度降低：ModelArts 提供华为自研的 MoXing 高性能分布式框架，采用级联式混合并行、梯度压缩、卷积加速等核心技术，大幅度降低模型训练耗时。

（5）模型一键部署到端、边、云。

（6）AI 模型部署：ModelArts 提供边缘推理、在线推理、批量推理。

（7）用 AI 方式加速 AI 开发过程——自动学习：ModelArts 提供 UI 向导，自适应训练。

（8）匠心打造全流程管理：ModelArts 实现开发流程自动可视化，训练断点重启，训练结果轻松比对。

（9）AI 共享——开发者实现 AI 资源复用：ModelArts 实现企业内共享，达到效率提升。

8.2.4 访问 ModelArts 的方式

华为云服务平台提供了 Web 化的服务管理平台，即管理控制台和基于 HTTPS 请求的应用程序接口（Application Programming Interface，API）管理方式，可通过以下 3 种方式访问 ModelArts。

1. 管理控制台方式

ModelArts 提供了简洁易用的管理控制台，包含自动学习、数据管理、开发环境、模型训练、模型管理、部署上线、AI 市场等功能，可以在管理控制台端到端完成 AI 开发。

使用 ModelArts 管理控制台，需要先注册华为云账号。注册华为云账号后，可从华为云主页单击“EI 企业智能→AI 服务→EI 基础平台→AI 开发平台 ModelArts”超链接，在出现的页面中单击“进入控制台”按钮，即可直接登录管理控制台。

2. SDK 方式

如果需要将 ModelArts 集成到第三方系统，用于二次开发，可选择调用 ModelArts SDK 的方式完成目的。ModelArts 的 SDK 是对 ModelArts 服务提供的 REST API 进行的 Python 封装，简化了用户的开发工作。调用 ModelArts 的 SDK 的方式的具体操作和 SDK 的详细描述，可以参考 ModelArts 官方网站上的产品帮助文档《SDK 参考》。

除此之外，在管理控制台的 Notebook 中编写代码时，也可以直接调用 ModelArts SDK。

3. API 方式

将 ModelArts 集成到第三方系统，用于二次开发，还可以使用调用 ModelArts API 的方式访问 ModelArts，具体操作和 API 详细描述，请参见 ModelArts 官方网站上的产品帮助文档《API 概览》。

8.2.5 ModelArts 使用简介

ModelArts 是面向 AI 开发者的一站式开发平台，通过 AI 开发全流程管理助开发者智能、高效地创建 AI 模型和一键部署到端、边、云。

ModelArts 不仅支持自动学习功能，还预置了多种已训练好的模型，同时集成了 Jupyter Notebook，提供在线的代码开发环境。

可以根据不同的使用群体选择不同的 ModelArts 使用方式。

针对没有 AI 开发经验的业务开发者，ModelArts 提供了自动学习功能，可以进行零基础构建 AI 模型。开发者无须关注模型开发、参数调整等开发细节，仅需 3 步（数据标注、自动训练、部署上线），即可完成一个 AI 开发项目。ModelArts 官方网站上的产品帮助文档《最佳实践》中提供了一个“找云宝”样例（“云宝”是华为云的吉祥物），用来帮助业务开发者快速熟悉 ModelArts 自动学习的使用过程。此样例为“物体检测”场景项目，通过预置的云宝图像数据集，自动训练并生成检测模型，同时将生成的模型部署为在线服务。部署完成后，用户可通过在线服务识别输入图片是否包含云宝。

针对有一定 AI 基础的 AI 初学者，ModelArts 基于业界的主流引擎提供了预置算法，学习者无须关注模型开发过程，直接使用预置算法对已有数据进行训练，并快速部署为服务。ModelArts 在 AI 市场中提供的预置算法可用于物体检测、图像分类和文本分类等场景。

ModelArts 官方网站上的产品帮助文档《最佳实践》中提供了一个花卉图像分类应用的样例，帮助 AI 初学者快速熟悉使用 ModelArts 预置算法构建模型的过程。此样例使用预置的花卉图像数据集，对已有图像数据进行标注，然后使用预置的“ResNet_v1_50”算法对数据进行训练，得到一个可用的模型，最后，将此模型部署为在线服务。部署完成后，用户可通过在线服务识别输入图片的花卉种类。

针对熟悉代码编写和调测的 AI 工程师，ModelArts 提供了一站式 AI 开发全流程管理能力，AI 工程师可以从数据准备、模型开发、模型训练、模型部署，一站式完成整个 AI 过程。ModelArts 兼容业界主流引擎，兼容用户习惯，同时，提供了自研的 MoXing 深度学习框架，提升算法的开发效率和训练速度。

ModelArts 官方网站上产品帮助文档《最佳实践》中提供了使用 MXNet 以及 NoteBook 实现手写数字图像识别应用的示例，帮助 AI 工程师快速梳理 ModelArts 的 AI 开发全流程。

MNIST 是一个手写体数字识别数据集，常被用作深度学习的入门样例。本示例将针对 MNIST 数据集，使用 MXNet 原生接口或 NoteBook 编写的模型训练脚本（ModelArts 默认提供），在 ModelArts 中完成模型训练，并将此模型部署为在线服务。部署完成后，用户可通过在线服务识别输入图片中的数字。

8.3 华为云 EI 解决方案

本章主要介绍华为云 EI 实际应用中的案例及解决方案。

8.3.1 OCR 服务实现报销发票全流程自动化案例

华为云的 OCR 服务可以应用于财务报销场景中。华为云的 OCR 服务可以自动提取票据的关键信息，帮助员工自动填写报销单，同时结合机器人流程自动化（Robotic Process Automation，RPA），可以大幅提升财务报销的工作效率。华为云票据 OCR 识别支持增值税发票、出租车发票、火车票、行程单、购物小票等票据的 OCR 识别，能够对图片倾斜扭曲矫正，有效去除盖章对文字识别的影响，提升识别准确率。

在财务报销中很常见的是一图多票的场景，在一张图片中包含多张多种票据。一般 OCR 服务只能针对一种票据进行识别，例如，增值税发票服务只能识别单张的增值税发票。华为云 OCR 服务上线智能分类识别服务，具有一图多票、一图多卡、卡票混贴、合计计费 4 大特点，支持多种版式的票据、卡证分割，包括但不限于机票、火车票、医疗发票、驾驶证、银行卡、身份证、护照、营业执照等，再结合各个 OCR 服务，可实现图片中包含多种不同种类票据的识别。

对财务人员来说，拿到一批财务发票之后，需要手动将发票信息录入系统中。即使使用华为云的 OCR 服务，也需要对每张财务发票进行拍照再上传到计算机或服务器上。华为云可提供批量扫描 OCR 识别解决方案，只需要一台扫描仪和一台 PC，通过扫描仪批量扫描发票，生成彩色图像，并且自动批量调用华为云的 OCR 服务，快速完成发票信息的提取过程，并且将结果可视化，直观地对比识别结果。还可将识别结果批量导出到 Excel 表格或者财务系统中，大幅简化数据录入过程。

该解决方案有以下特点。

（1）多种接入方式：自动连接扫描仪，批量获取图像；高拍仪、手机拍照获取图像。

（2）部署方式灵活：支持公有云、HCS、一体机等多种部署方式，统一标准 API 接口。

（3）支持各类发票：增值税普/专/电子/ ETC /卷票，出租车/火车/行程单/定额/通行费等发票。

（4）支持一图多票：多种发票混贴自动分类、识别。

（5）可视化对比：返回位置信息，转换为 Excel 格式便于统计、分析。

发票报销解决方案如图 8-20 所示。该解决方案的优点：提效降本、优化运营、简化流程、增强合规。

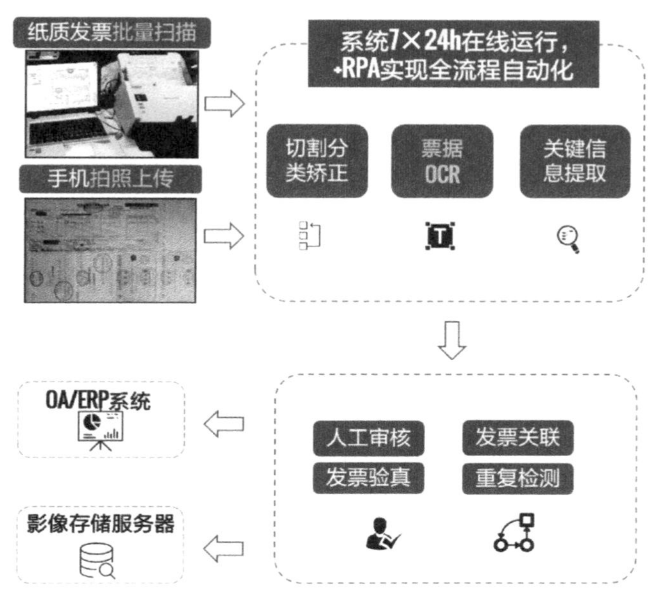

图 8-20　发票报销解决方案

8.3.2　OCR 助力智慧物流案例

快递员上门取件时，可通过移动端（如手机 App）对身份证进行拍摄，借助华为云身份证识别服务自动识别身份信息，完成实名认证。填写快递信息时，可以上传地址截图、聊天记录截图等图片，通过 OCR 识别并自动提取姓名、电话、地址等信息完成快递信息的自动录入。快递运输过程中还可通过 OCR 提取运单信息，完成快递的自动分拣，判断快递面单中的信息是否填写完整。华为云的 OCR 服务支持任意角度、光照不均、残缺不完整等复杂图片的 OCR 识别，具有识别率高、稳定性好等特点，可以大幅减少人工成本，提高用户体验。智慧物流解决方案如图 8-21 所示。

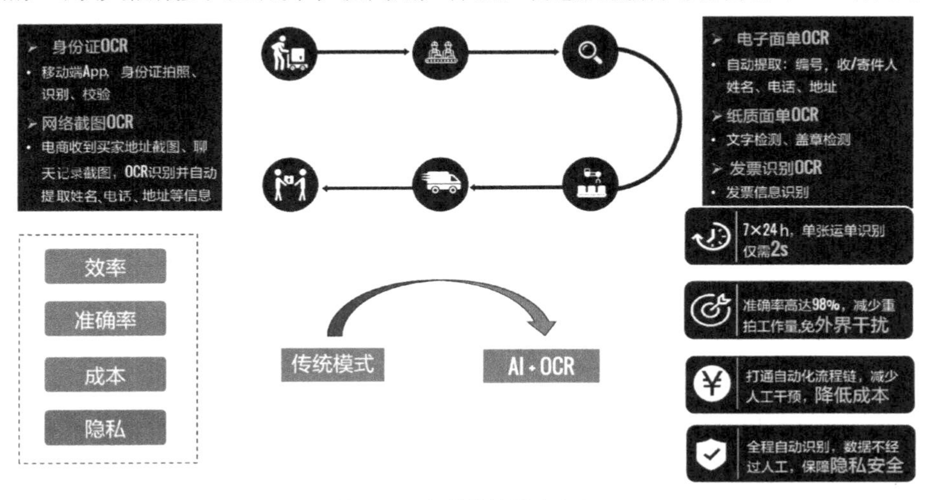

图 8-21　智慧物流解决方案

8.3.3　对话机器人

通常单一功能的机器人无法解决客户业务场景下的所有问题，通过融合多个不同功能的机器人打造一个对话机器人联合解决方案，对外呈现为一个单一服务接口，客户只用调用单一接口即可解决不同业务问题，各个机器人的功能特点如下。

1. 智能问答机器人适用场景

（1）智能问答机器人可以解决 IT、电商、金融、政府等领域常见的咨询、求助等类型的问题，这些场景通常用户咨询或者求助频率高。

（2）智能问答机器人有一定的知识储备，具备一定的 QA 知识库、FAQ 或者类 FAQ 文档，以及工单和客服问答数据。

2. 任务型对话机器人适用场景

（1）任务型对话机器人有明确的对话任务，可根据实际的业务场景灵活配置话术流程 （多轮交互）。任务型对话机器人加载话术模板后，可与客户在对应场景下进行基于语音或文本的多轮对话，并同时理解和记录客户意愿。

（2）外呼机器人：这类任务型对话机器人可以完成业务满意度回访、核实用户信息、招聘预约、快递派送通知、促销推广、筛选优质客户等功能。

（3）客服：这类任务型对话机器人可以完成酒店预定、机票预订、信用卡激活等功能。

（4）智能硬件：这类任务型对话机器人可以完成语音助手、智能家居等功能。

3. 知识图谱问答机器人适用场景

（1）知识体系复杂。

（2）答案需要逻辑推理才能得到。

（3）多轮方式交互得到答案。

（4）涉及实体属性值或者实体之间关系的事实性问题，不能通过枚举的方式把所有 QA 穷举的情况。

对话机器人的特点如下。

（1）多机器人智能融合，更全面：多款机器人各有所长，自学习自优化，为客户推荐最优答案。

（2）多轮智能引导，更懂你：多轮对话，交互自然，能够精准识别用户意图，理解用户潜在语义。

（3）知识图谱，更聪明：通用领域语言模型+领域知识图谱；图谱内容动态更新；基于图谱的机器人更智能。对话机器人的架构如图 8-22 所示。

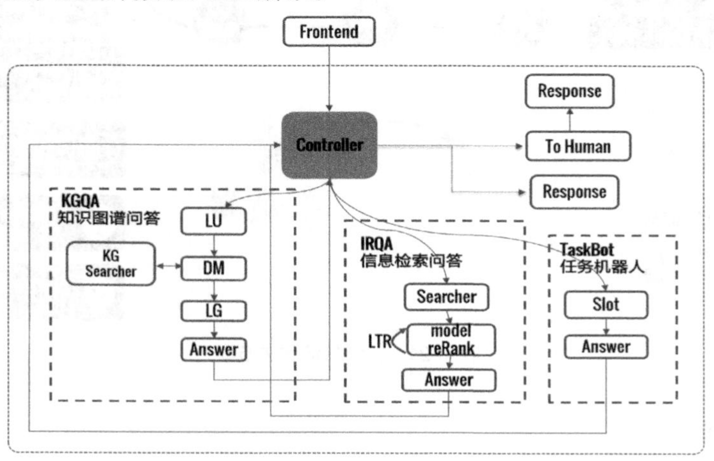

图 8-22 对话机器人的架构

基于知识图谱的智能问答机器人，可以进行精准的知识问答，如使用汽车对话机器人查询某款具体车型的价格、配置等，可以根据价格、级别类型等推荐车辆；也可以进行车辆对比的问答咨询，同时答案可以包含文字、表格、图片等信息。汽车对话机器人如图 8-23 所示。

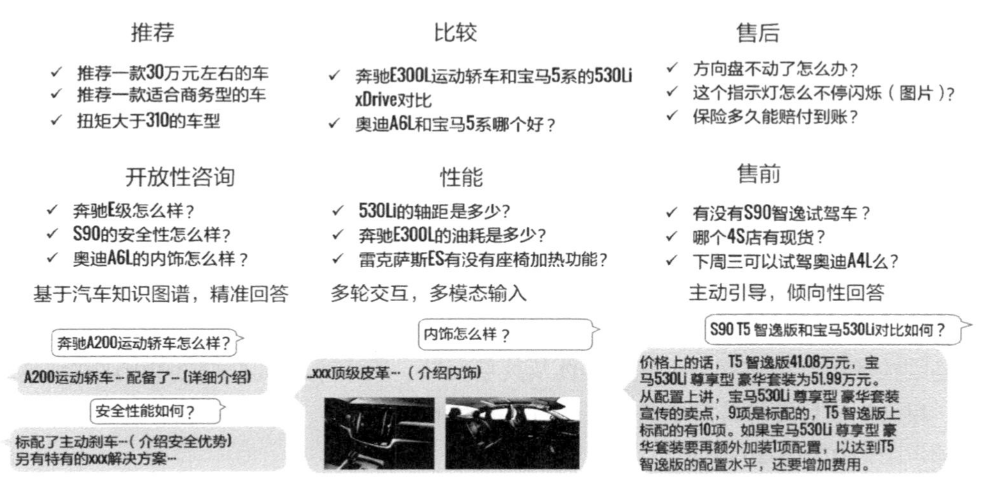

图 8-23　汽车对话机器人

8.3.4　某区企业智能问答案例

深圳某区企业智能问答系统为辖区内企业提供相关业务的机器人自动应答，机器人未直接回答的问题会自动记录，后续人工回答后自动推送给提问者。该系统对未解决问题提供完整的闭环方案，能够实现未解决问题记录、人工闭环形成知识、模型标注和优化的机器人持续优化流程，使机器人越用越智能。企业智能问答系统如图 8-24 所示。

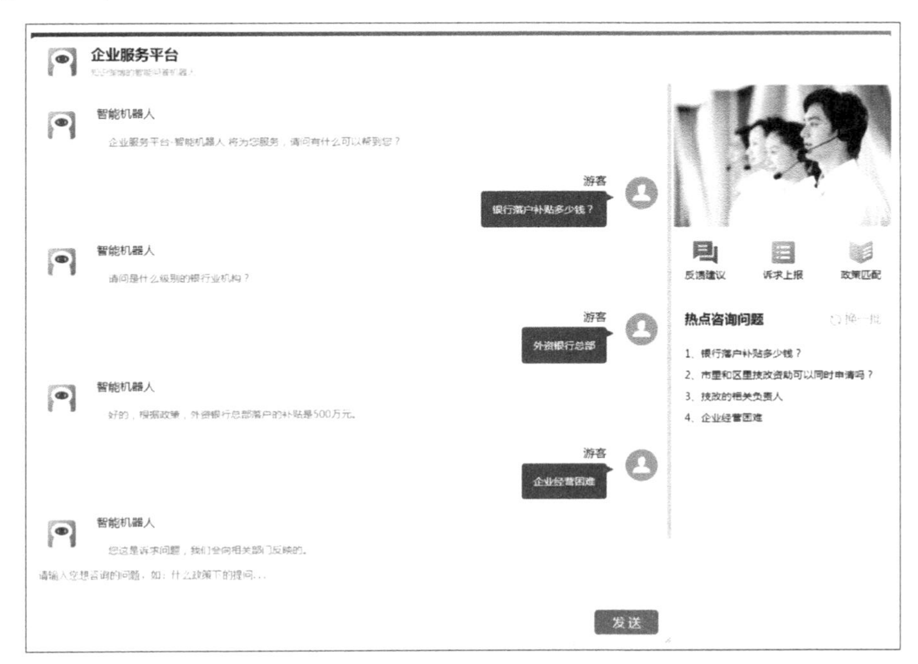

图 8-24　企业智能问答系统

企业智能问答系统相关业务主要包含以下 3 大类别。

（1）政策咨询类问题（政策变更频繁）。

（2）办事大厅涉企事项（500 多项）。

（3）诉求类问题（诉求类型繁多）。

8.3.5 基因知识图谱案例

基因知识图谱包括基因、变异、疾病、药物等多种类型的实体，也包含基因与变异、变异与疾病、疾病与药物等实体之间的各种关系，基于该图谱，可以实现以下功能。

（1）实体查询：基于基因知识图谱可以快速查询某个实体（基因、变异、疾病、药品）的信息。

（2）疾病辅助诊断：基于基因检测结果通过图谱推理可能的变异或产生的疾病，给出诊疗建议，推荐药物等。

（3）基因检测报告生成：基于基因实体及其与变异、疾病等之间的关联知识这些结构化或半结构化数据，自动生成自然语言描述的、可读的基因检测报告。

基因知识图谱如图 8-25 所示。

图 8-25　基因知识图谱案例

8.3.6 基于知识图谱的政策查询

政府经常会给企业颁发一些激励政策，如一些减税返税政策，政策的内容比较专业，通常一般人很难理解清楚，需要专业人员进行解读。

政策种类、奖励类别繁多，政策对企业的认定条件超过 300 个，且同一政策的认定条件之间包括了与、或、非等逻辑关系，对企业而言，如何能够快速获取自己所能享受的政策十分困难。

通过构建政策知识图谱，将政策激励与各种认定条件构建成一张大的图谱，此外构建一张企业信息的知识图谱，最后只需要输入一个企业名称，自动从企业图谱中获取到企业各项信息（认定条件），如类型、纳税额、规模等认定条件的值，再基于这些认定条件，在政策图谱中进行逻辑推理查询，最终获取该企业能够享受的所有政策和奖励。基于知识图谱的政策查询如图 8-26 所示。

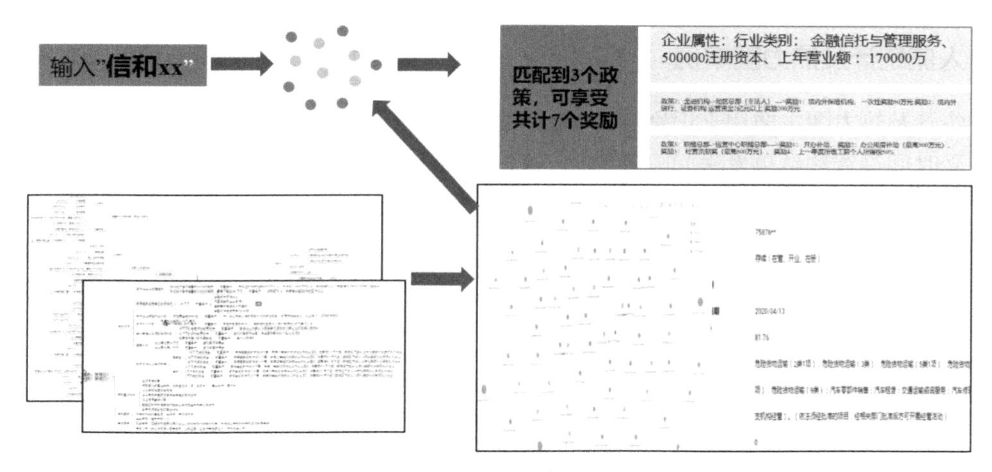

图 8-26　基于知识图谱的政策查询

8.3.7　智慧园区案例

天安云谷位于深圳中部核心区坂雪岗科技城内，占地 76 万平方米，总面积 289 万平方米，聚焦云计算、移动互联网等新一代信息技术和机器人与智能设备研发等主导产业；同时围绕其发展相关现代服务业和生产性服务业。天安云谷面向主导产业的需求提供开放共享的空间与智慧的环境建设，打造企业和人才充分关联的智慧产城生态圈。

本项目采用边云协同的视频分析方案。人脸检测、车辆识别、入侵检测等视频分析模型都下发至园区本地的 GPU 推理服务器中，在本地完成实时视频流的分析后， 可选择将分析结果上传至云上或保存至本地供上层应用系统对接使用。

通过采用边云协同的视频分析方案，园区对监控视频实现了智能分析，实时感知入侵、人流量大等异常事件，降低园区人力成本。同时可以利用园区已有的 IPC 摄像头，通过边云协同，改为智能摄像头，极大地保护了用户的存量资产。智慧园区如图 8-27 所示。

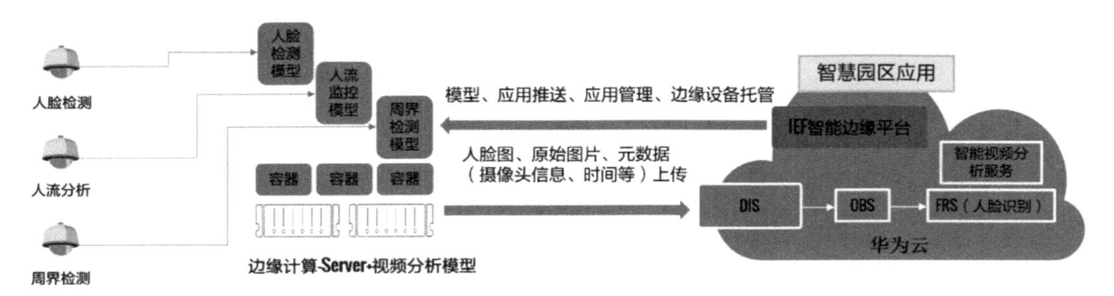

图 8-27　智慧园区案例

端侧为普通高清 IPC 摄像头，边缘采用硬件 GPU 服务器，边缘视频分析竞争力与价值如下。

（1）业务价值：园区对监控视频进行智能分析，实时感知入侵、人流量大等异常事件，降低园区人力成本。

（2）边云协同：边缘应用全生命周期管理，无缝升级。

（3）云端模型训练：模型自动训练，算法扩展性好，更新方便。

（4）兼容性好：可以利用园区已有的 IPC 摄像头，通过边云协同，改为智能摄像头。

8.3.8 人流统计及热力图案例

人流统计及热力图主要用于识别画面中的人群信息，包括人员数量信息和区域人员热度信息，支持自定义时间设置和结果发送间隔设置，主要应用于客流统计、访客量统计和商业区域热度识别等场景，如图 8-28 所示。

使用人流统计及热力图，可以获得如下提升。

（1）抗干扰性强：人流统计及热力图支持复杂场景下人流量统计，如脸遮挡、部分身形遮挡。

（2）高可扩展性：人流统计及热力图支持行人过线统计、区域统计、热力图统计结果同时发送。

（3）高易用性：人流统计及热力图接入 1080P 的普通监控摄像头即可。

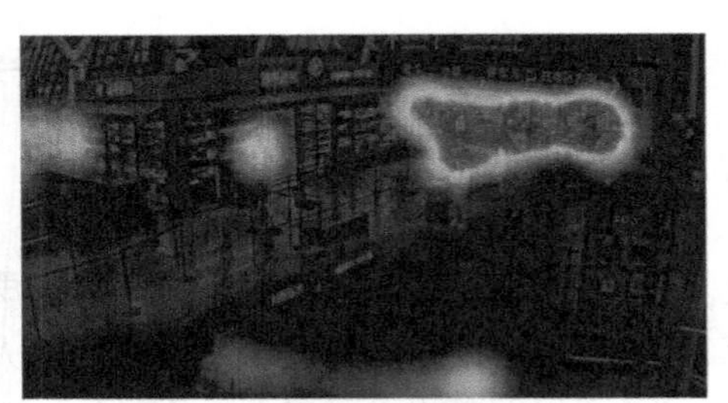

图 8-28 人流统计及热力图

8.3.9 车辆识别案例

车辆识别如图 8-29 所示。使用车辆识别，可以获得如下提升。

（1）场景覆盖全面：车辆识别支持电警、卡口等各类场景的车辆款型、车身颜色和车牌识别功能。

（2）高易用性：车辆识别接入 1080P 的普通监控摄像头即可识别画面中的车辆信息，包括车牌及车属性信息。车辆识别可支持车型检测，包括轿车、中型车等。车辆识别支持车辆颜色的识别，包括蓝牌车牌和新能源车牌。车辆识别主要应用于园区车辆管理、停车场车辆管理和车辆追踪等场景。

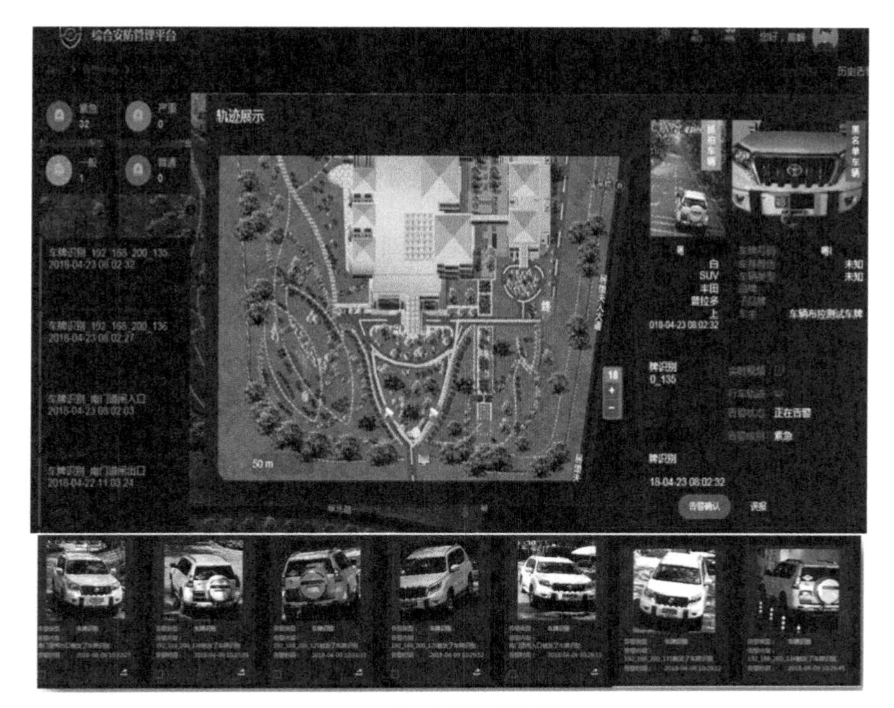

图 8-29　车辆识别案例

8.3.10　入侵识别案例

入侵识别主要用于识别画面中的非法入侵行为，可支持提取摄像头视野的运动目标，当目标越过指定区域时触发告警，同时支持告警区域最少人数设置、告警触发时间设置以及算法检测周期设置。入侵识别主要应用于重点区域非法进入识别、危险区域非法进入识别以及登高/攀爬检测等场景。入侵识别如图 8-30 所示。

人员过线入侵检测

人员区域入侵检测

人员攀爬入侵检测

车辆过线入侵检测

图 8-30　入侵识别案例

使用入侵识别，可以获得如下提升。

（1）高灵活性：入侵识别支持告警目标大小、类别设置。

（2）低误报率：入侵识别支持基于人/车入侵报警，过滤其他物体干扰。

（3）高易用性：入侵识别接入 1080P 的普通监控摄像头即可。

8.3.11 中石油认知计算平台——测井油气层识别

中国石油随着统建系统的建成和完善，积累了大量的结构化数据和非结构化数据，结构化数据得到了较好的使用，但非结构化数据未得到充分应用，相关知识积累和专家经验等未能充分挖掘，数据智能化分析与应用能力不足。

非结构化数据具有数据容量大、种类多、价值密度低等特点。

而认知计算代表一种全新的计算模式，是人工智能发展的高级阶段。它包含信息分析、自然语言处理和机器学习领域的大量技术创新，能够助力决策者从大量非结构化数据中获取有价值的信息。

通过使用华为云知识图谱、NLP 等技术，中石油构建了油气行业知识图谱，并基于该知识图谱构建了上层业务应用（测井油气层识别为其中一个业务场景，其他场景还包括出地震层位解释、含水量预测、工况诊断等），最终实现了以下功能。

（1）知识聚合：油气行业知识图谱沉淀了油气行业专业知识。

（2）降本增效：使用基于油气行业知识图谱的上层业务应用简化业务流程，缩短工作时间。

（3）增储上产：使用基于油气行业知识图谱的上层业务应用增加探明储量，保障能源安全。

测井油气层识别解决方案有如下特点。

（1）该解决方案可灵活修改和人工干预本体、数据源、信息提取、知识映射、知识融合等关键环节。

（2）知识复用简单：该解决方案可快速基于已有本体、数据源等创建新的流水线任务，构建图谱。

（3）灵活修改、一键生效：该解决方案可快速高效地频繁试验，提升效率。最终能达到时间缩短 70%、符合率提高 5%的应用效果。测井油气层识别如图 8-31 所示。

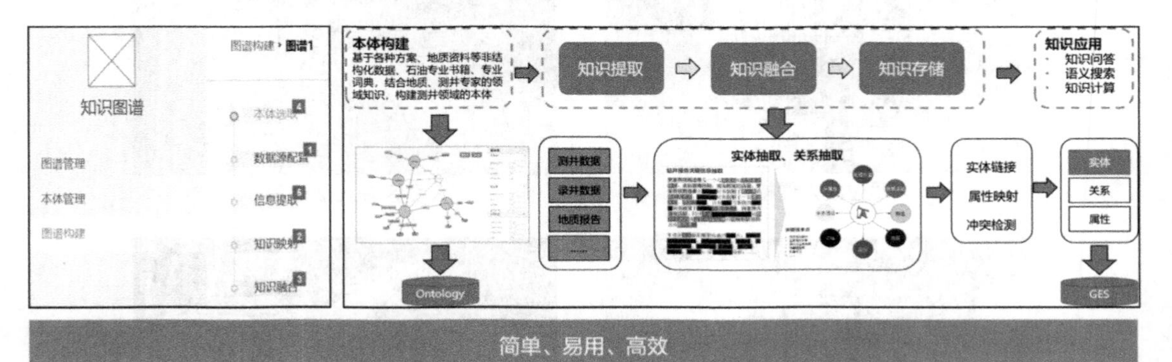

图 8-31 中石油认知计算平台——测井油气层识别

8.4 本章小结

本章首先介绍了华为云 EI 生态，对华为云 EI 家族的相关服务做了说明；接着着重介绍了华为 EI 基础平台——ModelArts，配合实验可以更快地了解 ModelArts 服务；最后还介绍了企业智能实际应用中的相关案例。

需要特别说明的是，华为致力于降低 AI 的使用门槛，助力普惠 AI。为了让 AI 爱好者能够更好地了解华为云 EI 应用平台，华为云官网设立了 EI 体验空间和 EI 课程训练营，如图 8-32 和图 8-33 所示。

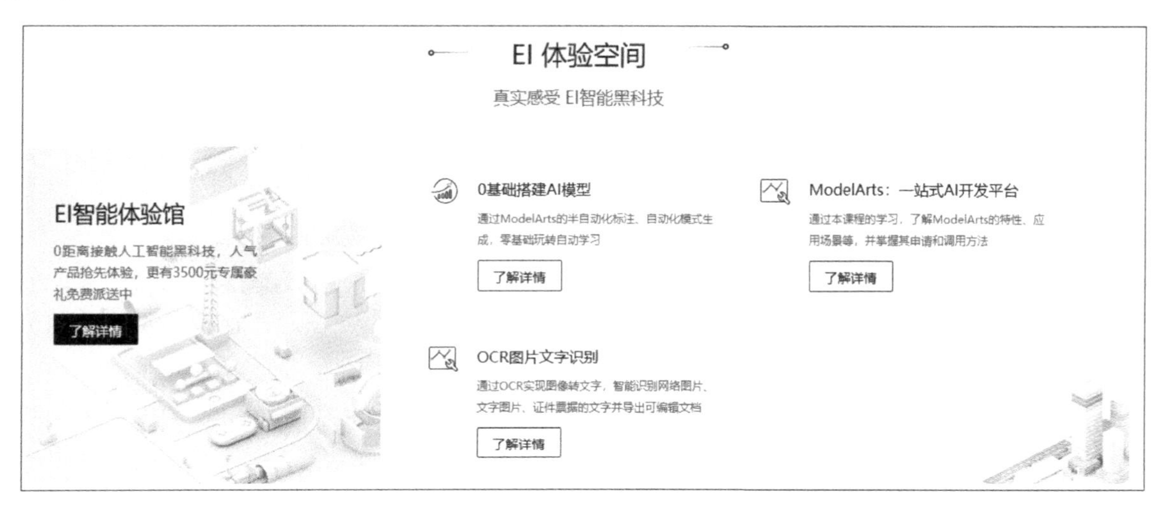

图 8-32 EI 体验空间

图 8-33 EI 课程训练营

8.5 习题

1. 华为云 EI 是企业智能的使能者，基于 AI 和大数据技术，通过云服务的方式（公有云、专属云等模式），提供一个开放的、可信的、智能的平台。目前华为云 EI 服务家族包含哪些服务？

2. 在华为云 EI 服务家族中，针对大型场景化的解决方案叫 EI 智能体，EI 智能体包括哪些？

3. 在华为云 EI 服务家族中，EI 基础平台包括哪几个？

4. ModelArts 在华为云 EI 服务家族中属于 EI 基础平台，是面向 AI 开发者的一站式开发平台，它有哪些功能？

5. ModelArts 作为一站式 AI 开发平台，其产品优势体现在哪些方面？

附录A HiAI Engine具体API简介

1. 人脸识别

（1）人脸比对

人脸比对 API 通过识别并提取人脸特征，对人像进行高精度比对，给出置信度分数，判断对象是否为同一个人。人脸比对技术可应用于对图库照片的智能分类管理等场景中。本 API 基于领先的端侧智能图像识别算法，对人脸识别准确度高，让应用更具优质体验。

该算法的应用场景不建议用于身份验证（如手机解锁、安全支付等），可以用于 App 中需要用到人脸比对功能的场景，例如，娱乐类 App 中比较两个人的相似度，比较某个人与明星的相似度等。

当比较两张同一人的照片时，可以看见其比对结果为同一个人，置信分数较高；当两张比对图片不为同一个人的照片时，可以看见其比对结果为非同一个人，置信分数很低。

利用本 API，可以大大节省算法开发的时间，节省算法模型占用的 ROM 空间，让应用更加轻便；利用本 API 实现完全离线，无须连网，在本地处理所有数据。

（2）人脸检测

人脸检测 API 检测图片中的人脸，返回高精度人脸矩形框坐标。该功能可作为关键模块，实现人脸对应用程序、屏幕的启动或关闭等功能。可通过对人脸特征及位置的定位，实现对人脸特定位置的美化修饰。人脸检测广泛应用于各类人脸识别场景，如人脸解锁、人脸聚类、美颜等场景中。

人脸检测适应常见光照、头部姿态、遮挡等影响，支持多人种、多人脸检测。人脸检测实现高检测率、低误检率。

（3）人脸解析

人脸解析是将人的头部（包含人脸五官）构成进行分解，得到头发、面部皮肤、眼睛、眉毛、鼻子、嘴、耳朵等区域。本 API 的主要功能是对输入图片中的人脸做解析，给出人脸的各个面部区域解析结果，具体有背景、面部皮肤、左/右眉毛、左/右眼睛、鼻子、上嘴唇/嘴内部/下嘴唇、左/右耳朵、脖子、眼镜和墨镜。不同的部位用不同颜色予以标注。

（4）人脸属性

人脸属性是表征人脸特征的一系列生物特性，具有很强的自身稳定性和个体差异性，标识了人的身份。它包括性别、肤色、年龄、表情等。

本 API 的主要功能是对输入图片中的人脸做属性识别，给出人脸的性别属性。本 API 支持 7 个人脸表情——高兴、伤心、惊讶、愤怒、嘟嘴、鬼脸、中性，支持 3 个人物属性——性别、年龄、穿戴（戴眼镜和帽子、留胡须），同时支持多张人脸的表情和属性识别。

（5）人脸朝向识别

人脸朝向识别检测手机当前摄像头视野中是否有人，以及人脸的朝向，能给智能手机的决策系统提供重要信息，例如，将人脸朝向识别应用于智能亮屏、智能灭屏、智能旋转、图像旋转控制等场景。人脸朝向是指人脸面部中间基准线（指向头顶）在面部平面中的指向，分为无方向（无人）、向上、向右、向下、向左 5 种场景。

人脸朝向识别是基于可见光图像利用图像识别技术检测平面内人脸朝上、人脸朝右、人脸朝下、人脸朝左、无人脸共 5 个类别信息。通过本 API 可以获得图像中人脸朝向的具体类别和置信度。

算法用于检测图片中人脸朝向信息，可以应用于 App 需要判断有人和无人及有人情景下人脸的朝向等场景。

（6）五官特征检测

五官特征检测 API 可以对输入图像进行人脸五官特征检测，返回代表五官轮廓位置的人脸关键点（Landmark）坐标（目前数量为 276 个）。本 API 可以为美颜处理、人脸建模、表情识别等后续算法进一步处理提供输入。

2. 人体识别

（1）人体骨骼关键点检测

人体骨骼关键点对于描述人体姿态，预测人体行为至关重要。因此，人体骨骼关键点检测是诸多计算机视觉任务的基础，例如动作分类、异常行为检测、自动驾驶等。近年来，随着深度学习技术的发展，人体骨骼关键点检测效果不断提升，已经开始广泛应用于计算机视觉的相关领域。

人体骨骼关键点检测（Pose Estimation）主要检测人体的一些关键点，如关节、五官等，通过关键点描述人体骨骼信息。

（2）视频人像分割

视频人像分割 API 支持实时视频流（如手机 Camera）的实时处理，开发者将实时视频流的每帧图像传输到 HiAI Engine，算法对图像中的人像进行分割，并将字节数组的掩码结果返回给用户。

通过视频人像分割，用户可以对前景（人）进行渲染，如虚化、美颜等；也可以对背景进行处理，如更换背景、去除背景等。

3. 图片识别

（1）美学评分

审美引擎借助基于视频 AI 的多维综合美学评分技术，实现对图像的美、精彩、有趣、感动等人的主观认知层面因素的理解，以应用于摄影辅助、组图辅助选优、视频辅助编辑、视频拆分等多种视频智慧化场景应用。

本 API 可应用于个人相册管理、自动照片编辑、相机辅助拍照等图像拍摄、管理分类等软件。

审美引擎算法支持从客观、主观、摄影学维度和人像审美维度等多种维度对图像进行综合评分。

（2）图片分类标签

基于深度学习方法，图片分类标签 API 识别图片中物体、场景、行为等信息，返回对应标签信息，如花、鸟、鱼、虫、汽车、建筑等。本 API 可以应用于各类基于图片内容理解的智能业务，如图库照片自动分类整理、社交图片识别分享等。本 API 支持 100 类常见物体、场景、行为的识别，拥有丰富的标签信息；开创领先端侧智能图像识别算法，类别标签识别能力强，准确度高。

（3）图像超分辨率

图像超分辨率是基于深度学习在计算机视觉中的广泛应用，将图片进行智能放大，或者在分辨率不变的情况下，去除压缩噪声，获得比传统图像处理更加清晰、锐利、干净的照片。

该算法基于深度神经网络，依托华为手机 NPU 芯片，相比于纯 CPU 计算，速度提升近 50 倍。本 API 内置于华为手机中，其附加 ROM、RAM 消耗更小，能够有效减小应用程序尺寸，让应用更轻便。

（4）场景检测

通过识别图像内容所属场景，场景检测 API 对输入图片进行快速分类，目前可支持多类场景识别。识别场景涵盖丰富，包括动物、绿植、食物、建筑、汽车等多种类别，识别准确率高。通过场景识别，为图片添加智能分类标签，可广泛应用于创建智能相册、图片分类管理等功能中。

通常在不同场景下，拍照效果需要有不同的效果偏好或策略，本 API 能够为这类策略给出决策依据，让图像渲染效果为每个特性场景选择更优策略。

（5）文档检测校正

文档检测校正能够实现对文档翻拍过程的辅助增强功能，自动识别图片中的文档，返回文档在原图中的位置信息。这里的文档可泛指外形方正的事物，如书本、相片、画框等。该功能包含两个子功能：文档检测和文档校正。

文档检测：识别图片中的文档，返回文档在原图中的位置信息。

本档校正：根据文档在原始图片中的位置信息校正文档的拍摄角度（可自定义校正的区域），自动将拍摄视角调整到正对文档的角度上。此功能在纸质旧照片、信件、画作等翻拍为电子版的场景中，有出色表现。

（6）文字图像超分辨率

图像中包含的文字内容通常包含了很重要的信息，然而由于拍摄限制、分辨率过低、拍摄对象过远等原因，这些文字内容可能模糊不清。文字图像超分辨率 API 可以对包含文字内容的图像进行 9 倍放大（高、宽各放大 3 倍），同时显著增强图像中文字的清晰度。

在文字档案翻拍等场景中，针对文字内容的图像清晰度提升显著，极大提升文字的可辨识性。目前该算法基于深度神经网络开发，充分利用华为手机的 NPU 芯片，对神经网络进行加速，加速比能达到 10 倍以上。

（7）人像分割

人像分割指的是将图片中的人像和背景进行分离，分成不同的区域，用不同的标签进行区分。

本 API 可以对输入图像中包含人像的部分进行人像分割检测，分割结果表现为人像和背景区分呈现。可以利用其进行图像前景替换、背景替换和背景虚化等美化。

（8）图像语义分割

对拍照图像进行像素级的识别和分割，从而获得图像中物体的类别信息以及精确位置信息，这些内容作为图像语义理解的基本信息，可用于进行后续的多种图像增强处理。本 API 当前支持 10 类物体的识别和分割：人、天空、绿植（包括草地、树）、食物、宠物、建筑、花朵、水、沙滩、山峰。

本 API 用于拍照图像进行像素级的识别和分割，可以应用于 App 辅助拍照、街景识别等场景。

4. 码识别

提供码识别服务，通过识别二维码、条码得到码中包含的信息，并根据此信息提供服务框架，可集成于其应用中。

码识别 API 涵盖了 Wi-Fi、SMS 等多达 11 种类型场景的二维码/条码图像的解析，在提供有效码检测的同时，还提供基于检测结果的服务能力。本 API 可广泛应用于各应用程序中的扫码业务，如二维码、条码识别等业务。

5. 视频技术

（1）视频总结

审美引擎借助基于视频 AI 的多维综合美学评分技术，实现对图像的美、精彩、有趣、感动等人的主观认知层面因素的理解，以用于摄影辅助、组图辅助选优、视频辅助编辑、视频拆分等多种视频智慧化场景应用。

本 API 可应用于个人相册管理、自动照片编辑、相机辅助拍照等图像拍摄、管理分类等场景。审美引擎算法支持从客观、主观、摄影学维度和人像审美维度等多种维度对图像进行综合评分。

（2）视频封面

审美引擎借助基于视频 AI 的多维综合美学评分技术，依据人的主观认知层面对图像的美、精彩、有趣、感动等因素的理解，实现辅助摄影、组图选优，辅助视频编辑、视频拆分等多种视频智慧化场景应用。

本 API 可应用于个人相册管理、自动照片编辑、相机辅助拍照等图像拍摄、管理分类等软件。审美引擎算法支持从客观、主观、摄影学和人像审美等多种维度对视频进行处理，可获取美学得分最高的静态封面和动态封面。

6. 文本识别

（1）通用文字识别

通用文字识别的核心即为光学字符识别（Optical Character Recognition，OCR）技术，是通过扫描等光学输入方式将各种票据、报刊、书籍、文稿及其他印刷品的文字转化为图像信息，再利用文字识别技术将图像信息转化为可以使用的计算机输入技术。它在手机智慧化的进程中，扮演着越来越重要的作用。智慧手机中，OCR 的应用也越来越多，如文档、路牌、菜单、名片、证件、扫题等的识别。当前端侧通用文字识别能力接口分为聚焦拍照 OCR 和手机截屏 OCR 两类。

聚焦拍照 OCR API 适用于相机、图库等多种来源的图像数据，提供了一个自动检测、识别图像中文本位置及文本内容功能的开放接口。聚焦拍照 OCR API 能在一定程度上支持文本倾斜、拍摄角度倾斜、复杂光照条件及复杂文本背景等场景，可用于文档翻拍、街景翻拍等图片的文字检测和识别。聚焦拍照 OCR API 适用范围广，抗干扰能力强，可以集成于其他应用中，提供文本检测、识别服务，并根据结果提供相关服务。

手机截屏OCR API针对手机截屏的特点，在端侧为手机截屏图片提供轻便快捷的文字提取功能，便于后续处理以及服务对接，如复制、编辑、分词、语义分析等。本API自定义层次化结果返回，可根据应用需要，返回截屏中的文本块、文本行、文字字符坐标。本API提供优化文字提取的算法，简单背景手机截屏API的文字提取过程平均耗时小于200ms，通用手机截屏OCR API平均耗时小于500ms。

（2）表格识别

表格识别是基于聚焦拍照OCR的能力，将输入图片中的文本识别出来，并检测出表格的结构信息，包括单元格的位置信息、单元格的占用行列数，以及每个单元格内的文本信息。表格识别API当期支持页面场景（纸张、打印页等）以及投影场景（会议室演示文稿投屏）。

表格识别API应用于各种表格场景的表格内容识别，三方App可以利用引擎返回的结果生成Excel文件，减少人工录入的成本。

（3）护照识别

护照识别是基于OCR技术，将手机拍摄的或者图库中的护照照片中的文字信息提取出来。它基于通用OCR文字检测和文字识别能力，抽取护照图片中的关键信息返回给用户或者第三方应用，从而帮助用户实现证件信息的快速录入，省去了用户手动录入的许多麻烦。护照识别支持手机横拍、竖拍、复杂光照条件等场景，可以集成于多种应用当中，为第三方应用提供了证件识别和身份校验的服务。

护照是一个国家的公民出入本国国境和到国外旅行或居留时，由本国发给的一种证明该公民国籍和身份的合法证件。如今，在很多App中都涉及对护照信息的录入，由于护照上的信息量非常大，如果手动输入护照信息，不仅速度慢，而且用户体验差、效率低。为了提高在移动终端上输入护照信息的速度和准确性，华为开发出护照识别OCR技术，以满足各行业应用需求，给用户带来更好的体验。用户只需将护照识别SDK集成到App中，即可通过手机摄像头扫描识别护照信息。

（4）身份证识别

基于OCR技术的卡证识别是OCR技术的一个重要应用。通过调用聚焦拍照OCR的能力，手机可以直接对着证件拍照，并提取证件上的关键信息。

身份证识别是卡证识别的一个能力，可以从身份证照片中提取姓名、性别、出生、证件号等关键信息。

当前，很多应用需要对客户的身份进行验证，例如，银联、××银行、HUAWEI Pay等支付类App，滴滴、12306等出行类App，华住等酒店类App，都需要用户上传自己的身份证照片。身份证识别API就有能力支持这类App自动识别用户的身份证信息。

华为的身份证识别功能，通过调用OCR身份证识别的能力，提取身份证上的重要信息，以JSON形式输出。

（5）驾驶证识别

OCR驾驶证识别API可用来快速识别驾驶证上的关键信息。

通过驾驶证识别，将驾驶证信息识别成JSON，方便驾驶证信息的快速录入。识别的准确率大于97%，召回率大于97%。

（6）行驶证识别

OCR行驶证识别API可用来快速识别行驶证上的关键信息。

通过行驶证识别，将行驶证信息识别成 JSON，方便行驶证信息的快速录入。识别的准确率大于 97%，召回率大于 97%。

（7）文档转换

文档转换 API 提供文档图片转换为文档的能力，应用可以方便地使用该 API 将文档图片转换为文档（如演示文稿）。此 API 可识别出文档，并将其中的文字识别出来，识别的文档和文字均会返回给客户端，客户端可根据这些信息还原成演示文稿格式。

开发者只调用一个接口，就可以获取文档检测与矫正、文字超分、OCR 的检测结果，方便快捷。

（8）银行卡识别

银行卡识别 API 的作用是将输入图片中的银行卡号识别出来。

通过银行卡识别，提取银行卡上的卡号信息，以对应卡证对象的形式输出。

银行卡识别准确率大于 99%，识别召回率大于 99%。

7. 语音识别

与机器进行语音交流，让机器明白你说什么，这是人们长期以来梦寐以求的事情。中国物联网校企联盟形象地把语音识别比作“机器的听觉系统”。语音识别技术，也被称为自动语音识别（Automatic Speech Recognition，ASR），就是让机器通过识别和理解过程把语音信号转变为相应的文本或命令的技术。

华为语音识别引擎是面向移动终端的语音识别能力，向开发者提供人工智能应用层 API。它可以将语音文件、实时语音数据流转换为汉字序列，识别准确率达到 90%以上（本地识别准确率 95%，云端识别准确率 97%），让用户的应用绘“声”绘色。

本 API 可以应用于开发有语音识别需求的第三方应用，如语音输入法、语音搜索、实时字幕、游戏娱乐、社交聊天、人机交互、驾驶模式等场景。

8. 自然语言处理

（1）分词

随着信息技术的发展，网络信息量暴增，文本信息得到快速增长，信息成几何级增长逐步成为当今社会的主要特征。为了提取文本关键信息，在搜索引擎等领域，分词变得尤为重要。分词作为自然语言处理领域的基础研究，衍生出各类不同的文本处理相关应用。

分词 API 提供了一个文本自动分词的接口，对于输入的一段文本，可以通过该 API 自动对其进行分词，同时提供不同的分词粒度，可以根据需要自定义分词粒度。

（2）词性标注

词性标注 API 提供了一个文本自动分词并给出词性的接口，对于输入的一段文本，可以通过该 API 自动对其进行分词并给出相应的词性，同时提供不同的分词粒度，可以根据需要自定义分词粒度。

（3）助手类意图识别

人机交互越来越普遍，设备需要理解用户下达的各种指令，便捷用户的操作。助手类意图识别是指利用机器学习技术对用户发送给设备的文本消息进行意图分析和识别。基于语义分析，通过助手类意图识别功能，可以衍生出各种智能的应用场景，使智能设备更智能。

本 API 可以应用于语音助手，通过智能对话与即时问答的智能交互，实现帮助用户快速解决问题的功能。

（4）IM 类意图识别

IM 类意图识别是指利用机器学习技术对用户短信或聊天类 App（微信、QQ 等）的文本消息进行意图分析和识别。基于语义分析，可以利用机器学习相关的技术识别并理解用户消息的意图，通过 IM 类意图识别，可以衍生出各种智能的应用场景，使智能设备更智能。

本 API 提供了一个智能识别用户短信或聊天类 App 文本消息的意图接口，通过该 API 可以对文本消息的意图进行自动分析识别，目前仅开放支持通知消息类的 3 个意图，分别为还款提醒通知、还款成功通知、未接来电通知。

（5）关键字提取

在日常生活中，充满着各种各样的信息，组成这些信息的语言千变万化，融物理、数学、语言学、计算机等学科于一体，为我们提供先进的知识。这些语言作为传递信息的一种载体，必然存在着有用信息和无用信息。如何在众多的信息中快速提取出关键的信息和想要表达的核心内容，这就是我们要做到的关键字提取。

关键字提取 API 提供了一个提取关键字的接口，通过该 API 可以在大量信息中提取出文本想要表达的核心内容，可以是具有特定意义的实体，如人名、地点、电影等，也可以是一些基础但是在文本中属于关键性的词汇。通过该 API 可以对提取的关键字按照在文本中所占的权重由高到低排序，排序越靠前，权重越高，对文本的核心内容提取得越准确。

（6）实体识别

实体识别 API 能够从自然语言中提取出具有特定意义的实体，并在此基础上完成搜索等一系列相关操作及功能。

实体识别 API 覆盖范围大，能够满足日常开发中对实体识别的需求，让应用体验更好。该 API 对实体识别的准确率高，能够准确地提取到实体信息，对基于信息的后续服务形成关键影响。

附录B 习题解答

第 1 章习题解答

1. 言之有理即可。

2. 在这三者中，机器学习是人工智能的一种途径或子集，深度学习是一种特殊的机器学习。可以将人工智能比喻为大脑，机器学习是去掌握认知能力的过程，而深度学习是这一过程中很有效率的一种教学体系。人工智能是目的，是结果；深度学习、机器学习是方法，是工具。

3. 言之有理即可。如智慧医疗。利用人工智能技术，我们可以让 AI“学习”专业的医疗知识，“记忆”大量的历史病例，用计算机视觉技术识别医学图像，为医生提供可靠高效的智能助手。例如在当今已经广泛应用的医学影像技术，研究人员可以利用过去的数据建立模型，对现有医学图像进行识别，快速确定病人病灶，提高问诊效率。

4. 算子级融合引擎 FusionEngine、CCE 算子库、高效高性能的自定义算子开发工具、底层编译器。

5. 按照个人理解进行回答。

第 2 章习题解答

1. 对于某类任务 T 和性能度量 P，一个计算机程序在 T 上以 P 衡量的性能随着经验 E 而自我完善，那么我们称这个计算机程序在从经验 E 学习。

2. 方差是模型的预测结果在均值附近偏移的程度；偏差是模型预测结果的平均值与正确值之间的差异。过拟合模型一般具有低偏差、高方差的特点。

3. 本章已经给出了图 2-25 查准率和查全率的计算，分别是 0.875 和 0.824。根据公式，$F_1=2\times 0.875\times 0.824/(0.875+0.824)=0.848$

4. 验证集可以用于帮助模型搜索超参数，而测试集不能以任何形式参与模型训练。引入验证集的目的是进行交叉验证。

5. 可以基于已有特征构造新的特征，然后使用多项式回归处理。例如，对所有样本的特征 x 求平方，将 x^2 作为一个新的特征加入数据集。

6. 将二分类 SVM 推广到多分类问题的方法有很多，one-against-one 方法是其中之一。对数据集中的每两个类别，one-against-one 方法会构建一个二分类 SVM，因此一共需要训练 C_k^2 个模型，其中 K 表示类别数量。在预测时，每个模型都会对新样本给出一个分类结果，相当于对样本所属的类别进行了一次投票。最后将得票数最多的类别作为分类结果（出现平票时可以任选其中的某个类别）。

7. 高斯核函数并没有将向量映射到无穷维空间，而后再计算内积，因为这种做法是计算不可行的。事实上可以证明，对两个向量之差计算高斯核函数值，等价于上述过程。这就是高斯核函数的原理。

8. 梯度下降法并非训练模型的唯一方法，其他方法如遗传算法、牛顿法都可用于训练模型。梯度下降法的缺点有：容易陷入局部极值、只适用于可微函数、没有考虑不同参数的敏感性等。

第 3 章习题解答

1. 传统机器学习对计算机硬件需求较小；深度学习需进行大量的矩阵运算，要配用 GPU 做并行计算。传统机器学习适合小数据量训练；深度学习可以在海量训练数据下获得高性能。传统机器学习需要将问题逐层分解；深度学习是一种“端到端”学习。传统机器学习需要人工进行特征选择；深度学习利用算法自动提取特征。传统机器学习的特征可解释性强；深度学习的特征可解释性弱。

2. 激活函数将非线性引入神经网络。尽管感知器模型是线性模型，但设置了非线性激活函数的神经网络就不再是线性模型了，因此可以解决非线性问题，如异或问题等。

3. Sigmoid 函数的输出不以 0 为中心，而且容易饱和。tanh 函数修正了函数输出，使其以 0 为中心，但是没有解决易饱和的问题，可能导致梯度消失。

4. 正则化方法的目标是降低模型的泛化误差。Dropout 是一类通用并且计算简洁的正则化方法，其原理是构造一系列结构各异的子网络，并将其以一定方式进行合并，相当于采用了集成学习的方法。

5. Momentum 优化器和 Adam 优化器相比，速度更慢但是不容易过拟合。

6. $\begin{bmatrix} 4 & 3 & 4 \\ 2 & 4 & 3 \\ 2 & 3 & 4 \end{bmatrix}$。

7. 循环神经网络的记忆单元可以将自身输出作为输入，从而实现记忆功能。但是循环神经网络的记忆力十分有限，无法有效地处理长序列。可选的替代模型有 LSTM 或 GRU。

8. 生成对抗网络交替训练判别器和生成器，使二者在博弈过程中不断提高效果。

9. 梯度消失和梯度爆炸问题都是网络太深、网络权值更新不稳定造成的。应对梯度消失的方法主要有预训练、使用 ReLU 激活函数、使用 LSTM 神经网络、使用残差模块等。应对梯度爆炸的主要方案是梯度剪切。

第 4 章习题解答

1. 人工智能的主流开发框架有如下几种。

（1）TensorFlow：其特点是基于图运算，通过图上的节点变量可以控制训练中各个环节的变量，尤其在进行底层操作时，TensorFlow 要比其他框架更容易些。

（2）Keras：TensorFlow、CNTK、MXNet 等知名框架，都提供了对 Keras 调用语法的支持，其构建模型的 API 调用方式逐渐成为了主流。使用 Keras 编写的代码，会有更好的可移植性。

（3）PyTorch：该框架同样具有很好的扩展性，但是有些接口不够全面。其最大的缺点是，需要 LuaJIT 的支持，采用 Lua 语言编程，在 Python 流行的今天，通用性能方面比较差。

2. TensorFlow 1.0 和 TensorFlow 2.0 版本之间最主要的区别在于前者使用静态图，效率更高；后者使用动态图，调试更加容易。同时，TensorFlow 2.0 版本的跨平台能力更强，可以部署于安卓、JavaScript、Java 等多个平台。

3. tf.errors：TensorFlow 错误的异常类型。

tf.data：实现对数据集的操作。使用 tf.data 创建的输入管道读取训练数据。还支持从内存（如 NumPy）方便地输入数据。

tf.distributions：实现统计学中的各种分布。

4. Keras 的特征：Keras 本身并不是一个框架，而是一个位于其他深度学习框架之上的高级 API。目前它支持 TensorFlow、Theano 和 CNTK，扩展性好，且 API 简单，易用，文档齐全，因此，使用 Keras 的人群分布很广。

5. 略。

第 5 章习题解答

1. MindSpore 架构的特性包括开发态友好（AI 算法即代码）、运行态高效（支持 Ascend/GPU 优化）、部署态灵活（全场景按需协同）。

2. MindSpore 提出了新编程范式、新执行模式、新协同模式 3 项技术创新。

3. 采用 On-Device 执行，整图下沉执行，充分发挥昇腾 AI 处理器的大算力。MindSpore 通过面向芯片的深度图优化技术，同步等待少，最大化“数据–计算–通信”的并行度，将数据+计算整图下沉到 Ascend 芯片，提供最优效果。

4. 见 5.2.3 小节。

第 6 章习题解答

1. GPU 主要面对类型高度统一、相互无依赖的大规模数据和不需要被打断的纯净计算环境：拥有数以千计的核；基于大吞吐量设计；擅长计算密集和易于并行的程序。

CPU 需要很强的通用性来处理不同数据类型，同时需要逻辑判断，还会引入大量分支跳转和中断处理：只有少数几个核；基于低延时设计；擅长逻辑控制、串行运算。

2. 计算单元、存储系统、控制单元。

3. 矩阵计算单元、向量计算单元、标量计算单元。

4. 4 个层次分别为 L3 应用使能层、L2 执行框架层、L1 芯片使能层和 L0 计算资源层。工具链主要提供了程序开发、编译调测、应用程序流程编排、日志管理和性能分析等辅助能力。

5. 流程编排器、数字视觉预处理模块、张量加速引擎、框架管理器、运行管理器和任务调度器。

6. 昇腾 310 用于推理，昇腾 910 主打训练。

7. 推理类的产品主要包括 Atlas 200 AI 加速模块、Atlas 200 DK、Atlas 300 推理卡、Atlas 500 智能小站以及 Atlas 800 AI 推理服务器等。

训练类的产品主要包括 Atlas 300 AI 训练卡、Atlas 800 AI 服务器以及 Atlas 900 AI 集群等。

8. 见 6.4 节。

第 7 章习题解答

1. HUAWEI HiAI 平台构建“云、端、芯”三层生态：HiAI Foundation、HiAI Engine、HiAI Service。在云（Service）侧支持丰富的前端主流框架；在端（Engine）侧提供丰富的上层功能业务 API，可在移动设备高效运行；在芯（Foundation）端异构资源灵活调度，满足开发者加速神经网络模型计算和算子计算。

2. HiAI Foundation。

3. HiAI Engine。

4. Android Studio。

5. App 的集成操作过程如下。

（1）步骤 1：创建项目。

① 创建 Android Studio 项目，勾选“Include C++ support”选项。

② C++ Standard 选择 C++ 11，勾选“Exceptions Support (-fexceptions)”选项，勾选“Runtime Type Information Support(-frtti)”选项。

（2）步骤 2：编译 JNI。

① 实现 JNI，编写 Android.mk 文件。

② 编写 Application.mk 文件，复制 sdk so 到资源库。

③ 在 build.gradle 文件中，指定 ndk 编译 C++文件。

（3）步骤 3：模型集成。

① 模型预处理：应用层模型预处理、JNI 层模型预处理。

② 模型推理。

第 8 章习题解答

1. 华为云 EI 服务家族包含 EI 大数据、EI 基础平台、对话机器人、自然语言处理、语音交互、视频分析、图像识别、内容审核、图像搜索、人脸识别、文字识别、EI 智能体等服务。

2. EI 智能体包括交通智能体、工业智能体、园区智能体、网络智能体、汽车智能体、医疗智能体和地理智能体。

3. EI 基础平台包括 ModelArts、深度学习服务、机器学习服务、慧眼 HiLens、图引擎服务和视频接入服务。

4. ModelArts 的功能包括数据治理、极“快”极“简”模型训练、“端、边、云”多场景部署、自动学习、可视化工作流、AI 市场。

5. ModelArts 的产品优势体现在一站式、易上手、高性能、灵活性 4 个方面。